可编程控制器应用技术

总主编：明立军

主　编：邰玉新　朱　军

副主编：吴　全　贾　铮

参　编：那　欣　孙　彤　苗铁壮

　　　　胡巧言　王鹤澄

北京理工大学出版社

BEIJING INSTITUTE OF TECHNOLOGY PRESS

图书在版编目（CIP）数据

可编程控制器应用技术／邰玉新，朱军主编．—北京：北京理工大学出版社，2013.9
（2021.8 重印）

ISBN 978 - 7 - 5640 - 8192 - 8

Ⅰ．①可…　Ⅱ．①邰…　②朱…　Ⅲ．①可编程序控制器 - 高等学校 - 教材
Ⅳ．①TM571.6

中国版本图书馆 CIP 数据核字（2013）第 194120 号

出版发行／北京理工大学出版社有限责任公司
社　　　址／北京市海淀区中关村南大街 5 号
邮　　　编／100081
电　　　话／（010）68914775（总编室）
　　　　　　82562903（教材售后服务热线）
　　　　　　68944723（其他图书服务热线）
网　　　址／http：//www.bitpress.com.cn
经　　　销／全国各地新华书店
印　　　刷／北京虎彩文化传播有限公司
开　　　本／787 毫米×1092 毫米　1/16
印　　　张／19.5　　　　　　　　　　　　　　　　　责任编辑／李志敏
字　　　数／448 千字　　　　　　　　　　　　　　　文案编辑／李志敏
版　　　次／2013 年 9 月第 1 版　2021 年 8 月第 5 次印刷　　责任校对／周瑞红
定　　　价／55.00 元　　　　　　　　　　　　　　　责任印制／马振武

　　本书根据高等教育的教学特点，本着"必需"、"够用"的原则，侧重基础知识，突出实践教学。全书有初识 PLC、PLC 基本指令、PLC 基本编程、PLC 数据处理、步进电机的 PLC 控制、PLC 与变频器、PLC 与触摸屏、PPI 网络的组建共有八个工作任务。教材中为体现"掌握概念，强化应用"的原则，针对目前学生的知识水平和能力结构的现状，以够用为原则，在内容上力求简单、明了。为便于学生理解每个工作任务的教学目的，在每个学习项目的前面都有情景导入，使学生在学习相关知识点时能够与课题内容对号入座，在完成各个项目训练的过程中逐渐展开对专业知识、技能的理解和应用，培养学生的综合能力，满足学生职业生涯发展的需要。为巩固所学知识，每个项目都有小结和习题，以使学生总结所学。

　　本教材承蒙中国科学院沈阳自动化研究所的张环宇精心审阅，在此深表谢意。

　　本书由邰玉新、朱军担任主编；吴全、贾铮担任副主编。教材中工作任务 1、2、3 由辽宁丰田金杯技师学院邰玉新、朱军编写；工作任务 4、5、6 由吴全、贾铮编写；工作任务 7 由那欣、孙彤编写；工作任务 8 由苗铁壮、胡巧言、王鹤澄编写。

　　由于编者水平所限，教材中难免出现不足与纰漏，敬请读者批评指正。

编　者

Contents

目录

Contents

目录

目 录

绪 论 ▪▪▪

可编程控制器（PLC）是以微处理器为核心，综合了计算机技术、自动控制技术和通信技术的一种新型的、通用的自动控制装置。目前，PLC 已经基本代替了传统的继电器控制系统而广泛应用于工业控制的各个领域，成为工业自动化领域中最重要的控制装置。

一、PLC 的产生与定义

在可编程序控制器出现之前，工业生产中广泛使用的电气自动控制系统是继电器控制系统，其设备具有体积大、触点寿命短、可靠性差、接线复杂、改接麻烦、维护和排除故障困难等缺点，不能适应现代社会制造工业的飞速发展。20 世纪 60 年代，由于小型计算机的出现和大规模生产及多机群控的发展，人们曾试图用小型计算机来实现工业控制，代替传统的继电接触器控制。但采用小型计算机实现工业控制价格昂贵，输入、输出电路不匹配，编程技术复杂，因而没能得到推广和应用。

1968 年，美国通用汽车（GE）公司为适应生产工艺不断更新的需要，提出一种设想：把计算机的功能完善、通用、灵活等优点和继电器控制系统的简单易懂、操作方便、价格便宜等优点结合起来，制成一种通用控制装置。这种通用控制装置把计算机的编程方法和程序输入方式加以简化，采用面向控制过程、面向对象的语言编程，使不熟悉计算机的人也能方便地使用，并提出 10 项招标指标，即：

(1) 编程方便，可现场修改程序；

(2) 维修方便，采用插件式结构；

(3) 可靠性高于继电器控制系统；

(4) 体积小于继电器控制系统；

(5) 数据可直接送入计算机管理；

(6) 成本可与继电器控制系统竞争；

(7) 输入可为市电；

(8) 输出可为市电，容量要求在 2A 以上，可直接驱动接触器、电磁阀等；

(9) 扩展系统时，原系统变更少；

(10) 用户存储器大于 4KB。

美国数字设备公司（DEC）根据这一设想，于 1969 年研制成功了第一台可编程序控制器，并在汽车自动装配线上试用获得成功。该设备用计算机作为核心设备，用存储的程序控制代替了原来的接线程序控制。其控制功能是通过存储在计算机中的程序来实现的，这就是人们常说的存储程序控制。由于当时主要用于顺序控制，只能进行逻辑运算，故称为可编程序逻辑控制器（Programmable Logic Controller，PLC）。

PLC 的出现引起了世界各国的普遍重视。日本日立公司从美国引进了 PLC 技术，于1971 年试制成功了日本第一台 PLC；1973 年德国西门子公司独立研制成功了欧洲第一台PLC；我国从 1974 年开始研制 PLC，1977 年开始工业应用。

从 PLC 产生到现在，经历了四次换代。其过程如下：

第一代 PLC（1969—1972 年）：采用 1 位机开发，用磁芯存储器存储，只具有单一逻辑控制功能，机种单一，没有形成系列化。

第二代 PLC（1973—1975 年）：采用 8 位微处理器及半导体存储器，增加了数字运算、传送、比较等功能，能实现模拟量的控制，开始具备自诊断功能，初步形成系列化。

第三代 PLC（1976—1983 年）：采用高性能 8 位微处理器及位片式微处理器，处理速度有所提高，向多功能及联网通信发展，增加了多种特殊功能，如浮点运算、三角函数运算、表处理、脉宽调制输出等，自诊断功能及容错技术发展迅速。

第四代 PLC（1983 年至今）：采用 16 位、32 位微处理器及高性能位片式微处理器，使第四代 PLC 产品成为具有逻辑控制功能、过程控制功能、运动控制功能、数据处理功能、联网通信功能的名副其实的多功能控制器。

1987 年 2 月，国际电工委员会（IEC）在可编程序控制器的标准草案中做了如下定义："可编程序控制器是一种数字运算操作的电子系统，专为工业环境应用而设计。它采用了可编程序的存储器，用来在其内部存储执行逻辑运算、顺序控制、定时、计数和算术运算等操作的指令，并通过数字式和模拟式的输入/输出，控制各种类型的机械或生产过程。可编程序控制器及其有关外围设备，都应按易于与工业控制系统连成一个整体，易于扩充其功能的原则设计。"简单地讲，PLC 是一种用程序来改变控制功能的工业控制计算机。

二、PLC 的特点

1. 编程方法简单易学

PLC 的最大特点之一就是偏程方法简单易学。它是以计算机软件技术构成人们惯用的继电器模型，形成一套独具风格的以继电器梯形图为基础的形象编程语言。梯形图语言形象直观，易学易懂。熟悉继电器电路图的电气技术人员只要花几天的时间就可以熟悉梯形图语言，并用来编制用户程序。

2. 功能强，性能价格比高

与相同功能的继电器系统相比，PLC 具有很高的性能价格比。PLC 可以通过通信联网，实行分散控制，集中管理。

3. 硬件配套齐全，用户使用方便，适应性强

可编程序控制器的产品已经标准化、系列化、模块化，配备有品种齐全的各种硬件装置供用户选用，用户能灵活方便地进行系统配置，组成不同功能、不同规模的系统。

4. 可靠性高，抗干扰能力强

传统的继电器控制系统，容易出现触点接触不良、线圈烧毁等故障。而可编程序控制器用软件代替大量的中间设备，仅有输入、输出触点。相比之下，因触点接触不良造成事故的概率大大降低。

PLC 主要是靠软件（程序）来控制硬件的，程序仅对"0"和"1"有反应。这就使可编程序控制器具有很强的抗干扰能力，平均无故障时间达到 5 万小时以上。

5. 系统的设计、安装、调试工作量少

PLC 用软件取代了继电器控制系统中大量的中间继电器、时间继电器、计数器等器件，使控制柜的设计、安装、接线工作量大大减少。

PLC 的用户程序可以在实验室模拟调试，输入信号用小开关来模拟，通过 PLC 上发光二极管可以观察输出信号的状态。完成了系统的安装和接线后，在现场的统调过程中发现的问题一般通过修改程序就可以解决，系统的调试时间比继电器系统少得多。

6. 维修工作量小，维修方便

PLC 具有监控功能。利用编程器或监视器可以对 PLC 的运行状态、内部数据进行监视或修改。PLC 控制系统的维护非常简单。利用 PLC 的诊断功能和监控功能，可以迅速查找到故障点，对大多数故障都可以及时予以排除。

7. 体积小、能耗低

PLC 的配线比继电器控制系统的配线少得多，故可以节省大量的配线和附件，减少大量的安装接线工时，加上开关柜体积的缩小，可以大量节省费用。

以超小型 PLC 为例，新近出产的品种底部尺寸小于 100 mm，重量小于 150 g，功耗仅有数瓦。由于体积小，很容易装入机械内部，是实现机电一体化的理想控制设备。

三、可编程序控制器的应用领域

目前，PLC 在国内外已广泛应用于钢铁、石油、化工、电力、建材、机械制造、汽车、轻纺、交通运输、环保及文化娱乐等各个行业，使用情况大致可归纳为如下几类。

1. 开关量的逻辑控制

这是 PLC 最基本、最广泛的应用领域，它取代了传统的继电器电路，实现逻辑控制、顺序控制，既可用于单台设备的控制，也可用于多机群控及自动化流水线。如注塑机、印刷机、订书机械、组合机床、磨床、包装生产线、电镀流水线等。

2. 模拟量控制

在工业生产过程当中，有许多连续变化的量，如温度、压力、流量、液位和速度等都是模拟量。为了使可编程控制器处理模拟量，必须实现模拟量（Analog）和数字量（Digital）之间的 A/D 转换及 D/A 转换。PLC 厂家都生产配套的 A/D 和 D/A 转换模块，使可编程控制器可用于模拟量控制。

3. 运动控制

PLC 可以用于圆周运动或直线运动的控制。从控制机构配置来说，早期直接用于开关量 I/O 模块连接位置传感器和执行机构，现在一般使用专用的运动控制模块。如可驱动步进电机或伺服电机的单轴或多轴位置控制模块。世界上各主要 PLC 厂家的产品几乎都有运动控制功能，广泛用于各种机械、机床、机器人、电梯等场合。

4. 过程控制

过程控制是指对温度、压力、流量等模拟量的闭环控制。作为工业控制计算机，PLC 能编制各种各样的控制算法程序，完成闭环控制。PID 调节是一般闭环控制系统中用得较多的调节方法。大中型 PLC 都有 PID 模块，目前许多小型 PLC 也具有此功能模块。PID 处理一般是运行专用的 PID 子程序。过程控制在冶金、化工、热处理、锅炉控制等场合有非常广泛的应用。

5. 数据处理

现代 PLC 具有数学运算（含矩阵运算、函数运算、逻辑运算）、数据传送、数据转换、排序、查表、位操作等功能，可以完成数据的采集、分析及处理。这些数据可以与存储在存储器中的参考值比较，完成一定的控制操作，也可以利用通信功能传送到别的智能装置，或将它们打印制表。数据处理一般用于大型控制系统，如无人控制的柔性制造系统；也可用于过程控制系统，如造纸、冶金、食品工业中的一些大型控制系统。

6. 通信及联网

PLC 通信含 PLC 间的通信及 PLC 与其他智能设备间的通信。随着计算机控制的发展，工厂自动化网络发展得很快，各 PLC 厂商都十分重视 PLC 的通信功能，纷纷推出各自的网络系统。新近生产的 PLC 都具有通信接口，通信非常方便。

四、可编程序控制器的发展趋势

同计算机的发展类似，目前 PLC 正朝着两个方向发展。一是朝着小型、简易、价格低廉的方向发展，如日本 OMRON 公司的 CQM1、德国 SIEMENS 公司的 S7-200 等一类 PLC。这种 PLC 可以广泛地取代继电器控制（接线程序控制）系统，用于单机控制和规模比较小的自动化生产线。二是朝着大型、高速、多功能和多层分布式全自动网络化方向发展。这类 PLC 一般为多处理器系统，有较大的存储能力和功能很强的输入输出接口。这样的系统不仅具有逻辑运算、定时、计数等功能，还具备数值运算、模拟调节、实时监控、记录显示、计算机接口、数据传送等功能，而且还能进行中断控制、智能控制、过程控制、远程控制等。通过网络可以与上位机进行通信，配备数据采集系统、数据分析系统、彩色图像系统的操纵台，可以管理、控制生产线、生产流程、生产车间或整个工厂，实现自动化工厂的全面要求。如日本 OMRON 公司的 CV2000、德国 SIEMENS 公司的 S5-115U、S7-400 等一类 PLC。

五、可编程序控制器的分类

PLC 是由现代化大生产的需要而产生的，PLC 的分类也必然要符合现代化生产的需求。一般来说，可以从三个角度对 PLC 进行分类。其一是从 PLC 的控制规模大小去分类，其二是从 PLC 的性能高低去分类，其三是从 PLC 的结构特点去分类。

1. 按控制规模分类

可编程序控制器用以对外部设备进行控制，外部信号的输入及 PLC 运算结果的输出都要通过 PLC 输入/输出端子来进行接线，输入/输出端子的数目之和称为 PLC 的输入/输出点数，简称 I/O 点数。

为了满足不同控制系统处理信息量的要求，PLC 具有不同的 I/O 点数、用户程序存储量和功能。根据 I/O 点数的多少可将 PLC 分成小型（含微型）、中型和大型（或称高、中、低档机）。

1）小型（含微型）PLC

小型（含微型）PLC 的 I/O 点数小于 256，单 CPU，8 位或 16 位处理器，用户存储器容量 4K 字以下，以开关量控制为主。例如：西门子 S7-200 系列、三菱 FX 系列等。这类 PLC 具有体积小、价格低的优点，适用于单机控制或对小型设备的控制。

2）中型 PLC

中型 PLC 的 I/O 点数在 256 ~ 1 024 之间，单/双 CPU，用户存储器容量 2 ~ 8K，例如：西门子 S7-300 系列、三菱 Q 系列等。这类 PLC 由于控制点数较多，功能比较丰富，兼有开关量和模拟量的控制功能，不仅可用于对设备进行直接控制，还可以对多个下一级的 PLC 进行监控，适用于较复杂系统的逻辑控制和闭环过程控制。

3）大型 PLC

大型 PLC 的 I/O 点数在 1 024 以上，具有多 CPU，16 位/32 位处理器，用户存储器容量 8 ~ 16K，例如：西门子 S7-400 系列、通用公司的 GE-Ⅳ系列等。这类 PLC 控制点数多，控制功能很强，有很强的计算能力，同时，这类 PLC 运算速度很高，不仅能完成较复杂的算术运算，还能进行复杂的矩阵运算。它不仅用于对设备进行直接控制，还可以对多个下一级的 PLC 进行监控。

2. 按结构形式分类

按结构形式分类，PLC 可以分为整体式、组合式和叠装式。

1）整体式

整体式结构的 PLC 把电源、CPU、存储器、I/O 系统都集成在一个单元内，该单元叫做基本单元。一个基本单元就是一台完整的 PLC，可以实现各种控制。控制点数不符和需要时，可再接扩展单元，扩展单元不带 CPU。

2）组合式

组合式结构的 PLC 把 PLC 系统的各个组成部分按功能分成若干个模块，如 CPU 模块、输入模块、输出模块、电源模块等等。其中各模块功能比较单一，模块的种类却日趋丰富。

3）叠装式

叠装式结构集整体式结构的紧凑、体积小、安装方便和组合式结构的 I/O 点搭配灵活、模块尺寸统一、安装整齐的优点于一身。

3. 按用途分类

根据可编程序控制器的用途，PLC 可以分为通用型和专用型两大类。

通用型 PLC 作为标准装置，可供各类工业控制系统选用。

专用型 PLC 是专门为某类控制系统设计的，由于其具有专用性，结构设计更为合理，控制性能更加完善。

随着可编程序控制器应用的逐步普及，专为家庭自动化设计的超小型 PLC 也已出现。

4. 按产地分类

PLC 可分为日系、欧美系列、韩台系列、大陆系列等。其中日系具有代表性的为三菱、欧姆龙、松下、光洋等；欧美系列具有代表性的为西门子、A-B、通用电气、德州仪表等；韩台系列具有代表性的为 LG、台达等；大陆系列具有代表性的为合利时、浙江中控等。

工作任务 1

初识 PLC

可编程序控制器（Programmable Logic Controller，PLC）是以微处理器为核心的通用工业控制装置，是在继电器—接触器的基础上发展起来的。随着现代社会生产的发展和技术进步，现代工业生产自动化水平的日益提高及微电子技术的迅猛发展，当今的 PLC 已将微型计算机技术、控制技术及通信技术融为一体，在控制系统中又能起到电控、电仪、电信这 3 个不同作用的一种高可靠性控制器，是当代工业生产自动化的重要支柱。

S7-200 系列 PLC 是西门子公司推出的一种小型 PLC。它以紧凑的结构、良好的扩展性、强大的指令功能、低廉的价格，已经成为目前各种小型控制工程的理想控制器。

项目 1　PLC 硬件结构及系统组成

 情境导入

本项任务从 S7-200 系列 PLC 的外部结构入手，阐述 S7-200 系列 PLC 的结构及各个模块的作用，并通过硬件设置改变 PLC 的状态，为完成后续各项任务打下基础。

1.1　教学目标

知识目标

（1）PLC 的硬件结构及每个模块的作用；

（2）PLC 状态指示灯的含义。

能力目标

（1）认识 S7-200 PLC 的外部结构；

（2）熟练掌握利用硬件设置 S7-200 PLC 状态的方法。

1.2　项目任务

项目任务 1：认识 S7-200 PLC 的外形及结构

项目任务 2：通过硬件设置 S7-200 PLC 的状态

1.3　相关知识

一、PLC 的硬件结构

PLC 的组成与计算机完全相同，它就是一台适合于工业现场使用的专用计算机。其硬件组成有六个部分，如图 1-1 所示。

1. 中央处理单元

中央处理单元（CPU）是系统的核心部件，一般由控制电路、运算器和寄存器组成，这些电路一般都集成在一块芯片上，主要完成运算和控制任务。

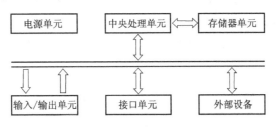

图 1-1　可编程序控制器的组成

CPU 的主要功能为：

（1）从存储器中读取指令。CPU 向地址总线上给出存储地址，向控制总线上给出读命令，从数据总线上得到读出的指令，并存入 CPU 内的指令寄存器中。

（2）执行命令。对存放在指令寄存器中的指令操作码进行译码，执行指令规定的操作，如读取输入信号，取操作数、进行逻辑运算或算术运算，将结果输入给有关部分。

（3）准备取下一条指令。CPU 执行完一条指令后，能根据条件产生下一条指令的地址，以便取出和执行下一条指令，在 CPU 的控制下，程序的指令既可以顺序执行，也可以分支或跳转。

（4）处理中断。CPU 除顺序执行程序外，还能接收输入、输出接口发来的中断请求，并进行中断处理完后，再返回原址，继续顺序执行。

2. 存储器单元

按照物理性能，存储器可以分为两类：随机存储器（RAM）和只读存储器（ROM）。随机存储器可以进行读、写操作，主要用来存储输入、输出状态和计数器、定时器以及系统组态的参数，具有断电后数据不丢失功能。只读存储器有两种：一种是不可擦除 ROM，这种 ROM 只能写一次，不能改写；另一种是可擦除 ROM，这种 ROM 经过擦除以后还可以重写。其中 EPROM 只能用紫外线擦除内部信息，EEPROM 可以用电擦除内部信息，这两种存储器的信息可保留 10 年左右。

3. 电源单元

PLC 配有开关电源，电源的交流输入端一般都有脉冲吸收电路，交流输入电压范围一般都比较宽，抗干扰能力比较强，除了需要交流电源之外，还需要直流电源。一般直流 5 V 电源供 PLC 内部使用，直流 24 V 电源供输入、输出端和各种传感器使用。

4. 输入/输出单元

输入/输出单元由输入模块、输出模块和功能模块构成，是 PLC 与现场输入/输出设备或其他外部设备之间的连接部件。PLC 通过输入模块把工业设备或生产过程的状态或信息读入中央处理单元，通过用户程序的运算与操作，把结果通过输出模块输出给执行单元。

5. 接口单元

接口单元包括扩展接口、编程器接口、存储器接口和通信接口。

扩展接口是用于扩展输入输出单元；编程器接口是连接编程器的，PLC 本体通常是不带编程器的；存储器接口是为了扩展存储区而设置的；通信接口是为了在微机与 PLC、PLC 与 PLC 之间建立通信网络而设立的接口。

6. 外部设备

PLC 的外部设备主要有编程器、文本显示器、操作面板、打印机等。

二、S7-200 的硬件介绍

1. S7-200 CPU 模块

西门子（SIEMENS）公司提供多种类型的 S7-200 CPU 模块以适应各种应用场合，表 1-1 中所列为各种 CPU 模块的简要特性。

表 1-1 S7-200 CPU 模块的技术指标

特性 / CPU 模块	CPU221	CPU222	CPU224	CPU226	CPU226XM
外形尺寸（mm）	90×80×62	90×80×62	120.5×80×62	196×80×62	196×80×62
程序存储区（字）	2 048	2 048	4 096	4 096	8 192
数据存储区（字）	1 024	1 024	2 560	2 560	5 120
掉电保持时间（h）	50	50	190	190	190
本机 I/O	6 入/4 出	8 入/6 出	14 入/10 出	24 入/16 出	24 入/16 出
扩展模块数量（个）	0	2	7	7	7
高速计数器： 单相 双相	4 路 30 kHz 2 路 20 kHz	4 路 30 kHz 2 路 20 kHz	6 路 30 kHz 4 路 20 kHz	6 路 30 kHz 4 路 20 kHz	6 路 30 kHz 4 路 20 kHz
脉冲输出（DC）	2 路 20 kHz	2 路 20 kHz	2 路 20 kHz	2 路 20 kHz	2 路 20 kHz
模拟电位器（个）	1	1	2	2	2
实时时钟	配时钟卡	配时钟卡	内置	内置	内置
通信口	1 RS-485	1 RS-485	1 RS-485	2 RS-485	2 RS-485
浮点数运算	有				
I/O 映象区	256（128 入/128 出）				
布尔指令执行速度	0.37 μs/指令				

注：DC 表示直流

2. S7-200 扩展模块

S7-200 扩展模块主要有数字量 I/O 模块、模拟量 I/O 模块和通信模块等。可以利用这些扩展模块完善 CPU 的功能。表 1-2 列出了常用扩展模块的基本参数。

表 1-2 S7-200 常用扩展模块的基本参数

扩展模块	型号	基本参数		
数字量输入模块	EM221	8×DC 输入	8×AC 输入	—
数字量输出模块	EM222	8×DC 输出	8×AC 输出	8×继电器输出
数字量混合模块	EM223	4×DC 输入 4×DC 输出	8×DC 输入 8×DC 输出	16×DC 输入 16×DC 输出
		4×DC 输入 4×继电器输出	8×DC 输入 8×继电器输出	16×DC 输入 16×继电器输出

扩展模块	型号	基本参数		
模拟量输入模块	EM231	4 输入	4 热电偶输入	2 热电阻输入
模拟量输出模块	EM232	2 输出		
模拟量混合模块	EM235	4 输入/1 输出		
PROFIBUS-DP 从站模块	EM277	1 个电气接口 RS-485，通信协议为 PROFIBUS-DP 从站和 MPI 从站		

注：DC 表示直流，AC 表示交流。

三、PLC 的操作模式

RUN 模式执行用户程序，"RUN" LED 亮。STOP 模式不执行用户程序，可将用户程序和硬件设置信息下载到 PLC 中。TERM（终端）模式与通信有关。

CPU 模块上的模式开关在 RUN 位置时，上电自动进入 RUN 模式。

PC-PLC 之间建立起通信连接后，若模式开关在 RUN 或 TERM 位置，可用编程软件中的命令改变 CPU 的工作模式。

四、指示灯的作用

1. CPU 状态指示灯的作用

表 1-3 给出了 CPU 各个状态指示灯的作用。

表 1-3 CPU 各个状态指示灯的作用

名　称		状态	颜色	作　用
SF	系统故障	亮	红色	严重出错或硬件故障
STOP	停止状态	亮	黄色	不执行用户程序，可以通过编程装置向 PLC 装载程序或进行系统设置
RUN	运行状态	亮	绿色	执行用户程序

2. 输入状态指示

用于显示是否有控制信号（如控制按钮、行程开关、接近开关、光电开关等数字量信息）接入 PLC。

3. 输出状态指示

用于显示 PLC 是否有信号输出到执行设备（如接触器、电磁阀、指示灯等）。

1.4 项目操作内容与步骤

项目任务 1：认识 S7-200 PLC 的外部结构

1. PLC 的外部结构

如图 1-2 所示，观察 S7-200 PLC 的外形及结构。

2. 型号

观察并记录 S7-200 PLC 的 CPU 型号。

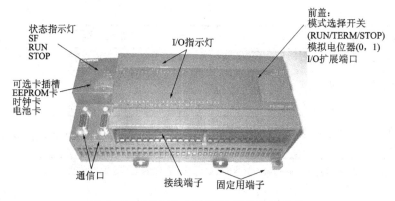

状态指示灯
SF
RUN
STOP

I/O指示灯

前盖：
模式选择开关
(RUN/TERM/STOP)
模拟电位器(0，1)
I/O扩展端口

可选卡插槽
EEPROM卡
时钟卡
电池卡

通信口　　接线端子　　固定用端子

图1-2　S7-200 CPU226 的外形及结构

项目任务2：通过硬件设置 S7-200 PLC 的状态

（1）打开 S7-200 PLC 的前盖，确认模式选择开关的位置。

（2）拨动模式选择开关至 RUN 位置，观察状态指示灯的变化，确认 PLC 的状态。

（3）拨动模式选择开关至 TERM 位置，观察状态指示灯的变化，确认 PLC 的状态。

（4）拨动模式选择开关至 STOP 位置，观察状态指示灯的变化，确认 PLC 的状态。

1.5　项目小结

本项目主要讲解了 S7-200 PLC 的硬件结构，明确了组成 PLC 各个模块的作用。通过对 S7-200 PLC 外部结构的观察，可以使学生直观地认识到 PLC 状态的改变及如何通过硬件设置 PLC 的状态。

1.6　思考与练习

1. 填空题

（1）按结构形式分类，PLC 可以分为_____、_____和叠装式。

（2）根据可编程序控制器的用途，PLC 可以分为_____和_____两大类。

（3）中央处理单元（CPU）是系统的核心部件，一般由_____、_____和寄存器组成，这些电路一般都集成在一块芯片上，主要完成_____和_____任务。

（4）PLC 配有开关电源，一般直流_____ V 电源供 PLC 内部使用，直流_____ V 电源供输入、输出端和各种传感器使用。

2. 简答题

（1）PLC 输入/输出单元的功能是什么？

（2）CPU 的主要功能是什么？

（3）PLC 的基本结构是什么？

项目2　PLC 与计算机的连接

 情境导入

通过本项目要了解 PC/PPI 通信电缆，掌握计算机与 PLC 的连接，并且完成计算机与

PLC 通信参数的设置。

2.1 教学目标

知识目标

（1）计算机与 PLC 的连接；

（2）PC/PPI 通信参数的设置。

能力目标

（1）能够掌握计算机与 PLC 的连接方法；

（2）熟练掌握 PC/PPI 通信参数的设置。

2.2 项目任务

计算机与 PLC 的通信参数设置

2.3 相关知识

S7-200 CPU 支持以下一种或多种通信方式：点对点接口、多点接口、现场总线和以太网。例如采用专用的 PC/PPI 电缆或 USB/PPI 电缆，也可以采用 MPI 卡和普通电缆，可以使用 PC 机作为主设备，通过 PC/PPI 电缆或 MPI 卡与一台或多台 PLC 相连，实现主从设备之间的通信。

一、PPI 电缆通信

计算机与 PLC 的连接通常使用 PC/PPI 通信电缆，简单的国产通信电缆没有通信速率 DIP 选择开关，速率为 9.6 kb/s，图 1-3 为具有 DIP 选择开关的 PC/PPI 连接方式，PC 端插入计算机的串口，另一端插在 PLC 的通信口。

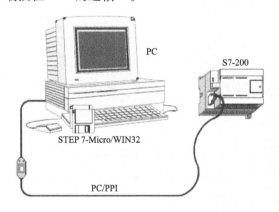

图 1-3 计算机与 PLC 的连接

二、MPI 通信

多点接口（MPI）卡提供了一个 RS-485 端口，可以用直通电缆和网络相连，在建立 MPI 通信之后，可以把 STEP 7-Micro/WIN32 连接到包括许多其他设备的网络上，每个主设备都有唯一的地址。在使用 MPI 卡连接 PC 与 PLC 时，需要将 MPI 卡安装在计算机的 PCI 插槽内，然后启动安装文件，将该配置文件放在 Windows 目录下，CPU 与 PC 机 RS-485 接口用电缆线连接。

2.4 项目操作内容与步骤

项目任务：计算机与 PLC 的通信参数设置

（1）打开软件，点击 ▦ ，在弹出的对话框中选择"PC/PPI 通信方式"，点击 「 属性(R)... 」 ，设置 PC/PPI 属性，属性设置图如图 1-4 所示，设置值如表 1-4 所示。设置完成后，点击"确认"，结束通信参数设置。

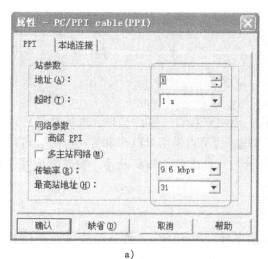
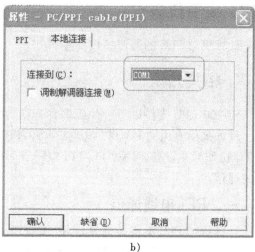

a)   b)

图 1-4 属性设置图

a) PC/PPI 属性设置；b) 本地连接属性设置

表 1-4 PLC 参数设置值

站参数	设置值
地址	0
超时	1 s
传输率	9.6 kbps
最高站地址	31

（2）点击 ▦ ，在弹出的对话框中双击 ⟳ 双击 刷新 ，搜寻 PLC，寻找到 PLC 后，选择该PLC；至此，PLC 与上位计算机通信参数设置完成。

（3）如果没有确定 CPU 的型号，在指令树中双击 CPU 型号，如图 1-5 所示。在弹出的对话框中，选择 PLC 的类型与 CPU 的版本号（如图 1-6 所示），点击"确认"按钮退出对话框，再重复通信参数的设置。也可以在选择 PLC 类型与 CPU 版本号之后，点击"通信"按钮，直接进入通信参数设置。

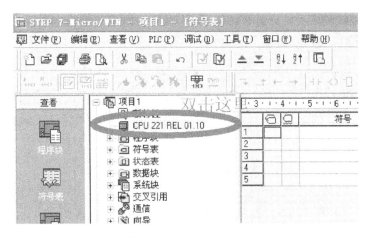

图 1-5 CPU 的型号

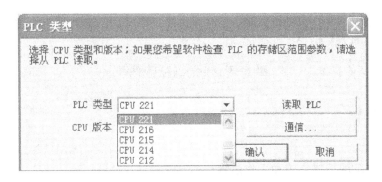

图 1-6 PLC 类型选择

2.5 项目小结

本项目介绍了计算机与 PLC 的通信方式。通过对通信参数的设置，应使学生掌握参数设置的方法与步骤。

2.6 思考与练习

（1）S7-200 CPU 支持以下一种或多种通信方式：＿＿＿＿＿、＿＿＿＿＿、现场总线和以太网。

（2）在利用 PC/PPI 进行计算机与 PLC 通信时，传输率应设置为＿＿＿＿＿。

项目 3 PLC 的 I/O 接线

情境导入

如图 1-7 所示，连续运转控制线路是电气控制系统的基础课题之一。从控制线路可见，由低压断路器 QF1、接触器主触头、热继电器热元件及电动机组成主电路，而由热继电器动断触点、停止按钮 SB2、启动按钮 SB1、接触器线圈及动合触头、动断触头、指示灯组成控制线路。PLC 改造主要针对控制电路进行改造，而主电路部分保留不变。

本项目从控制线路入手，分析 S7-200 系列 PLC 的原理与接线方法，为完成后续各项任务打下基础，如图 1-7 所示。

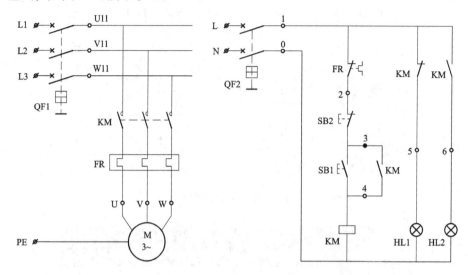

图 1-7 连续运转控制线路

3.1 教学目标

知识目标

（1）理解 PLC 的扫描方式和工作过程；

（2）掌握 PLC 的 I/O 接线方法。

能力目标

（1）熟悉 S7-200 PLC 硬件接线图的绘制；

（2）能够根据硬件接线图，进行 PLC 的 I/O 接线。

3.2 项目任务

项目任务 1：I/O 分配与硬件接线图的绘制

项目任务 2：S7-200 PLC 的 I/O 接线

3.3 相关知识

一、PLC 的工作过程

PLC 的工作完全是在 CPU 的系统监视程序的指挥下工作的。其工作方式有周期扫描方式、定时中断方式、输入中断方式、通信方式等，其中最主要的方式是周期扫描方式。在 PLC 中，用户程序按先后顺序存放。

CPU 从第一条指令开始执行程序，直至遇到结束符后又返回第一条。如此周而复始不断循环。这种工作方式是在系统软件控制下，顺次扫描各输入点的状态，按用户程序进行运算处理，然后顺序向输出点发出相应的控制信号。整个工作过程可分为五个阶段：自诊断，与编程器、计算机等的通信，输入采样，执行用户程序，输出结果，其工作过程框图如

图1-8所示。

图1-8 PLC工作过程框图

1. 自诊断

每次扫描用户程序之前，都先执行故障自诊断程序。自诊断内容为I/O部分、存储器、CPU等，发现异常停机显示出错。若自诊断正常，继续向下扫描。

2. 与编程器、计算机等的通信

PLC检查是否有与编程器和计算机的通信请求，若有则进行相应处理，如接收由编程器送来的程序、命令和各种数据，并把要显示的状态、数据、出错信息等发送给编程器进行显示。如果有与计算机等的通信请求，也在这段时间完成数据的接受和发送任务。

3. 输入采样

PLC的中央处理器对各个输入端进行扫描，将输入端的状态送到输入状态寄存器中，这就是输入采样阶段。

4. 执行用户程序

中央处理器CPU将指令逐条调出并执行，以对输入和原输出状态（这些状态称为数据）进行"处理"，即按程序对数据进行逻辑、算术运算，再将正确的结果送到输出状态寄存器中，这就是执行用户程序阶段。

5. 输出结果

当所有的指令执行完毕时，集中把输出状态寄存器的状态通过输出部件转换成被控设备所能接受的电压或电流信号，以驱动被控设备，这就是输出结果阶段。

PLC经过这五个阶段的工作过程，称为一个扫描周期，完成一个周期后，又重新执行上述过程，扫描周而复始地进行。扫描周期是PLC的重要指标之一，在不考虑第二个因素（与编程器等通信）时，扫描周期T为：

T =（读入每点时间×输入点数）+（运算速度×程序步数）+（输出每点时间×输出点数）+ 故障诊断时间

显然，扫描时间主要取决于程序的长短，一般每秒钟可扫描数十次以上，这对于工业设备通常没有什么影响。但对控制时间要求较严格，响应速度要求快的系统，就应该精确的计算响应时间，细心编排程序，合理安排指令的顺序，以尽可能减少扫描周期造成的响应延时等不良影响。

PLC与继电接触器控制的重要区别之一就是工作方式不同。继电接触器控制是按"并行"方式工作的，也就是说是按同时执行的方式工作的，只要形成电流通路，就可能有几个继电器同时动作。而PLC是以反复扫描的方式工作的，它是循环地连续逐条执行程序，任一时刻它只能执行一条指令，也就是说PLC是以"串行"方式工作的。这种串行工作方式可以避免继电接触器控制的触点竞争和时序失配问题。

二、CPU226 的接线

1. DC 输入 DC 输出

DC输入端由1M、I0.0~I1.4为第1组，2M、I1.5~I2.7为第2组组成，1M、2M分别

为各组的公共端。

DC 24 V 的负极接公共端 1 M 或 2 M。输入开关的一端接到 DC 24 V 的正极，输入开关的另一端连接到 CPU226 各输入端。

DC 输出端中，1 M、1 L +、0.0 ～ 0.7 为第 1 组，2 M、2 L +、1.0 ～ 1.7 为第 2 组。1 L +、2 L + 分别为公共端。

第 1 组 DC 24 V 的负极接 1 M 端，正极接 1 L + 端。输出负载的一端接到 1 M 端，输出负载的另一端接到 CPU226 各输出端。第 2 组的接线与第 1 组相似。

2. DC 输入继电器输出

DC 输入继电器输出的输入端与 CPU226 的 DC 输入 DC 输出的输入端相同。

继电器输出端由 3 组构成，其中 N(－)、1 L、0.0 ～ 0.3 为第 1 组，N(－)、2 L、0.4 ～ 1.0 为第 2 组，N(－)、3 L、1.1 ～ 1.7 为第 3 组。各组的公共端为 1 L、2 L 和 3 L。

第 1 组负载电源的一端 N 接负载的 N(－)端，电源的另一端 L(+)接继电器输出端的 1 L 端。负载的另一端分别接到 CPU226 各继电器输出端子。第 2 组、第 3 组的接线与第 1 组相似，如图 1 － 9、图 1 － 10 所示。

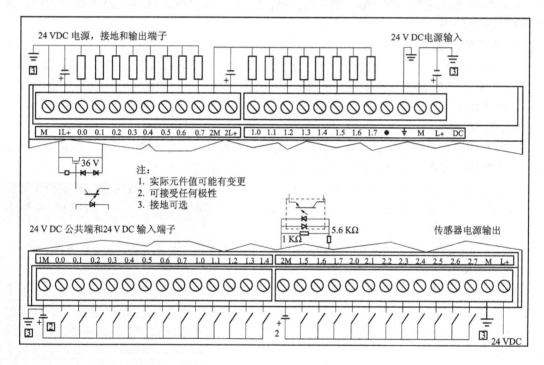

图 1 － 9 CPU 226 CN DC/DC/DC 端子连接图

PLC 输入电路如图 1 － 11 所示。PLC 内部输入电路的作用是将 PLC 外部电路提供的控制信号通过光电耦合器送到 PLC 内部电路，信号由光传输，提高了抗干扰能力。PLC 的输入接口一般使用双发光二极管输入。

PLC 继电器输出电路如图 1 － 12 所示。继电器输出优点是不同公共点之间可带不同的交、直流负载，且电压也可不同，带负载电流可达 2 A/点；但继电器输出方式不适用于高频动作的负载，这是由继电器的寿命决定的。

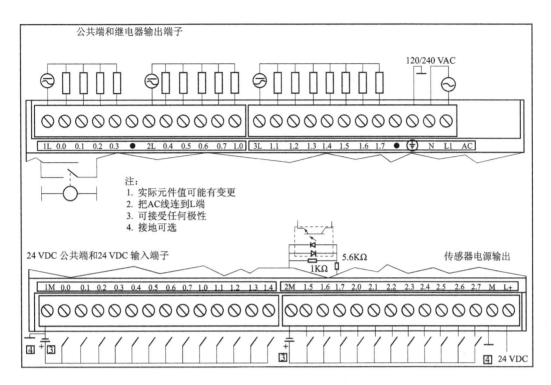

注：
1. 实际元件值可能有变更
2. 把AC线连到L端
3. 可接受任何极性
4. 接地可选

图 1-10　CPU 226 CN AC/DC/继电器端子连接图

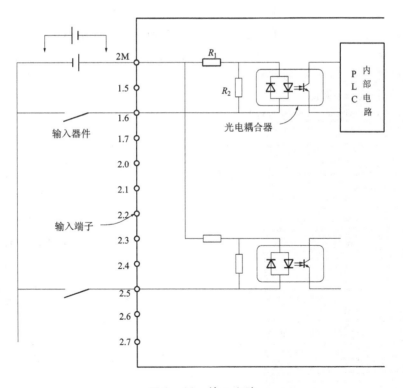

图 1-11　输入电路

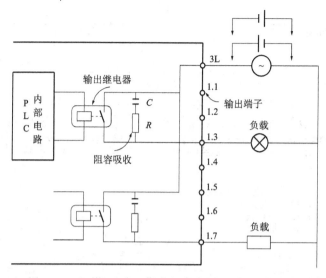

图 1-12 继电器输出电路

3.4 项目操作内容与步骤

项目任务 1：I/O 分配与硬件接线图的绘制

如图 1-8 所示，连续运转控制线路是电气控制系统的基础课题之一。从控制线路可见，由低压断路器 QF1、接触器主触头、热继电器热元件及电动机组成主电路，而又热继电器动断触点、停止按钮 SB2、启动按钮 SB1、接触器线圈及动合触头、动断触头、指示灯组成控制线路。PLC 改造主要针对控制电路进行改造，而主电路部分保留不变。

在控制电路中，热继电器动断触点、停止按钮、启动按钮属于控制信号，应作为 PLC 的输入量分配接线端子；而接触器线圈属于被控对象，应作为 PLC 的输出量分配接线端子。

1. I/O 端口分配功能表

根据电气控制线路图，进行 I/O 端口分配，如表 1-5 所示。

表 1-5 I/O 端口分配功能表

序号	PLC 地址（PLC 端子）	电气符号（面板端子）	功能说明
1	I0.0	SB1	启动按钮
2	I0.1	SB2	停止按钮
3	I0.2	FR	热继电器动断触点
4	Q0.0	KM	接触器线圈
5	Q1.1	HL1	停止指示灯
6	Q1.2	HL2	运行指示灯
7	主机 1 M、面板 V+接电源+24 V		电源正端
8	主机 1 L、2 L、3 L、面板 COM 接电源 GND		电源地端

2. 硬件接线图

根据 I/O 端口分配功能表，绘制硬件接线图，如图 1-13 所示。

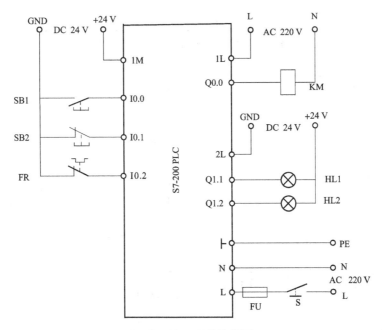

图 1-13 硬件接线图

项目任务 2：S7-200 PLC 的 I/O 接线

1. 选择合适的导线

（1）输入信号：选用 0.5 mm² 的蓝色导线。

（2）输出信号：直流部分，选用 0.5 mm² 的蓝色导线；交流部分，选用 1~1.5 mm² 的红色导线。

（3）主电路：选用 1.5~2.5 mm² 的黑色导线。

2. 布线安装

根据板前线槽布线操作工艺，按照控制接线图进行布线安装。接线时，注意 PLC 端子接线要用压线端子连接。

3. 试车、交付

通电试车前，要复验一下接线是否正确，并测试绝缘电阻是否符合要求。通电试车时，必须有指导教师在现场监护。按下输入按钮，观察 PLC 上对应的输入信号灯是否亮。

本项任务的评分标准如表 1-6 所示。

表 1-6 评分标准

任务名称：S7-200 系列 PLC 端子接线组别					
项目	配分	考核要求	扣分标准	扣分记录	得分
元件安装	20 分	(1)按图样要求，正确利用工具和仪表，熟练地安装电气元件 (2)元件在控制盘上布置要合理，安装要准确、紧固 (3)按钮盒不固定在控制盘上，安装在操作盘上	(1)元件布置不整齐，不均匀、不合理，每处扣 2 分 (2)元件安装不牢固、安装时漏装螺钉，每处扣 1 分 (3)损坏元件，每处扣 5 分		

续表

任务名称：S7-200 系列 PLC 端子接线组别					
项目	配分	考核要求	扣分标准	扣分记录	得分
布线	60分	(1)要求美观、紧固 (2)配电板上进出接线要接到端子排上，进出的导线要有端子标号	(1)未按电路图接线，扣5分 (2)主电路、控制电路，布线不美观，每根扣1分 (3)接点松动、接头露铜过长、反圈、压绝缘层、标记线号不清楚、遗漏或误标，每处扣1分 (4)损伤导线绝缘或线芯，每根扣1分		
通电试验	10分	在保证人身安全和设备安全的前提下，通电试验，一次成功	(1)主、拉电路配错熔体，每处扣2分 (2)一次试车不成功，扣5分；2次试车不成功，扣7分；3次试车不成功，扣10分		
安全、文明工作	10分	(1)安全用电，无人为损坏仪器、元器件和设备 (2)保持环境整洁，秩序井然，操作习惯良好 (3)小组成员协作和谐，态度正确 (4)不迟到、早退、旷课	(1)发生安全事故，扣10分 (2)人为损坏设备、元器件，扣10分 (3)现场不整洁、工作不文明，团队不协作，扣5分 (4)不遵守考勤制度，每次扣2～5分		
总分					

3.5 项目小结

本次项目主要介绍 PLC 的工作原理与 I/O 接线。学习 PLC 的工作原理时，要明确：PLC 是采用串行的工作方式，对程序进行循环扫描；PLC 的工作过程为"自诊断"、"与编程器、计算机等的通信"、"读入现场信号"、"执行用户程序"、"输出结果"5 个阶段。在进行I/O 接线时，要注意在选用不同电压的负载时，应选择不同组别的输出端子，防止出现交、直流短路事故。

3.6 思考与练习

1. 判断题
（1）PLC 的安装接线很方便，一般用接线端子连接内部电路。（　　）
（2）PLC 有较弱的带负载功能，不可以直接驱动一般的电磁阀和小型交流接触器。（　　）
（3）PLC 的工作电源和内部电源都是 220 V 的交流电。（　　）
（4）PLC 控制系统接线随意选择导线粗细。（　　）
2. 选择题
（1）PLC 采用_____的工作方式对编程系统进行循环扫描。
A. 串行　　　　　　　　B. 并行　　　　　　　　C. 单行　　　　　　　　D. 双行

（2）继电器输出型 PLC 的负载电源_____。

A. AC200 V　　　　　　　　　　　　B. DC24 V

C. AC380 V　　　　　　　　　　　　D. 由用户自行决定

（3）自诊断，与编程器、计算机等的通信、输入信号、执行用户程序、输出刷新以上的工作合计称为_____。

A. PLC 工作过程　　　　　　　　　　B. PLC 输出过程

C. PLC 启动过程　　　　　　　　　　D. 一个扫描周期

3. 简答题

简述可编程序控制器的工作过程。

项目 4　STEP 7-Micro/WIN V4.0 SP4 编程软件

情境导入

随着可编程控制器应用技术的不断进步，PLC 产品不断更新换代，西门子公司 S7-200 PLC 编程软件的功能也在不断完善，尤其是汉化工具的使用，使 PLC 的编程软件更具有可读性。本章以 STEP7-Micro/WIN V4.0 SP4 版本的 S7-200 PLC 编程软件为例，介绍编程软件的安装、功能和使用方法，并结合应用实例介绍用户程序的输入、编辑、调试及监控运行的方法。

4.1　教学目标

知识目标

（1）了解 STEP 7 – Micro/WIN V4.0 SP4 编程软件的安装方法。

（2）熟悉 STEP 7 – Micro/WIN V4.0 SP4 编程软件的操作界面。

能力目标

能够完成程序的创建、录入、保存和编译。

4.2　项目任务

项目任务 1：安装 STEP 7 – Micro/WIN V4.0 SP4 编程软件

项目任务 2：编写程序，并下载至 PLC

4.3　相关知识

STEP 7-Micro/WIN V4.0 SP4 编程软件为用户开发、编辑和监控应用程序提供了良好的编程环境。为了能快捷高效地开发应用程序，STEP 7-Micro/WIN V4.0 SP4 编程软件提供了三种程序编辑器，即梯形图（LAD）、语句表（STL）和逻辑功能图（FBD）。

一、STEP 7-Micro/WIN V4.0 SP4 编程软件的安装

STEP 7-Micro/WIN V4.0 SP4 编程软件既可以在计算机上运行，也可以在西门子公司的编程器上运行。

计算机应使用微软公司的 Windows 操作系统，为了实现 PLC 与计算机的通信，必须配

备下面 3 种设备中的一种：

◆一条 PC/PPI 电缆，它的价格便宜，用得最多。

◆一块通信处理器（CP）卡和一条 MPI（多点接口）电缆。

◆一块插在个人计算机中的 MPI 卡和配套的通信电缆。

（1）双击光盘，在光盘中找到文件夹 "step7 micro win v4 sp4" 中的 Setup. exe 执行文件，如图 1－14 所示。

图 1－14　安装文件夹

（2）双击此文件，进行软件的安装。

（3）在弹出的语言选择对话框中选择 "英语"，然后点击 "确定" 按钮，如图 1－15 所示。

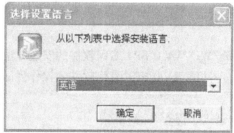

图 1－15　选择设置语言

（4）选择安装路径，并点击 "Next"（下一步）按钮，如图 1－16 所示。

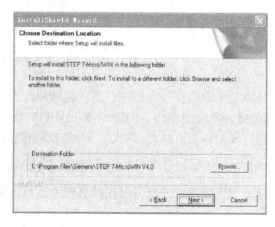

图 1－16　选择安装路径

（5）等待软件安装，如图1-17所示。完成后点击"Finish"（完成）按钮，并重启计算机，如图1-18所示。

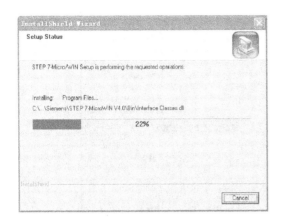

图1-17　安装过程中

图1-18　安装结束

（6）选择S7-200的通信方式。如果用PPI电缆连接，选中"PC/PPI cable（PPI）"后，点击"OK"按钮，如图1-19所示。

图1-19　选择通信方式

二、中文和编程模式的设定

（1）双击桌面上的快捷方式图标，打开编程软件。

（2）选择工具菜单"Tools"选项下的"Options"。

（3）在弹出的对话框选中"Options"下的"General"，在"Language"中选择"Chinese"。最后点击"OK"按钮，退出程序后重新启动，如图1-20所示。

（4）重新打开编程软件，此时为汉化界面，如图1-21所示。

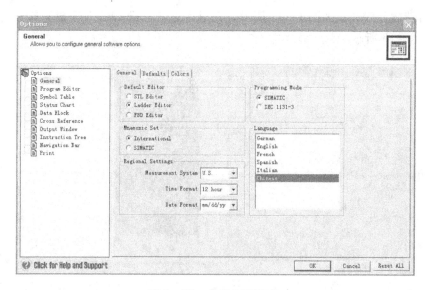

图 1-20　软件界面汉化

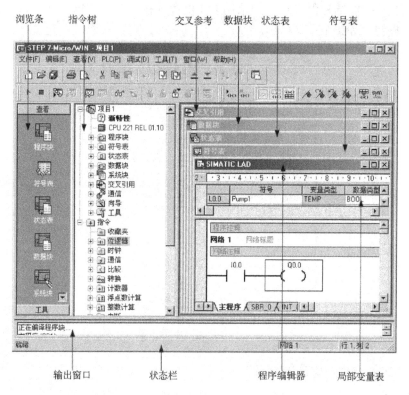

图 1-21　STEP 7-Micro/WIN 窗口组件

三、STEP 7-Micro/WIN 窗口组件及功能

1. 浏览条

显示常用编程视图及工具。

查看：显示程序块、符号表、状态表、数据块、系统块、交叉引用表、通讯及设置 PG/PC 接口图标。

工具：显示指令向导、文本显示向导、位置控制向导、EM253控制面板及调制解调器扩展向导等工具。

1）程序块

程序块由可执行代码和注解组成。可执行代码包含一个主程序（OB1）和任意子程序或中断例行程序。代码被编译并下载至PLC；程序注解不被编译和下载。

2）符号表

符号表是允许程序员使用符号编址的一种工具。符号有时对程序员更加方便，程序逻辑更容易遵循。下载至PLC的编译程序将所有的符号转换为绝对地址，符号表信息不能下载至PLC。

3）状态表

状态表允许用户在执行程序时观察进程数值是否受到影响。状态表不能下载至PLC；而仅是监控PLC（或模拟PLC）活动的一种工具。

4）数据块

数据块由数据（初始内存值；常数值）和注解组成。数据被编译并下载至PLC，注解则不被编译或下载。

5）系统块

系统块由配置信息组成，例如通信参数、保留数据范围、模拟和数字输入过滤程序、用于STOP（停止）转换的输出值和密码信息。系统块信息被下载至PLC。

6）交叉引用

交叉引用窗口允许用户检查表格，这些表格列举在程序中何处使用操作数以及哪些内存区已经被指定（位用法和字节用法）。在RUN（运行）模式中进行程序编辑时，用户还可以检查程序目前正在使用的边缘号码（EU、ED）。交叉参考及用法信息不能下载至PLC。

2. 指令树

指令树以树型结构提供编程时用到的所有快捷操作命令和PLC指令，可分为项目分支和指令分支。项目分支用于组织程序项目，指令分支用于输入程序，打开指令文件并选择指令。如果已经为项目指定了PLC类型，指令树用红色标签表示对该PLC类型无效的所有指令。

3. 程序编辑器

包含用于该项目的编辑器（LAD、FBD或STL）的局部变量表和程序视图。如果需要，可以拖动分割条以扩充程序视图，并覆盖局部变量表。单击程序编辑器窗口底部的标签，可以在主程序、子程序和中断服务程序之间切换。

4. 局部变量表

局部变量表包含对局部变量所做的定义赋值（即子程序和中断服务程序使用的变量）。

5. 输出窗口

在编译程序或指令库时提供信息。当输出窗口列出程序错误时，双击错误信息，会自动在程序编辑器窗口中显示相应的程序网络。

6. 状态栏

提供在STEP 7-Micro/WIN V4.0 SP4软件中操作时的操作状态信息。

7. 菜单栏

允许使用鼠标或键盘执行或操作各种命令和工具，如图1-22所示。可以定制"工具"

菜单，在该菜单中增加命令和工具。

图1-22　菜单栏

8. 工具栏

提供常用命令或工具的快捷按钮，如图1-23所示，用户可以定制每个工具条的内容和外观。其中标准工具栏如图1-24所示，调试工具栏如图1-25所示，常用工具栏如图1-26所示，LAD指令工具栏如图1-27所示。

图1-23　工具栏

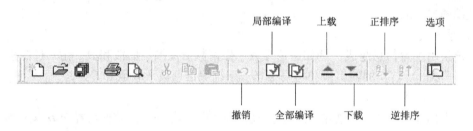

图1-24　标准工具栏

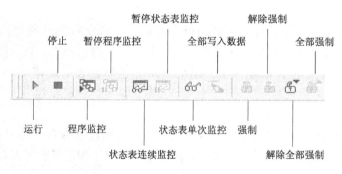

图1-25　调试工具栏

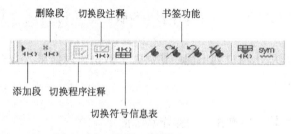

图1-26　常用工具栏

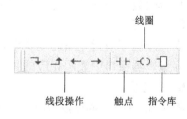

图1-27　LAD指令工具栏

4.4　项目操作内容与步骤

项目任务1：STEP 7-Micro/WIN V4.0 SP4 编程软件的安装

（1）启动电脑，装入安装 CD。

（2）双击光盘上的 Setup. exe 文件，手动启动安装程序。

（3）在弹出的语言选择对话框中选择"英语"，然后点击"下一步"按钮。

（4）选择安装路径，并点击"下一步"按钮。

（5）等待软件安装，完成后点击"完成"按钮，并重启计算机。

（6）汉化 STEP 7-Micro/WIN V4.0 SP4 编程软件的界面。

项目任务2：编写程序，并下载至 PLC

1. 创建工程

使用下面三种方法练习创建工程：

（1）点击"新建项目"按钮。

（2）选择文件（File）下的新建（New）菜单命令。

（3）按 Ctrl + N 快捷键组合，在菜单"文件"下单击"新建"，开始新建一个程序。

2. 输入指令

使用下面各种方法练习输入指令：

1）从指令树拖放

选择指令，如图1-28 所示。将指令拖曳至所需的位置，松开鼠标按钮，将指令放置在所需的位置，如图1-29 所示。

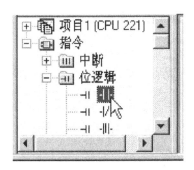

图1-28　在指令树中选择指令

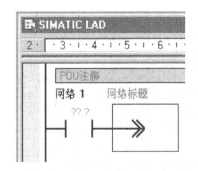

图1-29　在程序编辑器中输入指令

注：光标会自动阻止用户将指令放置在非法位置（例：放置在网络标题或另一条指令的参数上）。

或双击该指令，将指令放置在所需的位置。

2）在程序编辑器中直接输入指令

在程序编辑器窗口中将光标放在所需的位置。一个选择方框在位置周围出现，如图1-30所示。

在 LAD 指令工具栏中如图1-31 所示，点击适当的工具条按钮，或使用适当的功能键（F4 = 触点、F6 = 线圈、F9 = 方框）插入一个类属指令。

图 1-30　在程序编辑器中点击指令位置

图 1-31　LAD 指令工具栏

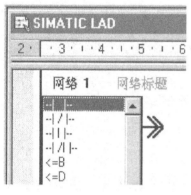

图 1-32　指令下拉菜单

出现一个下拉列表，如图 1-32 所示。滚动至所需的指令或键入开头的几个字母，浏览至所需的指令，单击所需的指令或使用 ENTER 键插入该指令。

3. 输入地址

在 LAD 中输入一条指令时，参数开始用问号表示，例如（??.?）或（????）。问号表示参数未赋值。

在指令地址区域中键入所需的数值（常数数值，例如 100）或一个绝对地址（例如 I0.1），如图 1-33 所示。

如果文字变为红色表示非法语法。

一条红色波浪线位于数值下方，表示该数值或是超出范围或是不适用于此类指令。

一条绿色波浪线位于数值下方，表示正在使用的变量或符号尚未定义。

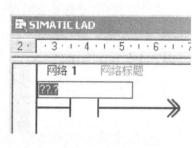

图 1-33　输入地址

图 1-34　程序编译

4. 程序编译

用工具条按钮或 PLC 菜单进行编译，如图 1-34 所示。

（1）"编译"允许编译项目的单个元素。选择"编译"时，程序编辑器下所示窗口是编译窗口；另外两个窗口不编译。

（2）"全部编译"对程序编辑器、系统块和数据块进行编译。使用"全部编译"命令时，是对程序编辑器下所有窗口进行编译。

5. 程序保存

使用工具条上的"保存"按钮保存，或从"文件"菜单选择"保存"和"另存为"选项保存程序，如图 1 – 35 所示。

6. 程序下载

（1）下载至 PLC 之前，必须核实 PLC 位于"停止"模式。检查 PLC 上的模式指示灯。如果 PLC 未设为"停止"模式，点击工具条中的"停止"按钮，或选择"PLC"→"停止"。

（2）点击工具条中的"下载"按钮，或选择"文件"→下载，出现"下载"对话框。

图 1 – 35　程序保存

（3）点击"确定"开始下载程序。

（4）如果下载成功，会出现一个确认框显示以下信息：下载成功。

（5）如果 STEP 7-Micro/WIN 中用的 PLC 类型的数值与实际使用的 PLC 不匹配，会显示以下警告信息："为项目所选的 PLC 类型与远程 PLC 类型不匹配。继续下载吗？"

（6）欲纠正 PLC 类型选项，选择"否"，终止下载程序。

从菜单条选择"PLC"→类型，调出"PLC 类型"对话框。从下拉列表方框选择纠正类型，或单击"读取 PLC"按钮，由 STEP 7-Micro/WIN 自动读取正确的数值。点击"确定"按钮，确认 PLC 类型，并清除对话框。点击工具条中的"下载"按钮，重新开始下载程序，或从菜单条选择"文件"→"下载"。

（7）一旦下载成功，在 PLC 中运行程序之前，必须将 PLC 从 STOP（停止）模式转换回 RUN（运行）模式。点击工具条中的"运行"按钮，或选择"PLC"→"运行"，转换回 RUN（运行）模式。

4.5　项目小结

本项目介绍了 STEP 7-Micro/WIN V4.0 SP4 编程软件，重点讲解了编程软件的窗口组件及功能和程序的输入、编译、调试的方法。

4.6　思考与练习

（1）简述 STEP 7-Micro/WIN V4.0 SP4 编程软件的安装过程。

（2）输入指令的方法有几种？如何操作？

（3）指令地址输入出现的错误有哪些？如何显示区别？

项目 5　THPTS-1A 型 PLC 综合实训装置简介

情境导入

THPTS-1A 型 PLC 综合实训装置集可编程控制器、STEP7 编程软件、仿真实训教学软件、实训模块等于一体。在实训装置上，可直观地进行 PLC 的基本指令练习、多个 PLC 实际应用的模拟及实物控制。装置配备的主机为德国西门子 S7-200 型 CPU226 可编程控制器，配套 PC/PPI 通信编程电缆、通信模块 EM277、三相鼠笼异步电机，并提供实训所需的各种电源。

5.1　教学目标

知识目标

熟悉 THPTS-1A 型 PLC 综合实训装置的组成与使用注意事项。

能力目标

（1）会使用 THPTS-1A 型 PLC 综合实训装置，会正确分合电源控制屏；

（2）熟悉各单元的性能指标，能够测量实训装置各单元的输入电压。

5.2 项目任务

项目任务 1：电源控制屏的使用及测试

项目任务 2：单元板的使用及测试

5.3 相关知识

一、装置组成

1. 控制屏（铁质双层亚光密纹喷塑结构，铝质面板）

1）交流电源控制单元

交流电源控制单元如图 1 - 36 所示，三相五线 380 V 交流电源，经控制开关后给装置供电，电网电压表监控电网电压，设有带灯保险丝保护，控制屏的供电由急停按钮和启停开关控制，同时具有漏电告警指示及告警复位。

提供三相四线 380 V、单相 220 V 电源各一组，由启停开关控制输出，并设有保险丝保护。

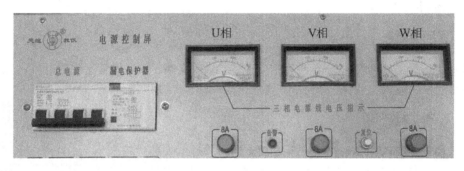

图 1 - 36　交流电压控制单元

2）直流电源

提供 DC 24 V/1 A、DC 5 V/1 A 各一路，带自我保护及恢复功能。

3）数字量给定及指示单元

数字量给定及指示单元如图 1 - 37 所示，提供钮子开关 8 只，点动按钮 8 只，提供高亮发光二极管 8 只（φ8，共阳极接法）、LED 数码管 1 只、方向指示器 1 只、直流 24 V 继电器若干；以上输入给定及输出指示器的所有接线端子均以弱电座的形式引至面板上，方便操作者搭建不同的控制系统。

4）模拟量给定及指示单元

提供 1 路 DC 0 ~ 15 V 可调输出、1 路 DC 0 ~ 20 mA 可调输出；可作为 PLC 模拟量实训给定值及其他控制信号使用。

提供 1 只直流电压表（量程 0 ~ 200 V）、1 只直流电流表（量程 0 ~ 200 mA），用于指示各种模拟量信号。

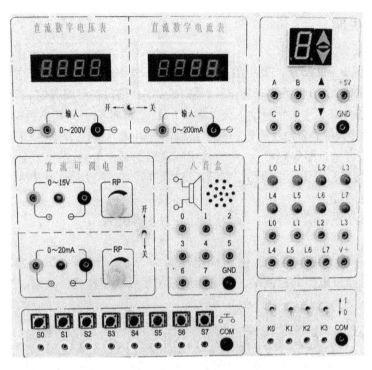

图 1-37　数字量给定及指示单元

5）主机实训组件

用户根据需要进行配置。

2. 三相鼠笼异步电机

1 台 WDJ26 交流 380 V/△电机。

3. 实训桌

实训桌为铁质双层亚光密纹喷塑结构，桌面为防火、防水、耐磨高密度板，设有一个大抽屉（带锁），用于放置工具及资料。

二、技术性能

1. 输入电源

采用三相五线制电源，电压 380 V ±10%，频率 50 Hz。

2. 工作环境

适宜工作环境温度为 -10 ℃ ~ +40 ℃，相对湿度 <85%（25 ℃），海拔 <4000 m。

3. 装置容量

该实验装置容量小于 1000 VA。

4. 重量

该实验装置整体重量约为 100 kg。

5. 外形尺寸

该实验装置外形尺寸为 $170 \times 75 \times 162 \ cm^3$。

6. 安全保护

该实验装置具有漏电压、漏电流保护装置，安全符合国家标准。

三、使用说明

1. 主机模块

主机模块如图1-38所示，采用的是德国西门子S7-200系列CPU226主机，集成数字量I/O（24路数字量输入/16路数字量输出）2路RS-485通信口，可编程控制器主机的所有端子已引到面板上，在本装置中数字量输入公共端（1 M、2 M的端子）接主机模块电源的"L+"（24 VDC），此时输入端是低电平有效；数字量输出公共端（1 L、2 L、3 L的端子）接主机模块电源的"M"（⊥，即0 VDC），此时输出端输出的是低电平。

连接时严禁接错，以免发生短路。实验系统接好后，打开PLC电源开关，电源指示灯亮。

2. 信号转换接口

提供16组端子排，端子排的一端分别接1～16号弱电座。

3. 继电器

提供四只透明直流继电器，线圈驱动电压为24 VDC。"KA1"、"KA2"、"KA3"、"KA4"分别为四个继电器的控制端，继电器线圈的另一端短接到公共端"V+/COM"。

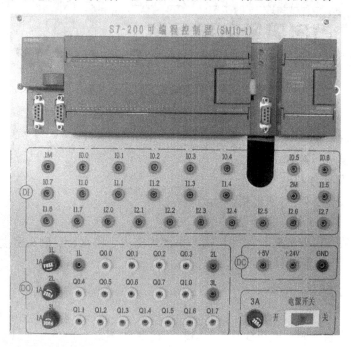

图1-38 主机单元

4. 实训挂箱

可将实训挂箱挂置控制屏型材导槽内，挂件的供电全部由外部提供。线路采用锁紧叠插线进行连线或用硬线连接。

A10——抢答器/音乐喷泉；

A11——装配流水线/十字路口交通灯；

A12——水塔水位/天塔之光；

A13——自动送料装车/四节传送带；

A14——多种液体混合装置；

A15——自动售货机；

A16——自控轧钢机/邮件分拣机；

A17——机械手控制/自控成型机；

A19-1——四层电梯控制；

A20——自动洗衣/电镀生产线；

B10——步进电机/直线运动；

B20——典型电动机控制实操单元；

C10——变频器实训组件；

C21——触摸屏实训组件。

例如：抢答器/音乐喷泉实验挂箱 A10 如图 1-39 所示。通过对音乐喷泉控制系统中的"水流"及音乐的循环控制，掌握循环调用指令的编写方法。在操作中，将挂箱上 SD 端子（启动开关的一端）与 PLC 的 I0.0 连接，1~8 端子（8 组受控元件的负极）对应的与 PLC 的 Q0.0~Q0.7 连接，V+端子（8 组受控元件的正极公共端）与主机模块的"L+"（24 VDC）连接，COM 端子（启动开关的另一端）与主机模块的 0 VDC（1M）连接。当拨动启动开关后，挂箱上的绿色 LED 由 1 到 8 依次点亮，模拟水流的喷出。

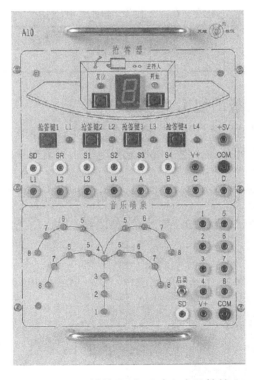

图 1-39　抢答器/音乐喷泉实验挂箱

四、注意事项

（1）在接线的时候应关闭电源总开关，待接线完成，认真检查无误后方可通电。

（2）可编程控制器的通信电缆请勿带电插拔，带电插拔容易烧坏通信口。

（3）通电中请勿打开控制屏后背盖，防止可能发生的危险。

（4）当实训台发生异常报警时，应立即切断电源，查找原因，排除故障。

五、维护

（1）定期清洁实训面板。

（2）定期检查各个实训模块工作是否正常。

5.4　项目操作内容与步骤

项目任务1：电源控制屏的使用及测试

（1）将装置后侧的四芯电源插头插入三相交流电源插座。

（2）打开电源控制屏的总电源开关定时器兼报警记录仪得电。控制屏旁边单相三孔插座、三相四孔插座得电。

（3）打开电源控制屏的电源总开关，三相电源线电压表指示电网电压，电网电压正常时 U 相、V 相、W 相电压显示范围 380±10%；同时控制屏右面板得电。

（4）按下电源控制屏的启动按钮三相交流输出 U1、V1、W1 得电。

（5）用交流电压表测量三相交流输出端子 U1、V1、W1 的电压，并记录于表 1－7 中。

表 1－7　三相交流输出电压值

电压	U_{UN}	U_{VN}	U_{WN}	U_{UV}	U_{UW}	U_{VW}
测量值						

项目任务2：单元板的使用及测试

（1）闭合电源控制屏的电源总开关，使 PLC 综合实验台得电。

（2）闭合 PLC 主机单元开关，使主机单元得电。用直流电压表测量 +24 V 输出端子电压，观察数值。

（3）关闭 PLC 主机单元开关，选用 A11 装配流水线挂箱，按图 1－40 接线。

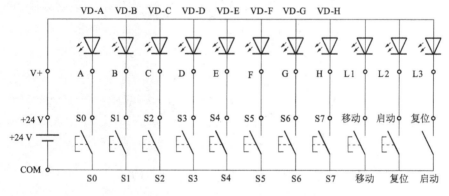

图 1－40　A11 装配流水线接线图

（4）闭合主机单元开关，分别按动各个按钮，观察相应指示灯的变化情况。

（5）注意事项：

① 本测试电路在接线时，必须采用断电接线。

② 指示灯采用共阳极接法，按钮采用共阴极接法。

5.5　项目小结

本项目主要介绍了 THPTS-1A 型 PLC 综合实训装置的基本结构，明确了电源控制屏的操作方法和各挂箱与主机单元之间的接线方式。通过实验观察，可以使学生清楚地了解实验时 PLC 的外部接线。

5.6　思考与练习

1. 填空题

（1）THPTS-1A 型 PLC 综合实训装置指示灯的额定电压是_____，应采用_____接法。

（2）THPTS-1A 型 PLC 综合实训装置按钮采用_____接法。

2. 实践题

仿照项目二接线方式，验证其他挂箱的动作。

工作任务 2

PLC 基本指令

项目1 三相异步电动机自锁控制线路的改造

 情境导入

图2-1所示为三相异步电动机自锁控制线路，常用于生产机械的电动机长时间连续运转控制，例如车床主轴电动机。

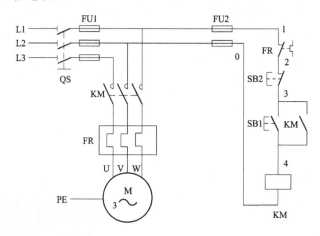

图2-1 自锁控制线路

设计 PLC 控制三相异步电动机连续运转，功能要求如下：

（1）接通三相电源时，电动机 M 不运转。

（2）当按下 SB1 正转启动按钮后，电动机 M 连续运转。

（3）当按下 SB2 停止按钮后，电动机 M 停转。自锁控制线路示意图如图2-2所示。

1.1 教学目标

知识目标

（1）掌握 STEP 7-Micro/WIN V4.0 SP4 软件的应用；

（2）熟练掌握 S7-200 的基本位逻辑指令。

能力目标

（1）能够正确进行硬件接线；

（2）能够熟练运用 STEP 7-Micro/WIN V4.0 SP4 软件编制 PLC 程序；

（3）能够熟练运用 S7-200 的基本位逻辑指令。

1.2　项目任务

项目任务 1：三相异步电动机自锁控制线路的改造
项目任务 2：三相异步电动机双重连锁正反转控制线路的改造

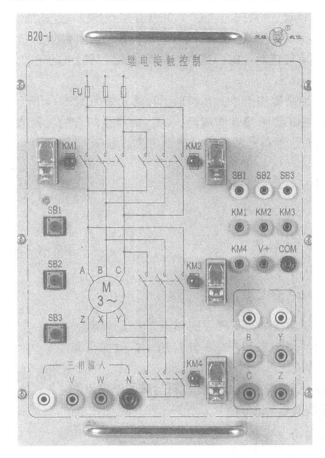

图 2-2　自锁控制线路示意图

1.3　相关知识点

一、输入、输出状态寄存器

1. 输入状态寄存器（I 区）

输入状态寄存器是 PLC 接收外部输入信号的窗口，其标识符为 I，例如 I0.0~I0.7。输入状态寄存器相当于输入继电器，每一个输入端子对应一个输入继电器线圈。在梯形图程序中，可以多次使用输入继电器的常开触点和常闭触点。

2. 输出状态寄存器（Q 区）

输出状态寄存器通过输出模块驱动 PLC 的外部负载，其标识符为 Q，例如 Q0.0~Q0.7。输出状态寄存器相当于输出继电器，每一个输出端子对应一个硬件常开触点。但是在梯形图程序中，每一个输出继电器的常开触点和常闭触点都可以多次使用。

二、LD、LDN、=指令

1. LD、LDN 指令

1）LD 指令

LD 指令称为初始装载指令，其梯形图如图 2－3a）所示，由常开触点和其位地址构成。语句表如图 2－3b）所示，由操作码“LD”和常开触点的位地址构成。

LD 指令的功能：常开触点在其线圈没有能流流过时，其触点是断开的（触点的状态为 OFF 或 0）；而其线圈有能流流过时，其触点是闭合的（其触点的状态为 ON 或 1）。

2）LDN 指令

LDN 指令称为初始装载非指令，其梯形图和语句表如图 2－4 所示。LDN 指令与 LD 指令的区别是常闭触点在其线圈没有能流流过时，触点是闭合的（触点的状态为 ON 或 1）；当其线圈有能流流过时，触点是断开的（触点的状态为 OFF 或 0）。

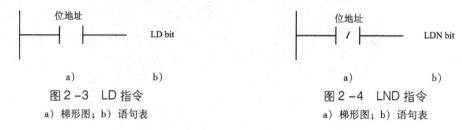

LD bit

a)　　b)

图 2－3　LD 指令

a）梯形图；b）语句表

LDN bit

a)　　b)

图 2－4　LND 指令

a）梯形图；b）语句表

2. =指令

=指令称为线圈驱动指令，其梯形图如图 2－5a）所示，由线圈和位地址构成。语句表如图 2－5b）所示，由操作码“=”和线圈位地址构成。

=指令的功能：=指令是利用前面各逻辑运算的结果由能流控制线圈，从而使线圈驱动的常闭触点断开，常开触点闭合。

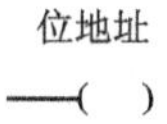

=bit

a)　　b)

图 2－5　=指令

a）梯形图；b）语句表

三、A、AN 指令

1. A 指令

A 指令又称为“与”指令，其梯形图如图 2－6a）所示，由串联常开触点和其位地址构成。语句表如图 2－6b）所示，由操作码“A”和常开触点的位地址构成。

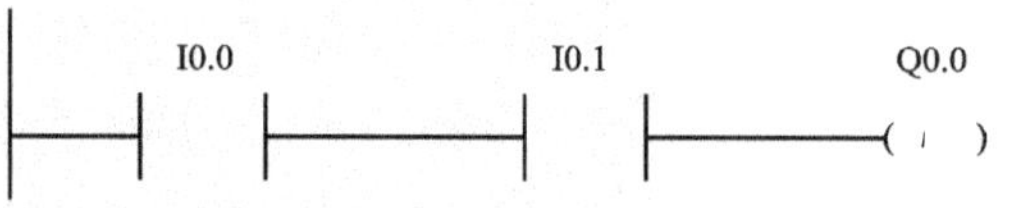

LD	I0.0
A	I0.1
=	Q0.0

a)　　b)

图 2－6　A 指令

a）梯形图；b）语句表

2. AN 指令

AN 指令又称为“与非”指令，其梯形图和语句表如图 2－7 所示。AN 指令与 A 指令的区别是串联常闭触点。

A、AN 指令的功能表如表 2－1 所示，当 I0.0 和 I0.1 都接通时，线圈 Q0.0 有能流流过。当I0.0和I0.1有一个不接通或者都不接通时，线圈Q0.0没有能流流过。

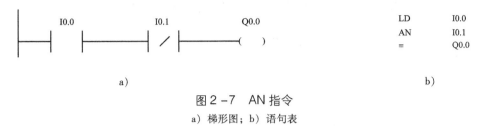

a)   b)

图2-7 AN指令

a）梯形图；b）语句表

表2-1 A、AN指令的功能表

I0.0	I0.1	Q0.0
0	0	0
0	1	0
1	0	0
1	1	1

四、O、ON 指令

1. O 指令

O 指令又称为"或"指令，其梯形图如图2-8a）所示，由并联常开触点和其位地址构成。语句表如图2-8b）所示，由操作码"O"和常开触点的位地址构成。

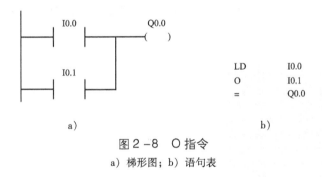

a)   b)

图2-8 O指令

a）梯形图；b）语句表

2. ON 指令

ON 指令又称为"或非"指令，其梯形图和语句表如图2-9所示。ON 指令与 O 指令的区别是并联常闭触点。

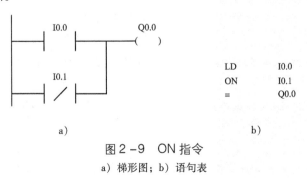

a)   b)

图2-9 ON指令

a）梯形图；b）语句表

O、ON 指令的功能表如表 2-2 所示，当 I0.0 或 I0.1 有一个接通或者都接通时，线圈 Q0.0 有能流流过。当 I0.0 和 I0.1 都断开时，线圈 Q0.0 没有能流流过。

表 2-2　O、ON 指令的功能表

I0.0	I0.1	Q0.0
0	0	0
0	1	1
1	0	1
1	1	1

五、S、R 指令

1. S 指令

S 指令也称为置位指令，其梯形图如图 2-10a) 所示，由置位线圈、置位线圈的位地址（bit）和置位线圈数目（n）构成。语句表如图 2-10b) 所示，由置位操作码 S、置位线圈的位地址（bit）和置位线圈数目（n）构成。

图 2-10　置位指令的梯形图及语句
a) 梯形图；b) 语句表

置位指令的应用如图 2-11 所示，当图中置位信号 I0.0 接通时，置位线圈 Q0.0 有能流流过。当置位信号 I0.0 断开以后，被置位线圈 Q0.0 的状态继续保持不变，直到使线圈 Q0.0 复位信号的到来，线圈 Q0.0 才恢复初始状态。

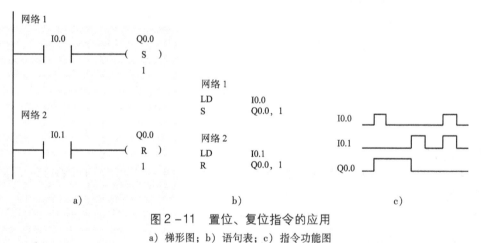

图 2-11　置位、复位指令的应用
a) 梯形图；b) 语句表；c) 指令功能图

在使用置位指令时，应当注意被置位的线圈数目是从指令中指定的位元件开始共有 n 个。在图 2-11 中，若 $n = 8$，则被置位线圈为 Q0.0、Q0.1、…、Q0.7，即线圈 Q0.0 ~ Q0.7 同时有能流流过。因此，这可用于数台电动机同时启动运转的控制要求，使控制程序大大简化。

2. R 指令

R 指令又叫复位指令，其梯形图如图 2-12a) 所示，由复位线圈、复位线圈的位地址

（bit）和复位线圈数目（n）构成。语句表如图 2-12b)
所示，由复位操作码 R、复位线圈的位地址（bit）和
复位线圈数目（n）构成。

复位指令的应用如图 2-13 所示，当图中复位信
号 I0.1 接通时，被复位线圈 Q0.0 恢复初始状态。当复
位信号 I0.1 断开以后，被复位线圈 Q0.0 的状态继续保
持不变，直到使线圈 Q0.0 置位信号的到来，线圈 Q0.0 才有能流流过。

```
        bit
  ——( R )        R  bit, n
        n

      a)              b)
```

图 2-12　复位指令的梯形图及语句表
a) 梯形图；b) 语句表

在使用复位指令时，应当注意被复位的线圈数目是从指令中指定的位元件开始共有 n
个。图 2-12 中，若 $n = 8$，则被复位线圈为 Q0.0、Q0.1、…、Q0.7，即线圈 Q0.0 ~ Q0.7
同时恢复初始状态。因此，S、R 指令可用于数台电动机同时停止运转以及急停情况下的控
制要求，使控制程序大大简化。

3. S、R 指令的优先级

在程序中同时使用置位与复位指令，应注意两条指令的先后顺序，使用不当有可能导致
程序控制结果错误。在图 2-11 中，置位指令在前，复位指令在后，当 I0.0 和 0.1 同时接
通时，复位指令优先级高，Q0.0 没有能流流过。相反，如图 2-13 所示，将置位与复位指
令的先后顺序对调，当 I0.0 和 I0.1 同时接通时，置位指令优先级高，Q0.0 有能流流过。因
此，使用置位与复位指令编程时，哪条指令在后面，则该指令的优先级高，这一点需要在编
程时多加注意。

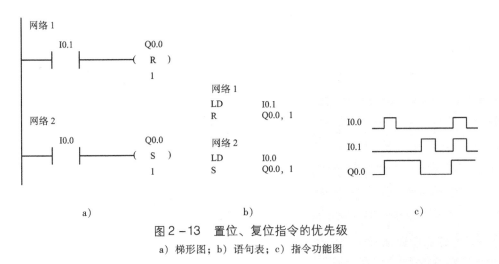

图 2-13　置位、复位指令的优先级
a) 梯形图；b) 语句表；c) 指令功能图

1.4　项目操作内容与步骤

项目任务 1：三相异步电动机自锁控制线路的改造

本项目控制要求参见情境导入。

1. I/O 端口分配功能表与控制接线图

根据电路要求，列出 PLC 控制 I/O 口元件地址分配表，如表 2-3 所示，设计梯形图及
PLC 控制 I/O 接线图，如图 2-14 所示。

表 2-3　I/O 分配功能表

PLC 地址（PLC 端子）		电气符号（面板端子）	功能说明
输入	I0.0	SB1	停止按钮
	I0.1	SB2	启动按钮
	I0.2	FR	过载保护
输出	Q0.0	KM1	接触器线圈

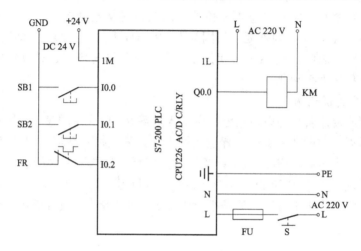

图 2-14　控制接线图

2. 程序设计

根据控制电路的要求，在计算机中编写程序。程序可参考图 2-15，具体录入步骤如下：

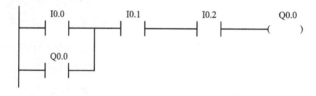

图 2-15　自锁控制程序

（1）打开程序编辑器。

点击程序块 图标，打开程序编辑器。注意指令树和程序编辑器，可以双击指令的图标或用拖拽的方式将梯形图指令插入到程序编辑器中。在工具栏中有一些指令的快捷方式可以使编程变得更加轻松自如。

（2）输入常开触点 I0.0，如图 2-16 所示。

① 双击位逻辑图标或者单击其左侧的加号可以显示出全部位逻辑指令。

② 选择常开触点。

③ 按住鼠标左键将触点拖拽到第一个程序段中，也可以双击常开触点图标。

④ 单击触点上方的"?? . ?"并输入地址：I0.0。

⑤ 按回车键确认。

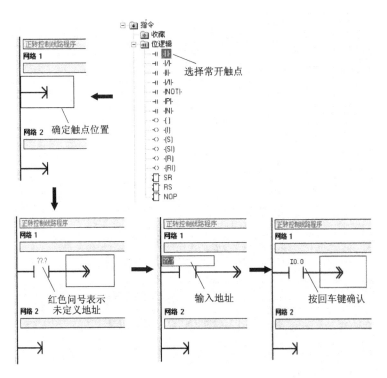

图 2-16 常开触点 I0.0 的输入步骤

（3）输入串联常开触点 I0.1，如图 2-17 所示。

① 选择触点位置。

② 利用特殊功能键选择常开触点。

③ 双击常开触点图标。

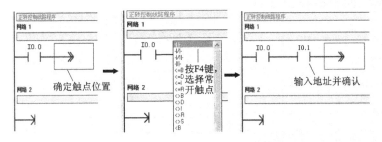

图 2-17 常开触点 I0.1 的输入步骤

④ 输入地址 I0.1。

⑤ 按回车键确认。

串联常开触点 I0.2 的输入方法同上所述。

（4）输入线圈 Q0.0，如图 2-18 所示。

① 选择线圈位置。

② 在位逻辑指令中选择线圈。

③ 按住鼠标左键将线圈拖拽到第一个程序段中，或者双击线圈图标。

④ 单击线圈上方的"?? . ?"并输入地址：Q0.0。

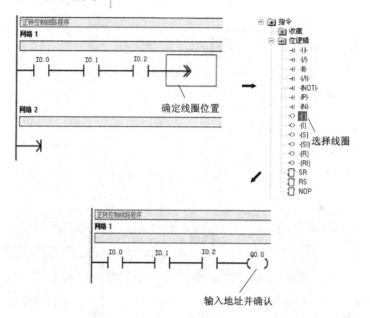

图2-18 线圈Q0.0的输入步骤

⑤ 按回车键确认。

（5）输入常开触点Q0.0，如图2-19所示。

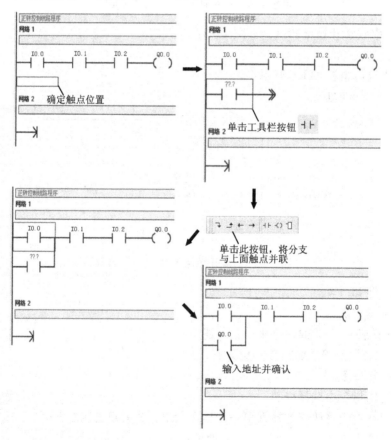

图2-19 常开触点Q0.0的输入步骤

① 选择触点位置。

② 在位逻辑指令中选择常开触点。

③ 双击常开触点图标。

④ 输入地址：Q0.0。

⑤ 按回车键确认。

3. 存储工程项目

在程序编制结束后，需要存储程序。存储程序是将一个包括 S7-200 CPU 类型及其他参数在内的一个项目存储在一个指定的地方，便于修改和使用程序。如图2－20所示，存储项目的步骤如下：

图2－20　存储工程项目的步骤

（1）在菜单中选择菜单命令"文件/另存为"，也可以单击工具栏中的保存项目按钮 。

（2）在"另存为"对话框中输入工程项目名。

（3）单击"保存"按钮，存储工程项目。

4. 安装与接线

主电路按图2－1进行配线，控制线路按图2－14进行配线，安装方法及要求与接触器－继电器电路相同。

5. 运行并调试程序

1）编译程序

程序在下载之前，要经过编译才能转换为 PLC 能够执行的机器代码，同时可以检查程序是否存在违反编程规则的错误。

（1）单击工具条中的"编译" 或"全部编译" ，或使用菜单命令"PLC/编译"或"PLC/全部编译"即可编译程序。

（2）如程序中存在错误，编译后，状态栏中将显示程序中语法错误的数量、各条错误的原因和错误在程序中的位置等信息。

（3）双击状态栏中的某一条错误，程序编辑器中的矩形光标将会移到程序中该错误所在的位置。

（4）必须改正程序中的所有错误，编译成功后才能下载程序。

2）下载程序

（1）单击工具条中的"下载"按钮 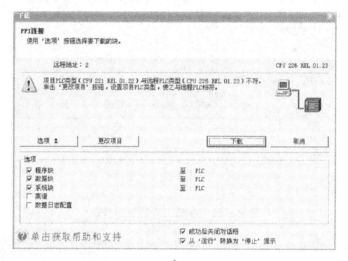 或者在命令菜单中选择"文件"→"下载"命令可将程序下载至 PLC 中。

（2）每一个 STEP 7-Micro/WIN V4.0 项目都会有一个 CPU 类型（CPU221、CPU222、CPU224、CPU226 或 CPU226XM），如果在项目中选择的 CPU 类型与实际连接的 CPU 类型不匹配，则在下载时 STEP 7-Micro/WIN V4.0 会提示做出选择，如图 2-21a）所示。

（3）如果工程项目的 CPU 类型与实际连接的 CPU 类型相匹配，则会出现如图 2-21b）所示对话框，单击"下载"按钮，即可将程序下载到 PLC 中。如果此时 PLC 处于运行模式，将会出现一个对话框，如图 2-21c）所示，提示是否将 PLC 转为停止模式，单击"是"按钮将 PLC 转入停止模式即可。

a)

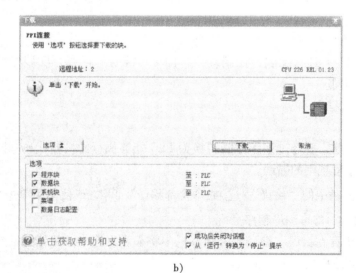

b)

图 2-21 下载程序（一）

a）工程项目的 CPU 类型与实际类型不符提示框；b）工程项目下载对话框

停止
将PLC置于‘停止’模式吗？
是
否

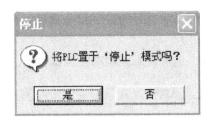

c）

图2－21　下载程序（二）

c）运行中的PLC应转为停止状态后下载

3）运行程序

如果想通过STEP 7-Micro/WIN V4.0软件将PLC转入运行模式，PLC的模式开关必须设置为TERM或RUN。当PLC转入运行模式后，程序开始运行，运行步骤如下。

（1）单击工具栏中的“运行”按钮 或者在命令菜单中选择“PLC”→“运行”命令。

（2）如图2－22所示，单击“是”键切换到运行模式。

4）在线监控程序

（1）采用程序状态监控程序的运行。

如果想观察程序执行情况，可以单击工具条中的程序状态按钮 或者在命令菜单中选择“调试”→“开始程序状态”命令来监控程序。程序状态监控方式如图2－23所示。

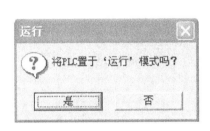

运行
将PLC置于‘运行’模式吗？
是
否

图2－22　运行程序

程序注解
网络 1
网络注解
SB1=ON
KM=ON

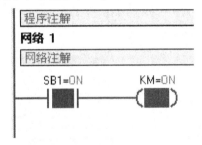

图2－23　程序状态监控方式

（2）采用状态表监控程序的运行。

单击工具栏中的状态表监控按钮 或者在命令菜单中选择“调试”→“开始状态表监控”命令来监控程序，状态表监控方式如图2－24所示。

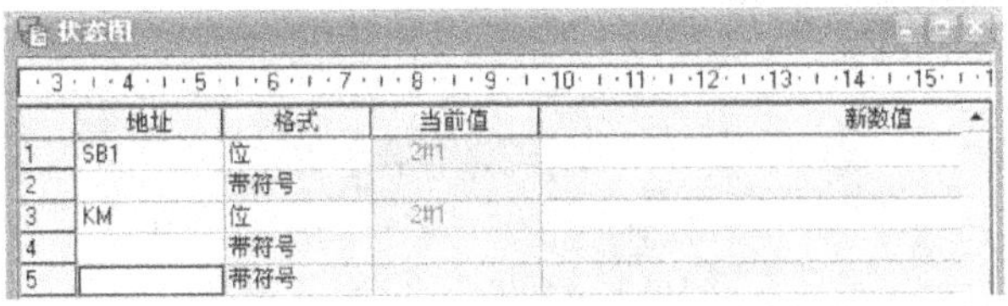

状态图
地址
格式
当前值
新数值
1 SB1 位 2#1
2 带符号
3 KM 位 2#1
4 带符号
5 带符号

图2－24　状态表监控方式

5）调试程序

（1）强制功能。

S7-200 PLC提供了强制功能，以方便程序调试工作，例如在现场不具备某些外部条件的情况下模拟工艺状态。用户可以对所有的数字量 I/O 以及多达 16 个内部存储器数据或模拟量 I/O 进行强制。

如果没有实际的 I/O 接线，也可以用强制功能调试程序，如图 2 – 25 所示。

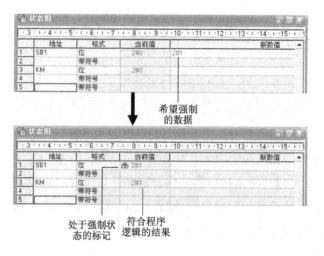

图 2 – 25　强制功能

采用状态表监控程序的运行，在"新数值"列中写入希望强制成的数据，然后单击工具栏强制按钮 🔓。

如图 2 – 26 所示，对于无需改变数值的变量，只需在"当前值"列中选中它，然后使用强制命令。

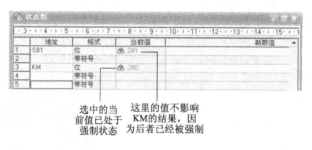

图 2 – 26　使用强制命令

（2）写入数据。

S7-200 PLC 还提供了写入数据的功能，以便于程序调试。在图状态表格中输入 Q0.0 的新值"1"，如图 2 – 27 所示。

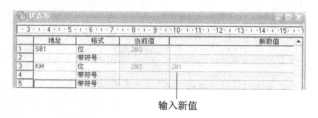

图 2 – 27　图状态中 Q0.0 写入新值

输入新值后，单击工具栏写入按钮 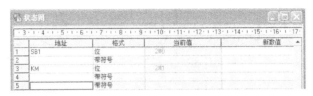，写入数据。应用写入命令可以同时输入几个数据值，如图 2 – 28 所示。

图 2 – 28　写入新值

6）停止程序

如果想停止程序，可以单击工具栏中的停止按钮 ■ 或者在命令菜单中选择"PLC"→"停止"，然后单击"是"按钮切换到停止模式，如图 2 – 29 所示。

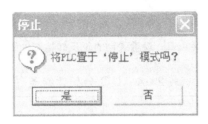

图 2 – 29　停止程序

6. 通电试验

正确使用电工工具及万用表，对电路进行仔细检查，以保证通电试验一次成功，并注意人身和设备安全。

7. 考评标准

见附录表 1 技能训练评分表。

项目任务 2：三相异步电动机双重联锁正反转控制线路改造

按钮、接触器双重联锁正反转控制线路如图 2 – 30 所示，该线路兼有两种联锁控制线路的优点，操作方便，工作安全可靠。

由如图 2 – 30 所示的控制线路可见，对于接触器 KM1 而言，按钮 SB1 相当于启动按钮，SB2 和 SB3 属于停止按钮，FR 属于过载保护装置。因此，针对接触器 KM1 的梯形图程序，可参照正转控制线路进行编程操作。接触器 KM2 的梯形图程序与 KM1 相似。

分析如图 2 – 30 所示的控制线路的原理可知，接触器 KM1 与 KM2 不能同时得电动作，否则三相电源中的两相短路。为此，电路中采用接触器常闭触点串接在对方线圈回路作电气联锁，使电路工作可靠。采用按钮 SB1、SB2 的常闭触点，目的是为了让电动机正反转直接切换，操作方便。这些控制要求都应在梯形图程序中予以体现。

1. I/O 端口分配功能表与控制接线图

根据电路要求，列出 PLC 控制 I/O 口元件地址分配表，如表 2 – 4 所示，设计梯形图及 PLC 控制 I/O 接线图，如图 2 – 31 所示。

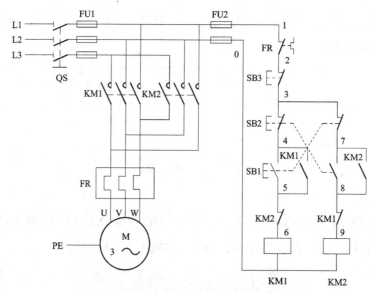

图2-30 双重联锁的正反转控制线路图

表2-4 I/O 分配功能表

输入			输出		
PLC 地址 （PLC 端子）	电气符号 （面板端子）	功能说明	PLC 地址 （PLC 端子）	电气符号 （面板端子）	功能说明
I0.0	FR	过载保护	Q0.0	KM1	正转接触器线圈
I0.1	SB1	正转启动按钮	Q0.1	KM2	反转接触器线圈
I0.2	SB2	反转启动按钮			
I0.3	SB3	停止按钮			

由于 PLC 程序执行时间很短（一个扫描周期仅几微秒），而接触器动作也需要时间，两者存在一定的时间差，很容易导致接触器工作过程中出现短路故障。因此，在接触器 KM1、KM2 的线圈回路串联对方的常闭触点实现电气联锁很必要。

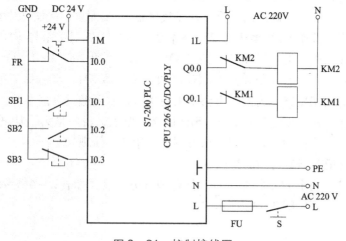

图2-31 控制接线图

2. 设计梯形图程序

（1）运用触点指令设计正反转控制线路梯形图程序，其梯形图程序如图 2-32 所示。

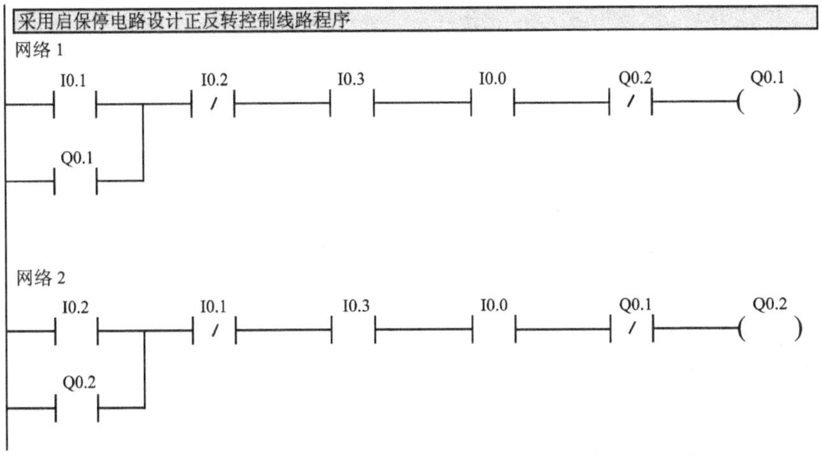

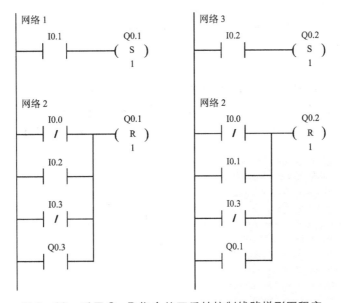

图 2-32　采用触点指令的正反转控制线路梯形图程序

（2）采用 S、R 指令设计梯形图程序，其梯形图程序如图 2-33 所示。

图 2-33　采用 S、R 指令的正反转控制线路梯形图程序

比较图 2-32 和图 2-33 的梯形图程序可知，采用启保停电路中的启动条件就是采用 S、R 指令程序的置位条件（接 S 指令），停止条件就是复位条件（接 R 指令）。采用启保停电路中停止条件的常开触点（常闭触点）应改为采用 S、R 指令程序中的常闭触点（常开触点），触点串联（并联）改为触点并联（串联）。

3. 运行并调试程序

（1）下载程序，在线监控程序运行。

（2）分析程序运行结果，编写语句表及相关技术文件。

4. 安装与接线

按图 2-31（PLC 控制 I/O 接线）在模拟配线板上正确安装，接线要正确、紧固、美观。

5. 通电试验

正确使用电工工具及万用表，对电路进行仔细检查，以保证通电试验一次成功，并注意人身和设备安全。

6. 考评标准

见附录表1技能训练评分表。

1.5　项目小结

本项目通过对三相异步电动机自锁电路和双重连锁正反转电路的改造，讲解了 S7-200 PLC 的基本位逻辑指令，进一步巩固了 STEP 7-Micro/WIN V4.0 SP4 编程软件的使用。本项目重点在于指令的格式与应用和学习兴趣的培养。

1.6　思考与练习

1. 填空题

（1）梯形图由_____、_____和用方框表示的功能块组成。

（2）在继电器电路图中，触点可以放在线圈的_____，也可以放在线圈的_____。

（3）在梯形图中，_____必须放在电路的最右边。

（4）为了防止控制正反转的两个接触器同时动作制造成三相电源短路，应在 PLC 外部设置_____电路。

2. 判断题

（1）输入电路断开时，当前值保持不变。（　　　）

（2）串并联触点的串并联指令只能将单个触点与触点或电路串并联。（　　　）

（3）使用置位与复位指令编程时，哪条指令在前面，则该指令的优先级高。（　　　）

3. 设计题

设计满足图 2-34 所示波形的梯形图。

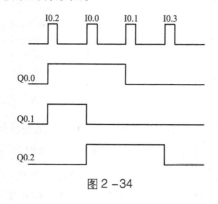

图 2-34

项目 2　十字路口交通灯控制

 情境导入

在城市十字路口的东、南、西、北四个方向装设了红、绿、黄三色交通信号灯。为了交通安全，红灯、绿灯、黄灯必须按照一定时序轮流发亮，试设计、安装与调试十字路口交通信号灯控制电路。交通灯示意图如图 2-35 所示。

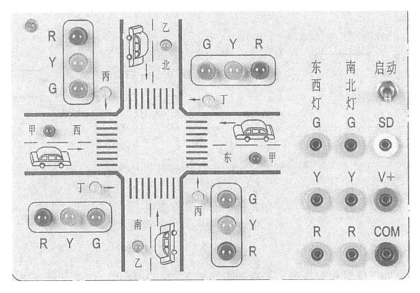

图2-35 交通灯示意图

2.1 教学目标

知识目标

（1）熟练掌握 S7-200 的定时器指令；

（2）掌握 S7-200 PLC 程序设计的规则。

能力目标

（1）能够正确使用 S7-200 的定时器指令；

（2）能够按照 S7-200 PLC 程序设计的规则进行简单程序的设计。

2.2 项目任务

项目任务1：车行与人行交通灯混合控制

项目任务2：十字路口交通灯控制

2.3 相关知识点

一、EU、ED 指令

1. EU 指令

EU 指令也称为上升沿检测指令，其梯形图如图 2-36a）所示，由常开触点加上升沿检测指令标识符"P"构成。其语句表如图 2-36b）所示，由上升沿检测指令操作码"EU"构成。

EU 指令的应用如图 2-37 所示，所谓 EU 指令是指当 I0.0 的状态由断开变为接通时（即出现上升沿的过程），EU 指令对应的触点接通一个扫描周期（T），使线圈 Q0.1 仅得电一个扫描周期。

```
——| P |——          EU

     a)              b)
```

图2-36 上升沿检测指令
a）梯形图；b）语句表

53

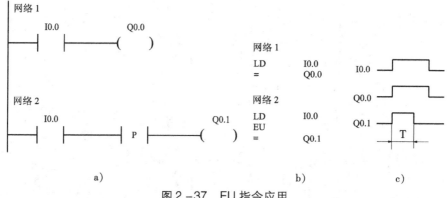

图2-37 EU指令应用

a）梯形图；b）语句表；c）指令功能图

2. ED 指令

ED 指令又叫下降沿检测指令，其梯形图如图2-38a）所示，由常开触点加下降沿检测指令标识符"N"构成。其语句表如图2-38b）所示，由下降沿检测指令操作码"ED"构成。

ED 指令的应用如图2-39所示，所谓 ED 指令是指当 I0.0 的状态由接通变为断开时（即出现下降沿的过程），ED 指令对应的触点接通一个扫描周期（T），使线圈 Q0.1 仅得电一个扫描周期。

EU、ED 指令都可以用来启动下一个控制程序、启动一个运算过程、结束一段控制等。

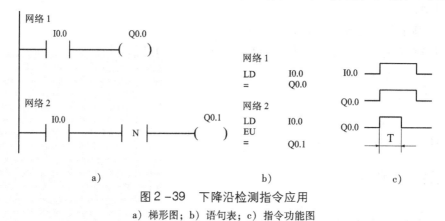

图2-39 下降沿检测指令应用

a）梯形图；b）语句表；c）指令功能图

二、定时器指令

1. S7-200 PLC 中定时器区简介

定时器指令是 PLC 的重要基本指令，S7-200 PLC 共有3种定时器指令，即：接通延时定时器指令（TON）、断开延时定时器指令（TOF）和带有记忆接通延时定时器指令（TONR）。这些定时器指令用于整个定时器区（T 区）。

S7-200 PLC 提供了256个定时器，定时器编号为 T0 ~ T255。定时器有1 ms、10 ms 和100 ms 三种精度，1 ms 的定时器有4个，10 ms 的定时器有16个，100 ms 的定时器有236个。编号和类型与精度有关，例如：编号是 T2 的定时器，其精度是10 ms，类型为有记忆的接通延时型定时器。选用前应先查表2-5以确定合适的编号，从表2-5中可知，有记忆的定时器均是接通延时型，无记忆的定时器可通过指令指定为接通延时或断开延时型，使用时还须注意，在一个程序中不能把一个定时器同时用做不同类型，如既有TON37又有TOF37。

表2-5 S7-200 PLC定时器的特性

指令类型	时基时间/ms	最大定时范围/s	定时器编号
TONR	1	32.767	T0、T64
	10	327.67	T1~T4、T65~T68
	100	3276.7	T5~T31、T69~T95
TON、TOF	1	32.767	T32、T96
	10	327.67	T33~T36、T97~T100
	100	3276.7	T37~T63、T101~T255

2. 接通延时定时器指令（TON）

TON指令的梯形图如图2-40a）所示，由定时器标识符TON、定时器的启动信号输入端IN、时间设定值输入端PT和TON定时器编号Tn构成。

TON指令的语句表如图2-40b）所示，由定时器标识符TON、定时器编号Tn和时间设定值PT构成。

图2-40 TON指令
a）梯形图；b）语句表

TON指令的应用如图2-41所示。当定时器的启动信号I0.0断开时，定时器的当前值SV = 0，定时器T37没有能流流过，不工作。当T37的启动信号I0.0接通时，定时器开始计时，每过一个时基时间（100 ms），定时器的当前值SV = SV + 1。当定时器的当前值SV等于其设定值PT时，定时器的延时时间到了，这时定时器的常开触点由断开变为接通（常闭触点由接通变为断开），线圈Q0.0有能流流过。在定时器的常开触点状态改变后，定时器继续计时，直到SV = +32 767（最大值）时，才停止计时，SV将保持 +32 767不变。只要SV ≥ PT值，定时器的常开触点就接通，如果不满足这个条件，定时器的常开触点应断开。

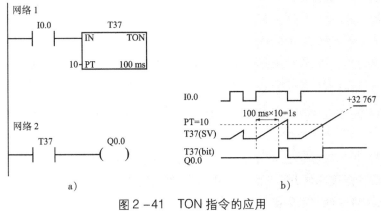

图2-41 TON指令的应用
a）梯形图；b）指令功能图

当I0.0由接通变为断开时，则SV被复位清零（SV=0），T37的常开触点也断开，线圈Q0.0没有能流流过。

当I0.0由断开变为接通后，维持接通的时间不足以使得SV达到PT值时，T37的常开触点不会接通，线圈Q0.0没有能流流过。

设定值PT，即编程时设定的延时时间的长短，它的数值与设定的延时时间和时基时间有关，具体关系为：

$$PT = \frac{设定的延时时间（ms）}{时基时间（ms）}$$

3. 断开延时定时器指令（TOF）

TOF指令的梯形图如图2-42a）所示，由定时器标识符TOF、定时器的启动信号输入端IN、时间设定值输入端PT和TOF定时器编号Tn构成。

TOF指令的语句表如图2-42b）所示，由定时器标识符TOF、定时器编号Tn和时间设定值PT构成。

```
        Tn
  ── IN   TOF
  ── PT
```

TOF Tn, PT

a）   b）

图2-42 TOF指令
a）梯形图；b）语句表

TOF指令的应用如图2-43所示。当定时器的启动信号I0.0接通时，定时器的当前值SV=0，定时器T33有能流流过，定时器不计时，其常开触点由断开变为接通，线圈Q0.0有能流流过。当T33的启动信号I0.0断开时，定时器线圈没有能流流过，定时器开始计时，每过一个时基时间（10 ms），定时器的当前值SV=SV+1。当定时器的当前值SV等于其设定值PT时，定时器的延时时间到了，定时器停止计时，SV将保持不变；这时定时器的常开触点由接通变为断开，线圈Q0.0没有能流流过。

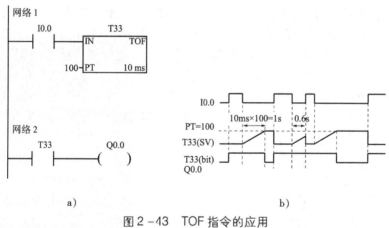

图2-43 TOF指令的应用
a）梯形图；b）指令功能图

当启动信号I0.0由断开变为接通时，则定时器的当前值被复位（SV=0），T33有能流流过。

当启动信号I0.0从接通变为断开后，维持的时间不足以使得SV达到PT值时，T33的常开触点不会由接通变为断开，线圈Q0.0仍有能流流过。

4. 带有记忆接通延时定时器指令（TONR）

TONR指令的梯形图如图2-44a）所示，由定时器标识符TONR、定时器的启动信号输入端 IN、时间设定值输入端 PT 和 TONR 定时器编号 Tn 构成。

TONR 指令的语句表如图2-44b）所示，由定时器标识符 TONR、定时器编号 Tn 和时间设定值 PT 构成。

TONR 指令的应用如图2-45所示，其工作原理与接通延时定时器大体相同。当定时器的启动信号 I0.0 断开时，定时器的当前值 SV = 0，定时器 T1 没有能流流过，不工作。当启动信号 I0.0 由断开变为接通时，定时器开始计时，每过一个时基时间，定时器的当前值 SV = SV + 1。当定时器的当前值 SV 等于其设定值 PT 时，

图2-44　TONR 指令
a）梯形图；b）语句表

定时器的延时时间到了（10 ms × 100 = 1 s），这时定时器的常开触点由断开变为接通，线圈 Q0.0 有能流流过。在定时器的常开触点状态改变后，定时器继续计时，直到 SV = + 32 767（最大值）时，才停止计时，SV 将保持 + 32 767 不变。只要 SV > PT 值，定时器的常开触点就接通，如果不满足这个条件，定时器的常开触点应断开。

TONR 指令与 TON 指令不同之处在于，TONR 指令的 SV 值是可以记忆的。当 I0.0 从断开变为接通后，维持的时间不足以使得 SV 达到 PT 值时，I0.0 又从接通变为断开，这时 SV 可以保持当前值不变；I0.0 再次从断开变为接通时，SV 在保持值的基础上累积，当 SV 等于 PT 值时，T1 的常开触点仍可由断开变为接通。

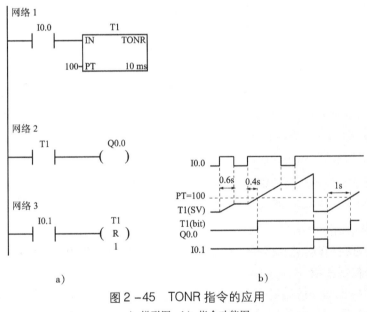

图2-45　TONR 指令的应用
a）梯形图；b）指令功能图

只有复位信号 I0.1 接通时，定时器 T1 才能停止计时，其当前值 SV 被复位清零（SV = 0），常开触点复位断开，线圈 Q0.0 没有能流流过。

5. 定时器的正确使用

在 PLC 的应用中，经常使用具有自复位功能的定时器，即利用定时器的动断触点去控制自己的线圈。在 S7-200 PLC 中，要使用具有自复位功能的定时器，必须考虑定时器的刷新方式。

图2-46a）中，T96 是 1 ms 的定时器，只有正好在程序扫描到 T96 的动断触点到 T96

的动合触点之间当前值等于预置值时被刷新，进行状态位的转换，使 T96 的动合触点为 ON，从而使 M0.0 能 ON 一个扫描周期，否则 M0.0 将总是 OFF 状态。正确解决这个问题的方法是采用图 2-46b）所示的编程方式。

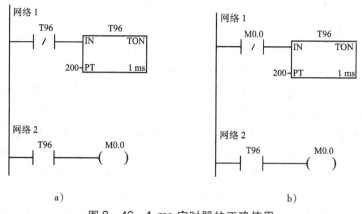

图 2-46　1 ms 定时器的正确使用

a）不正确梯形图；b）正确梯形图

6. 定时器常见的基本应用电路

1）延时断开电路

I0.0 用于启动 Q0.0，Q0.0 启动后，不论如何操作 I0.0，Q0.0 总是在 I0.0 断电后 20 s 断电。对应的梯形图程序及时序图如图 2-47 所示。

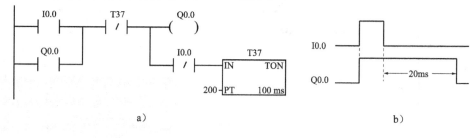

图 2-47　延时断开控制程序时序图

a）梯形图；b）时序图

2）延时通断控制

系统启动时延时启动，系统停止时延时停止。这是生产实践中为了协调各设备之间正常工作常用的一种控制手段。

假定 I0.0、I0.1 为系统的启动、停止按钮，Q0.1 为系统的输出，则对应的 PLC 程序及时序图如图 2-48 所示。按下 I0.0 启动按钮，系统启动，T37 开始定时，9 s 后 T37 的动合触点接通，使 Q0.1 变为 ON；按下停止按钮 I0.1，M0.0 变为 OFF，T38 开始定时，7 s 后 T38 的动断触点断开，使 Q0.1 变为 OFF，T38 复位。

3）定时器的扩展

PLC 的定时器有一定的时间设定范围。如果需要超出定时设定范围，可通过几个定时器串联，达到扩充设定值的目的。图 2-49 所示为定时器的扩展电路。图 2-49 中通过两个定时器的串联使用，可以实现延时 1 300 s。T37 的设定值为 800 s，T38 的设定值为 500 s。当 I0.0 闭合，T37 就开始计时，达到 800 s 时，T37 的动合触点闭合，使 T38 得电开始计时，

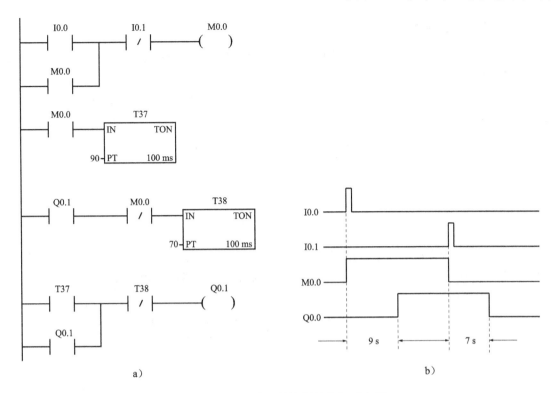

图2-48 延时通断控制程序与时序图
a）梯形图；b）时序图

再延时500 s后，F38的动合触点闭合，Q0.0线圈得电，获得延时1 300 s的输出信号。

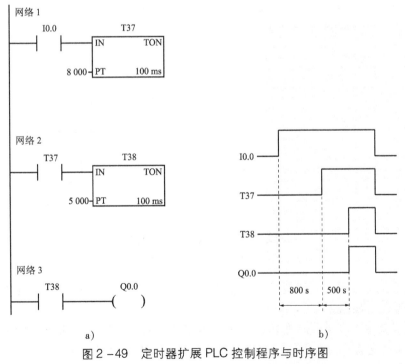

图2-49 定时器扩展PLC控制程序与时序图
a）梯形图；b）时序图

三、梯形图编程的基本规则

（1）输入、输出继电器、内部辅助继电器、定时器等元件的触点可多次重复使用，无须用复杂的程序结构来减少触点的使用次数。

（2）梯形图的每一行都是从左边母线开始，线圈接在最右边。触点不能放在线圈的右边，见图2-50。

图2-50 线圈与触点的位置
a）不正确梯形图；b）正确梯形图

（3）线圈不能直接与左边母线相连。如果需要，可以通过专用内部辅助继电器SM0.0的常开触点连接，如图2-51所示。SM0.0为S7-200 PLC中常接通辅助继电器。

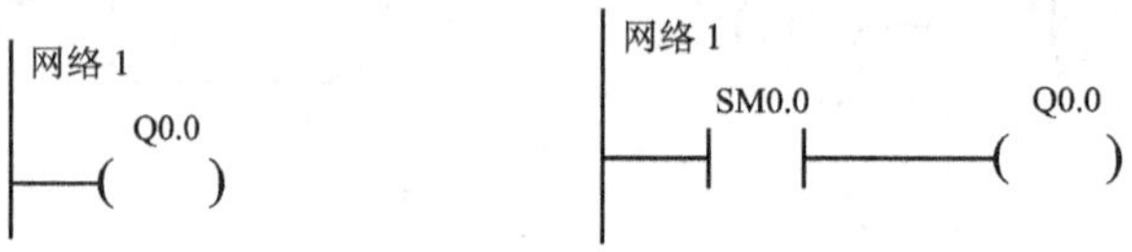

图2-51 SM0.0的应用
a）不正确梯形图；b）正确梯形图

（4）应避免线圈重复使用。同一编号的线圈在一个程序中使用两次称为双线圈输出，双线圈输出容易引起误操作。如图2-52所示，工作时，按程序最后一条线圈输出指令执行。但是，调转/标号指令和SCR段指令中可以使用。

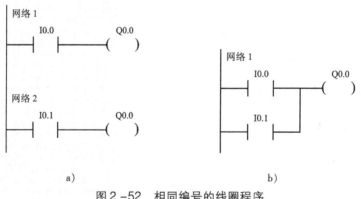

图2-52 相同编号的线圈程序
a）不正确梯形图；b）正确梯形图

（5）梯形图必须符合顺序执行，即从左到右，从上到下地执行。不符合顺序执行的电路不能直接编程，如图2-53所示。

（6）在梯形图中，串联触点和并联触点使用的次数没有限制，可无限次地使用。串联触点数目多的应放在程序的上面，并联触点数目多的应放在程序的左面，以减少指令条数，缩短扫描周期。合理优化的梯形图程序如图2-54所示。

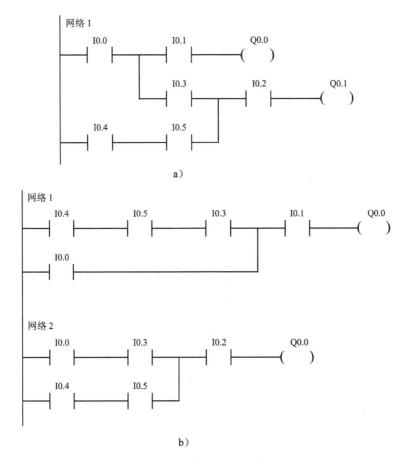

图 2-53 不符合编程规则的程序

a) 不正确梯形图；b) 正确梯形图

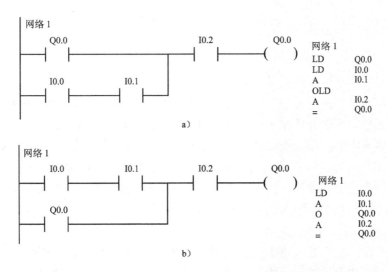

图 2-54 合理优化程序（一）

a) 串联触点位置不当；b) 串联触点位置正确

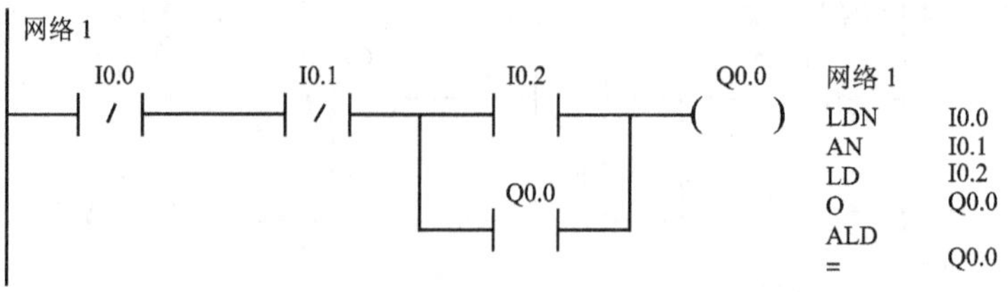

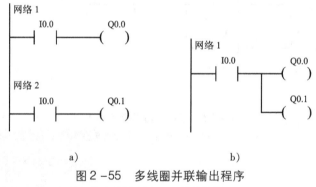

图2-54 合理优化程序（二）

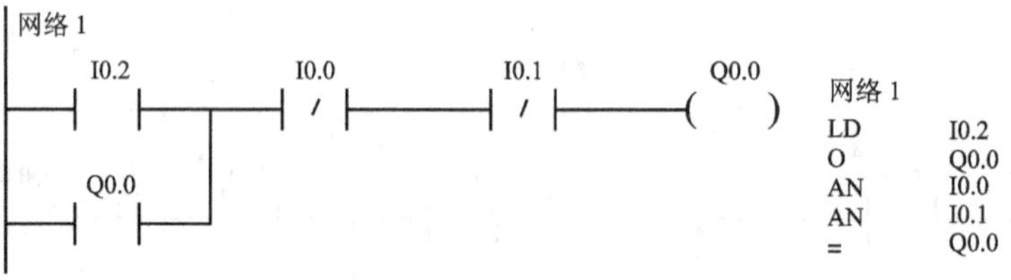

c）并联触点位置不当；d）并联触点位置正确

（7）两个或两个以上的线圈可以并联输出，如图2-55所示。

图2-55 多线圈并联输出程序

a）复杂的梯形图；b）简单的梯形图

四、常闭触点输入信号的处理

前面在介绍梯形图的编程规则时，实际上有一个前提，就是假设输入的数字量信号均由外部常开触点提供，但是有些输入信号只能由常闭触点提供。例如，热继电器的常闭触点与接触器KM的线圈串联。电动机长期过载时，热继电器的常闭触点断开，使KM线圈断电。热继电器的常闭触点接在PLC的输入端I0.0处，热继电器的常闭触点断开时，I0.0在梯形图中的常开触点也断开。显然，为了在过载时断开Q0.0的线圈，应将I0.0的常开触点而不是常闭触点与Q0.0的线圈串联。这样继电器电路图中热继电器的触点类型常闭和梯形图中对应的I0.0的触点类型常开刚好相反。

为了使梯形图和继电器电路中触点的类型相同，建议尽可能地用常开触点作PLC的输入信号。但对于某些保护信号只能用常闭触点输入，可以按输入全部为常开触点来设计，然后将梯形图中相应的输入位的触点改为相反的触点，即常开触点改为常闭触点，常闭触点改为常开触点。

2.4 项目操作内容与步骤

项目任务1：车行与人行交通灯混合控制

一条公路与人行横道之间的信号灯顺序控制，没有人横穿公路时，公路绿灯与人行横道红灯始终都是亮的，当有人需要横穿公路时按路边设有的按钮（两侧均设）SB1或SB2，15 s后公路绿灯灭黄灯亮再过10 s黄灯灭红灯亮，然后过5 s人行横道红灯灭、绿灯亮，绿灯亮10 s后又闪烁4 s。5 s后红灯又亮了，再过5 s，公路红灯灭、绿灯亮，在这个过程中按路边的按钮是不起作用的，只有当整个过程结束后也就是公路绿灯与人行横道红灯同时亮时再按按钮才起作用。

1. I/O 地址分配，画 PLC 外部接线图

根据控制要求，首先确定I/O个数，进行I/O地址分配，输入/输出地址分配如表2-6所示。交通信号灯的时序如图2-56所示，画出PLC外部接线如图2-57所示。

表2-6 I/O 分配功能表

PLC 地址 （PLC 端子）	电气符号 （面板端子）	功能说明	PLC 地址 （PLC 端子）	电气符号 （面板端子）	功能说明
I0.0	SB1	行人过路按钮	Q0.0	HL1	公路绿灯
I0.1	SB2	行人过路按钮	Q0.1	HL2	公路黄灯
			Q0.2	HL3	公路红灯
			Q0.3	HL4	人行横道红灯
			Q0.4	HL5	人行横道绿灯

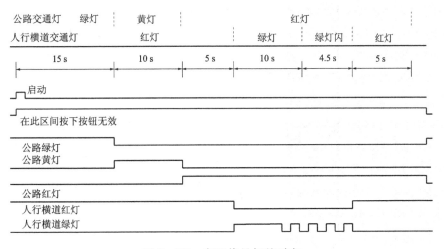

图2-56 交通信号灯的时序

2. 设计程序

根据控制电路的要求，在计算机中编写程序，程序设计如图2-58所示。

GND
+24 V
DC 24 V
1M
SB1
SB2
I0.0
I0.1
S7-200 PLC
CPU226 AC/DC/RLY
GND
+24 V
DC 24 V
1L
2L
Q0.0
Q0.1
Q0.2
Q0.3
Q0.4
HL1
HL2
HL3
HL4
HL5
PE
N
AC 220 V
L
FU
S

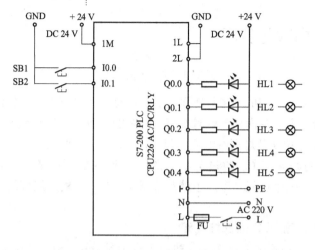

图 2－57　PLC 外部接线

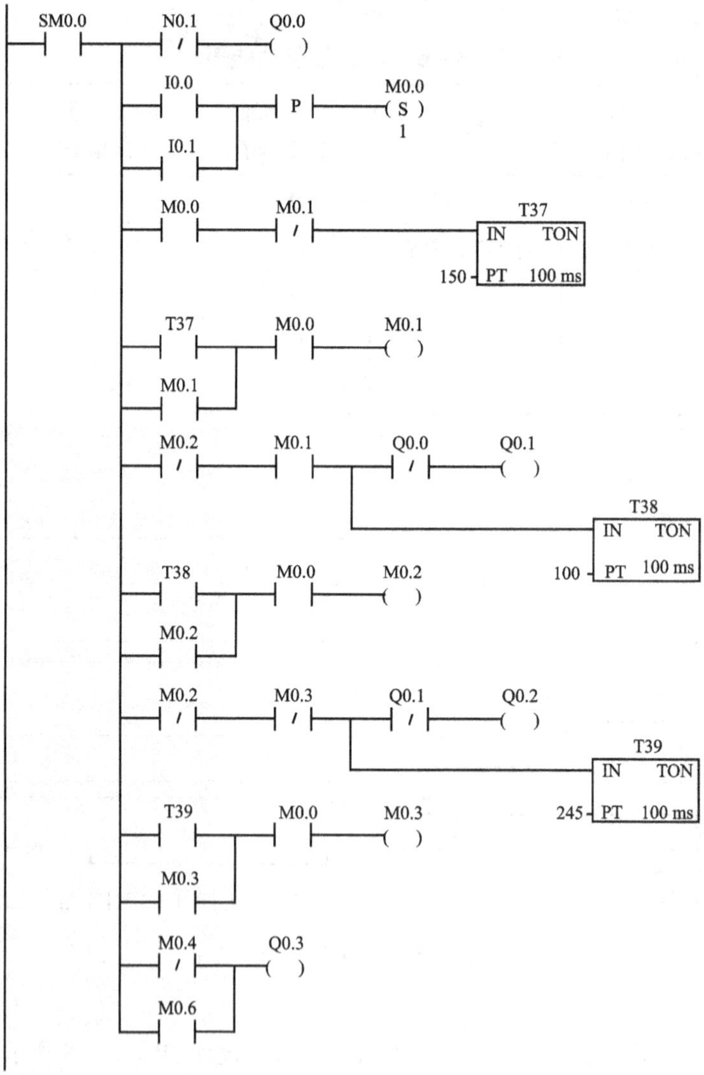

SM0.0
N0.1
Q0.0
I0.0
P
M0.0
S
1
I0.1
M0.0
M0.1
T37
IN TON
150 PT 100 ms
T37
M0.0
M0.1
M0.1
M0.2
M0.1
Q0.0
Q0.1
T38
IN TON
100 PT 100 ms
T38
M0.0
M0.2
M0.2
M0.2
M0.3
Q0.1
Q0.2
T39
IN TON
245 PT 100 ms
T39
M0.0
M0.3
M0.3
M0.4
Q0.3
M0.6

图 2－58　交通信号灯 PLC 控制程序

3. 安装配线

首先按照图2-55所示进行配线，安装方法及要求与接触器—继电器电路相同。

4. 运行调试

（1）在断电状态下，连接好PC、PPI电缆。

（2）打开PLC的前盖，将运行模式开关拨到STOP位置，此时PLC处于停止状态，或者单击工具栏中的"STOP"按钮，可以进行程序编写。

（3）在作为编程器的PC上，运行STEP 7-Micro/WIN V4.0 SP4编程软件。

（4）执行菜单命令"文件"→"新建"，生成一个新项目；执行菜单命令"文件"→"打开"，打开一个已有的项目；执行菜单命令"文件"→"另存为"，可修改项目的名称。

（5）执行菜单命令"PLC"→"类型"，设置PLC的型号。

（6）设置通信参数。

（7）编写控制程序。

（8）单击工具栏中的"编译"按钮或"全部编译"按钮来编译输入的程序。

（9）下载程序文件到PLC。

（10）将运行模式选择开关拨到RUN位置，或者单击工具栏的"RUN（运行）"按钮使PLC进入运行方式。

（11）按下启动按钮SB1，观察交通信号灯控制是否正常。

5. 评分标准

本项任务的评分标准见附录表1所示。

项目任务2：十字路口交通灯控制

十字路口交通灯控制控制要求如下：

（1）信号灯由一个按钮控制其启动及停止。

（2）信号灯分为南北绿灯、南北黄灯、南北红灯、东西绿灯、东西黄灯、东西红灯。

（3）南北红灯亮，并维持25 s。在南北红灯亮时，东西绿灯也亮，维持20 s后，东西绿灯闪烁3 s后熄灭，然后东西黄灯亮2 s后熄灭。接着东西红灯亮，南北绿灯亮。

（4）东西红灯亮，并维持30 s。在东西红灯亮时，南北绿灯也亮，维持25 s后，南北绿灯闪烁3 s后熄灭，然后南北黄灯亮2 s后熄灭。接着南北红灯亮，东西绿灯亮。

（5）交通灯按照以上方式周而复始地工作。

1. I/O地址分配，画PLC外部接线图

根据控制要求，首先确定I/O个数，进行I/O地址分配，输入/输出地址分配如表2-7所示。交通信号灯的时序如图2-59所示，画出PLC外部接线如图2-60所示。

表2-7 I/O分配功能表

输入			输出		
PLC地址 （PLC端子）	电气符号 （面板端子）	功能说明	PLC地址 （PLC端子）	电气符号 （面板端子）	功能说明
I0.0	SD	启动按钮	Q0.0	HL1	南北绿灯
			Q0.1	HL2	南北黄灯

输入			输出		
PLC 地址 （PLC 端子）	电气符号 （面板端子）	功能说明	PLC 地址 （PLC 端子）	电气符号 （面板端子）	功能说明
			Q0.2	HL3	南北红灯
			Q0.3	HL4	东西绿灯
			Q0.4	HL5	东西黄灯
			Q0.5	HL6	东西红灯

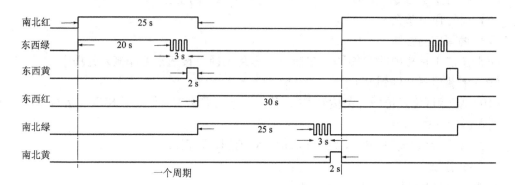

图2－59　十字路口交通控制程序灯时序图

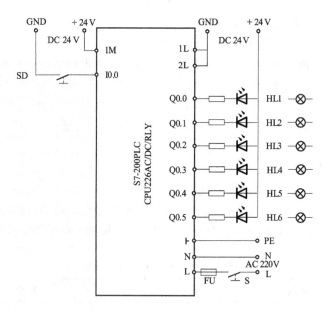

图2－60　十字路口交通灯控制程序接线图

2. 设计程序

根据控制电路的要求，在计算机中编写程序，程序设计如图2－61所示。

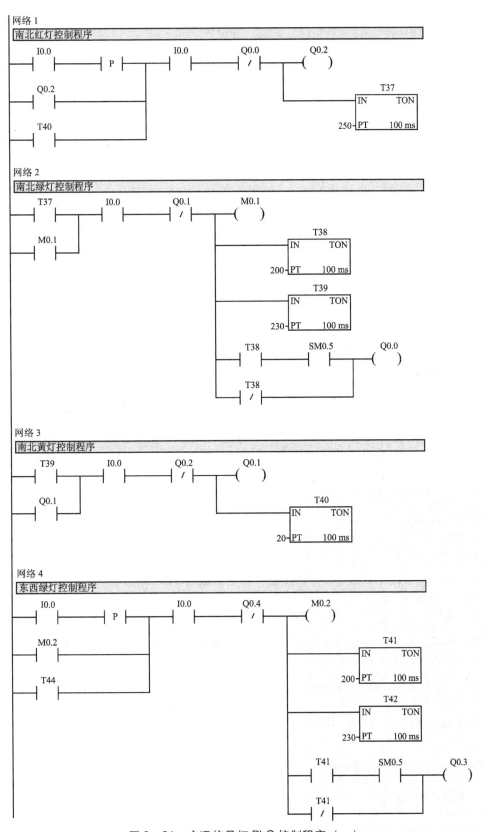

图2-61 交通信号灯PLC控制程序（一）

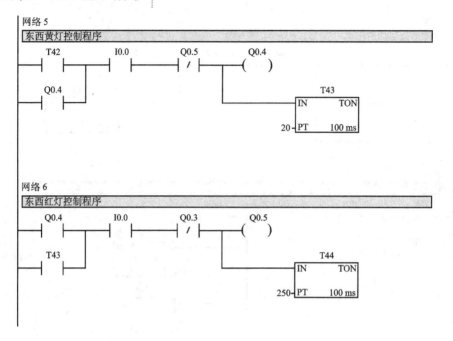

图2-61　交通信号灯 PLC 控制程序（二）

3. 安装配线

首先按照图2-60进行配线，安装方法及要求与接触器—继电器电路相同。

4. 运行调试

（1）在断电状态下，连接好 PC，PPI 电缆。

（2）打开 PLC 的前盖，将运行模式开关拨到 STOP 位置，此时 PLC 处于停止状态，或者单击工具栏中的"STOP"按钮，可以进行程序编写。

（3）在作为编程器的 PC 上，运行 STEP 7-Micro/WIN V4.0 SP4 编程软件。

（4）执行菜单命令"文件"→"新建"命令，生成一个新项目；执行菜单命令"文件"→"打开"命令，打开一个已有的项目；执行菜单命令"文件"→"另存为"命令，可修改项目的名称。

（5）执行菜单命令"PLC"→"类型"命令，设置 PLC 的型号。

（6）设置通信参数。

（7）编写控制程序。

（8）单击工具栏中的"编译"按钮或"全部编译"按钮来编译输入的程序。

（9）下载程序文件到 PLC。

（10）将运行模式选择开关拨到 RUN 位置，或者单击工具栏的"RUN（运行）"按钮使 PLC 进入运行方式。

（11）按下启动按钮 SD，观察交通信号灯控制是否正常。

5. 评分标准

本项任务的评分标准见表附录表1所示。

2.5　项目小结

本项目通过对两种类型交通信号灯控制程序的设计，讲解了定时器指令的格式与使用方法。本项目的重点在于对定时器指令的应用和对梯形图编程的基本规则的理解。

2.6　思考与练习

1. 填空题

（1）通电延时定时器（TON）输入（IN）_____时开始定时，当前值大于等于设定值时定时器位变为_____，其常开触点_____，常闭触点指令_____。

（2）通电延时定时器（TON）输入（IN）_____时被复位，复位后常开触点_____，常闭触点_____，当前值等于_____。

（3）如果线圈需要直接与左边母线相连，可以通过专用内部辅助继电器_____的常开触点连接。

2. 判断题

（1）上升沿微分指令（EU）在指令左侧有能流流过时，指令接通且仅接通一个扫描周期。（　　）

（2）定时器指令相当于继电控制中的时间继电器，所以在不使用时，应让定时器指令"断电"以节省电能。（　　）

（3）通电延时定时器中，定时器的编号可以在 0～255 中随意使用。（　　）

（4）如果通电延时定时器的运行条件满足，当 PLC 停止后再运行，当前值任能继续计数。（　　）

（5）保持型通电延时定时器的当前值，只能用复位指令使其清零。（　　）

3. 选择题

（1）1 ms 分辨率的定时器的定器位和当前值的更新和扫描周期（　　）。

A. 同步　　　　　　B. 不同步　　　　　　C. 相同　　　　　　D. 不相同

（2）接在定时器 IN 输入端的输入电流接通时，定时器位变为 ON 当前值被（　　）。

A. 还原　　　　　　B. 删除　　　　　　C. 刷新　　　　　　D. 清零

（3）定时器/计数器的当前值、设定值均为 16 位有符号整数（INT）允许的最大值为（　　）。

A. 23 767　　　　　　B. 32 777　　　　　　C. 23 776　　　　　　D. 32 767

4. 简答题

根据梯形图 2-62 所示，画出 I/O 的时序图。

5. 设计题

用接在 I0.0 输入端的光电开关检测传送带上通过的产品，有产品通过时 I0.0 为 ON，如果在 10 s 内没有产品通过，由 Q0.0 发出报警信号，用 I0.1 输入端外接的开关解除报警信号。设计梯形图程序。

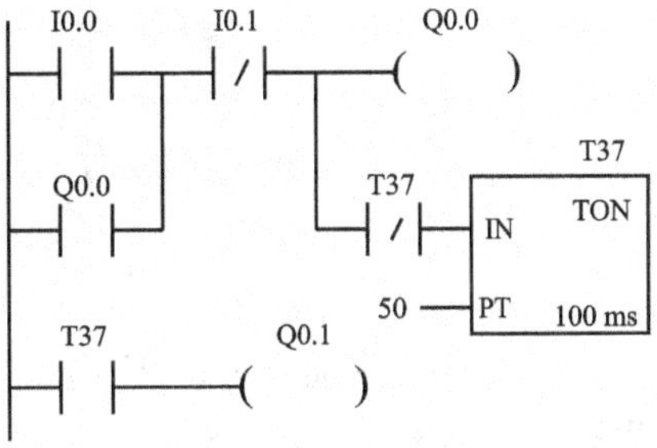

图 2-62　4 题图

工作任务 3

PLC 基本编程

项目 1　运输带自动控制系统

 情境导入

如图 3-1 所示，三层运输带自动控制系统。为了避免运送的物料在二层或底层传送带上堆积，要求按下述顺序进行启动和停止。

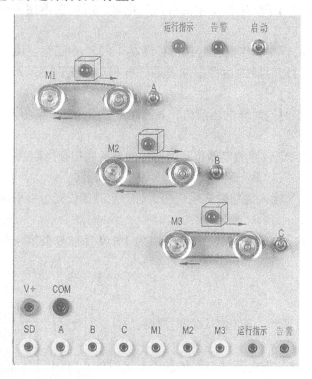

图 3-1　自动装配流水线控制系统示意图

（1）闭合启动开关，M3 电动机旋转，拖动底层运输带开始运行，5 s 后 M2 电动机自行启动，拖动中层运输带运行，再经过 5 s 后 M1 电动机拖动顶层运输带自行启动运行。运行时，运行指示灯常亮。

（2）断开启动开关后，顶层运输带先停止，5 s 后中层传送带停止，再过 5 s 后底层运输带停止。

（3）当某条运输带发生故障时，该运输带及其前面的运输带立即停止，而该运输带以后的待运完货物后方可停止。例如 M2 存在故障，则 M1、M2 立即停，经过 5 s 延时后，M3

停止。同时报警指示灯显示故障运输带，例如 M2 存在故障，则报警指示灯闪亮 2 次后，停止 5 s，在闪亮 2 次，如此循环。

（4）断开启动开关，排出故障后，重新闭合启动开关，系统才能正常运行。

1.1 教学目标

知识目标

（1）熟练掌握 S7-200 的计数器指令；

（2）掌握 S7-200 的特殊存储器（SM）；

（3）掌握典型控制系统的经验设计法。

能力目标

（1）能够正确使用计数器指令以及特殊存储器编写控制程序；

（2）具备独立分析问题，使用经验设计法编写控制程序的基本技能。

1.2 项目任务

项目任务：运输带自动控制系统

1.3 相关知识点

一、计数器指令

1. 增计数器指令（CTU）

CTU 指令的梯形图如图 3-2a）所示，由增计数器标识符 CTU、计数脉冲输入端 CU、复位信号输入端 R、设定值 PV 和计数器编号 Cn 构成。其语句表如图 3-2b）所示，由增计数数器操作码 CTU、计数器编号 Cn 和设定值 PV 构成。

CTU 指令的应用如图 3-3 所示，增计数器的复位信号 I0.1 接通时，计数器 C0 的当前值 SV = 0，计数器不工作。当复位信号 I0.1 断开时，计数器 C0 可以工作。每当一个计数脉冲到来时（即 I0.0 接通一次），计数器的当前值 SV = SV + 1。当 SV 等于设定值 PV 时，计数器的常开触点接通，线圈 Q0.0 有能流流过。这时再来计数脉冲时，计数器的当前值仍不断地累加，直到 SV = 32 767（最大值）

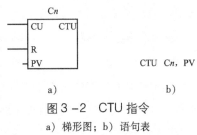

图 3-2 CTU 指令
a）梯形图；b）语句表

时，才停止计数。只要 SV ≥ PV，计数器的常开触点维持接通，线圈 Q0.0 就有能流流过。直到复位信号 I0.1 接通时，计数器的 SV 复位清零，计数器停止工作，其常开触点复位断开，线圈 Q0.0 没有能流流过。

2. 减计数器指令（CTD）

CTD 指令的梯形图如图 3-4a）所示，由减计数器标识符 CTD、计数脉冲输入端 CD、装载输入端 LD、设定值 PV 和计数器编号 Cn 构成。其语句表如图 3-4b）所示，由减计数器操作码 CTD、计数器编号 Cn 和设定值 PV 构成。

CTD 指令的应用如图 3-5 所示，CTD 指令在装载输入端信号 I0.1 接通时，计数器 C1 的设定值 PV 被装入计数器的当前值寄存器，此时 SV = PV，计数器不工作。当装载输入端

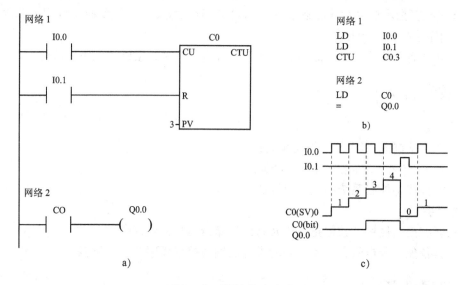

图3-3 CTU指令应用

a) 梯形图；b) 语句表；c) 指令功能图

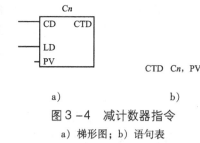

图3-4 减计数器指令

a) 梯形图；b) 语句表

信号 I0.1 断开时，计数器 C1 可以工作。每当一个计数脉冲到来时（即 I0.0 接通一次），计数器的当前值 SV = SV - 1。当 SV = 0 时，计数器的常开触点接通，线圈 Q0.0 有能流流过。这时再来计数脉冲时，计数器的当前值保持 0。这种状态一直保持到装载输入端信号 I0.1 接通，再一次装入 PV 值之后，计数器的常开触点复位断开，线圈 Q0.0 没有能流流过，计数器才能再次重新开始计数。只有在当前值 SV = 0 时，减计数器的常开触点接通，线圈 Q0.0 有能流流过。

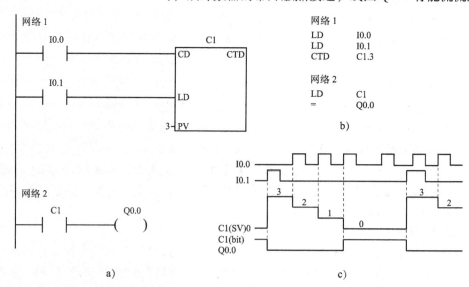

图3-5 CTD 指令应用

a) 梯形图；b) 语句表；c) 指令功能图

3. 增减计数器指令（CTUD）

CTUD 指令的梯形图如图 3 – 6a）所示，由增减计数器标识符 CTUD、增计数脉冲输入端 CU、减计数脉冲输入端 CD、复位端 R、设定值 PV 和计数器编号 Cn 构成。其语句表如图 3 – 6b）所示，由增减计数器操作码 CTUD、计数器编号 Cn 和设定值 PV 构成。

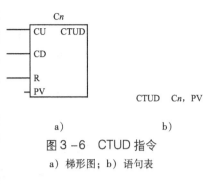

图 3 – 6　CTUD 指令

a）梯形图；b）语句表

CTUD 指令的应用如图 3 – 7 所示，CTUD 指令在复位信号 I0.2 接通时，计数器 C48 的当前值 SV = 0，计数器不工作。当复位信号 I0.2 断开时，计数器 C48 可以工作。

每当一个增计数脉冲到来时，计数器的当前值

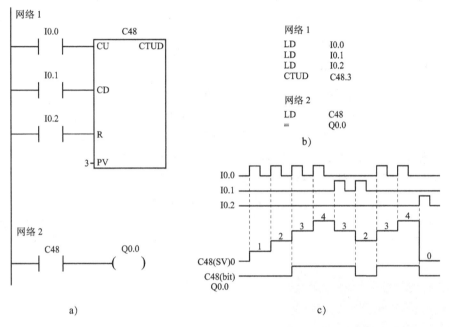

图 3 – 7　CTUD 指令应用

a）梯形图；b）语句表；c）指令功能图

SV = SV + 1。当 SV ≥ PV 时，计数器的常开触点接通，线圈 Q0.0 有能流流过。这时再来增计数脉冲，计数器的当前值仍不断地累加，直到 SV = + 32 767 时，停止计数。

每当一个减计数脉冲到来时，计数器的当前值 SV = SV – 1。当 SV < PV 时，计数器的常开触点复位断开，线圈 Q0.0 没有能流流过。这时再来减计数脉冲，计数器的当前值仍不断地递减，直到 SV = – 32 767 时，停止计数。

复位信号 I0.2 接通时，计数器的 SV 复位清零，计数器停止工作，其常开触点复位断开，线圈 Q0.0 没有能流流过。

增减计数器当前值计数到 32 767（最大值）后，下一个 CU 输入的上升沿将使当前值跳变为最小值（– 32 767）；当前值达到最小值 – 32 767 后，下一个 CD 输入的上升沿将使当前值跳变为最大值 32 767。

4. 使用计数器指令的注意事项

（1）CTU 指令用语句表表示时，要注意计数输入（第一个 LD）、复位信号输入（第二

个 LD) 和 CTU 指令的先后顺序不能颠倒。

（2）CTD 指令用语句表表示时，要注意计数输入（第一个 LD）、装载信号输入（第二个 LD）和 CTD 指令的先后顺序不能颠倒。

（3）CTUD 指令用语句表表示时，要注意增计数输入（第一个 LD）、减计数输入（第二个 LD）、复位信号输入（第三个 LD）和 CTUD 指令的先后顺序不能颠倒。

（4）在同一个程序中，不能使用两个相同的计数器编号，否则会导致程序执行时出错，无法实现控制目的。

二、辅助继电器（M）

在编制 PLC 程序中，经常需要用一些辅助继电器，其功能是用于存储中间操作状态和控制信息，并且可以按位、字节、字或双字存储。辅助继电器与外部没有任何联系，不可能直接驱动任何负载。借助于辅助继电器的编程，可使输入/输出之间建立复杂的逻辑关系和连锁关系，以满足不同的控制要求。

三、特殊继电器（SM）

特殊继电器用来存储系统的状态变量及有关的控制参数和信息。用户可以通过特殊继电器来沟通 PLC 与被控对象之间的信息，PLC 通过特殊继电器为用户提供一些特殊的控制功能和系统信息，用户也可以将对操作的特殊要求通过特殊继电器通知 PLC。例如，可以读取程序运行过程中的设备状态和运算结果信息，并利用这些信息实现一定的控制动作。用户也可以通过对某些特殊继电器的直接设置使设备实现某种功能。

S7-200 的 CPU22x 系列 PLC 的特殊继电器为 SM0.0 ～ SM299.7。

SMB0 有 8 个状态位，具体位地址及作用见表 3-1。在每个扫描周期的末尾，由 S7-200 PLC 的 CPU 更新这 8 个状态位。

表 3-1　SMB0 系统状态位

SM 地址	描　述
SM0.0	该位总是打开
SM0.1	首次扫描周期时该位打开，一种用途是调用初始化子程序
SM0.2	如果保留性数据丢失，该位为一次扫描周期打开。该位可用作错误内存位或激活特殊启动顺序的机制
SM0.3	从电源开启条件进入 RUN（运行）模式时，该位为一次扫描周期打开。该位可用于在启动操作之前提供机器预热时间
SM0.4	该位提供时钟脉冲，该脉冲在 1 min 的周期时间内 OFF（关闭）30 s，ON（打开）30 s。该位提供便于使用的延迟或 1 min 时钟脉冲
SM0.5	该位提供时钟脉冲，该脉冲在 1 s 的周期时间内 OFF（关闭）0.5 s，ON（打开）0.5 s。该位提供便于使用的延迟或 1 min 时钟脉冲
SM0.6	该位是扫描周期时钟，为一次扫描打开，然后为下一次扫描关闭。该位可用作扫描计数器输入
SM0.7	该位表示"模式"开关的当前位置（关闭 = "终止"位置，打开 = "运行"位置）。开关位于 RUN（运行）位置时，可以使用该位启用自由口模式，可使用转换至"终止"位置的方法重新启用带 PC/编程设备的正常通信

四、经验设计法

经验设计法是在掌握了一些典型的控制环节和电路设计的基础上，根据被控对象对控制系统的具体要求，凭经验进行选择、组合。有时为了得到一个满意的设计结果，需要进行多次反复地调试和修改，增加一些辅助触点和中间编程环节。这种设计方法没有普遍规律可循，具有一定的试探性和随意性，而与设计所用的时间、设计的质量与设计者经验多少有关。

经验设计法对一些比较简单的控制系统的设计是比较有效的，可以收到快速、简单的效果。但是，由于这种方法主要是依靠设计人员的经验进行设计，所以对设计人员的要求也比较高，特别是要求设计者有一定的实践经验，对工业控制系统和工业上常用的各种典型环节比较熟悉。对于复杂的系统，经验设计法一般设计周期长、不易掌握，系统交付使用后，维护困难。

经验法设计 PLC 控制程序的一般步骤如下：

（1）分析控制要求，选择控制方案。可将生产机械的工作过程分成各个独立的简单运动，再分别设计这些简单运动的基本控制程序。

（2）设计主令元件和检测元件，确定输入/输出信号。

（3）设计基本控制程序，根据制约关系，在程序中加入连锁触点。

（4）设置必要的保护措施，检查、修改和完善程序。

经验设计法也存在一些缺陷，需引起注意，生搬硬套的设计未必能达到理想的控制结果。另外，设计结果往往因人而异，程序设计不够规范，也会给使用和维护带来不便。所以，经验法一般只适合于较简单的或与某些典型系统相类似的控制系统的设计。

1.4　项目操作内容与步骤

项目任务：运输带自动控制系统

运输带 PLC 控制系统的控制要求参见情景导入。

1. 控制要求分析

1）正常运行

在正常启动和停止过程中，实质上就是三台电动机顺序启动逆序停止控制。根据每台电动机的启动和停止条件如表3-2所示，利用自锁电路程序见图3-8，设计出正常运行时的控制系统程序。

表3-2　运输带自动控制系统电动机的启动/停止条件

电动机	启动条件	停止条件
M1	T38（5 s）	I0.0 = 0
M2	T37（5 s）	T39（5 s）
M3	I0.0	T40（5 s）

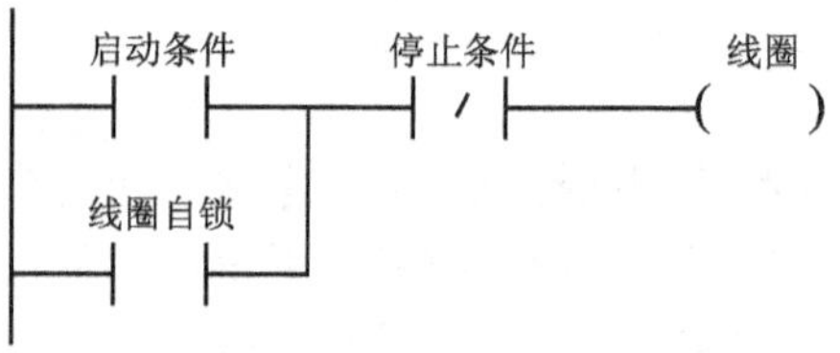

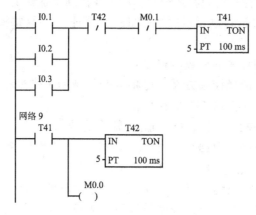

图3-8　自锁电路控制程序

2）报警闪烁

当某一条运输带发生故障时，报警指示灯按周期闪烁。报警显示灯闪烁电路如图3-9所示，导通时间为0.5 s，闭合时间为0.5 s。报警指示灯的闪烁次数由计数器C0、C1与C2确定。

图3-9　报警显示灯闪烁电路

3）运行显示

根据控制要求，当启动开关闭合时，运行指示灯常亮；当出现故障或系统结束时，运行指示灯立即熄灭。

2. I/O 端口分配功能表

I/O 端口分配功能如表3-3所示。

表3-3　I/O 端口分配功能表

输入			输出		
PLC 地址 （PLC 端子）	电气符号 （面板端子）	功能说明	PLC 地址 （PLC 端子）	电气符号 （面板端子）	功能说明
I0.0	SD	启动（SD）	Q0.0	M1	M1 电动机
I0.1	A	顶层运输带 故障模拟开关	Q0.1	M2	M2 电动机
I0.2	B	中层运输带 故障模拟开关	Q0.2	M3	M3 电动机
I0.3	C	底层运输带 故障模拟开关	Q0.5	运行指示	运行指示
			Q0.6	告警	报警指示

3. 控制接线图

根据任务分析, 按照图 3-10 所示进行 PLC 硬件接线。

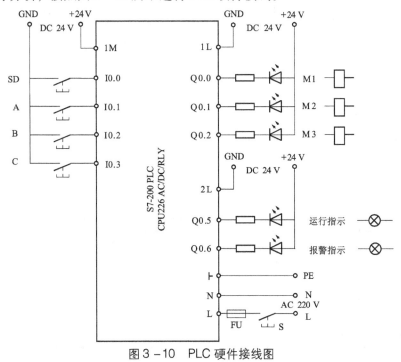

图 3-10 PLC 硬件接线图

4. 程序设计

根据控制要求, 设计程序如图 3-11 所示。

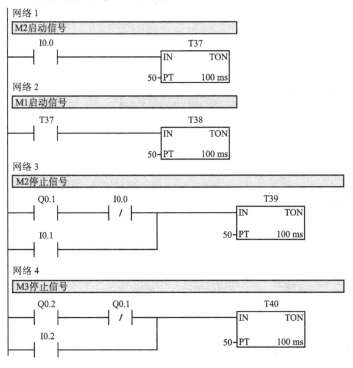

图 3-11 运输带 PLC 控制程序 (一)

网络 5

M1电机运行程序

```
  T38        I0.0      I0.1      I0.3      I0.2      Q0.0
 ─┤ ├─┬──────┤ ├───────┤/├───────┤/├───────┤/├──────( )
        │
  Q0.0  │
 ─┤ ├───┘
```

网络 6

M2电机运行程序

```
  T37        T39       I0.3      I0.2      Q0.1
 ─┤ ├─┬──────┤/├───────┤/├───────┤/├──────( )
        │
  Q0.1  │
 ─┤ ├───┘
```

网络 7

M3电机运行程序

```
  I0.0       I0.1           T40       I0.3      Q0.2
 ─┤ ├────────┤/├─┬──────────┤ ├───────┤/├──────( )
                  │
  Q0.2            │
 ─┤ ├─────────────┘
```

网络 8

闪烁电路1

```
  I0.1       T42       M0.1                    T41
 ─┤ ├─┬──────┤/├───────┤/├───────────────┤IN    TON├
  I0.2 │                                 │         │
 ─┤ ├──┤                              5 ─┤PT  100 ms│
  I0.3 │
 ─┤ ├──┘
```

网络 9

闪烁电路2

```
  T41                        T42
 ─┤ ├─┬──────────────────┤IN    TON├
       │                 │         │
       │              5 ─┤PT  100 ms│
       │
       │  M0.0
       └──( )
```

网络 10

M1故障计数

```
  T42       I0.1                 C0
 ─┤ ├───────┤ ├────────────┤CU    CTU├
                            │         │
  C0                        │         │
 ─┤ ├───────────────────────┤R        │
                            │         │
                         1 ─┤PV       │
```

图 3-11　运输带 PLC 控制程序（二）

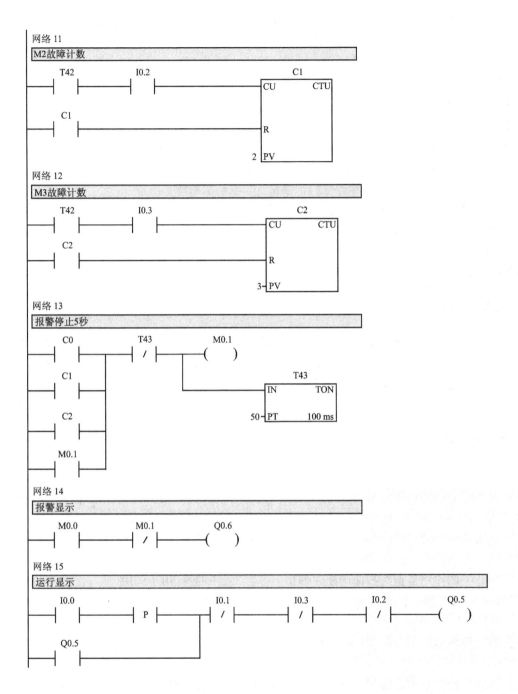

图 3 – 11 运输带 PLC 控制程序（三）

5. 安装配线

首先按照图 3 – 2 进行配线，安装方法及要求与接触器—继电器电路相同。

6. 运行调试

（1）连接好 PLC 输入/输出接线，启动 STEP 7 – Micro/WIN32 编程软件。

（2）打开符号表编辑器，根据表 3 – 1 要求，将相应的符号与地址分别录入符号表的符号栏和地址栏。例如，符号栏写"启动"，相应的地址栏则写"I0.0"。

（3）打开梯形图编辑器，录入程序并下载到 PLC 中，使 PLC 进入运行状态。

（4）使 PLC 进入梯形图监控状态，按下列顺序进行操作，同时观察输入、输出的状态变化。

① 不做任何操作；

② 拨动启动开关；

③ 待正常运行后；

④ 断开启动开关；

⑤ 拨动启动开关，待系统正常运行后，模拟 M1 电动机故障；

⑥ 拨动启动开关，待系统正常运行后，模拟 M2 电动机故障；

⑦ 拨动启动开关，待系统正常运行后，模拟 M3 电动机故障。

（5）操作过程中同时观察输入/输出状态指示灯的亮灭情况。

7. 评分标准

本项任务的评分标准见附录表 1 所示。

1.5 项目小结

本项目通过对带自动控制系统的程序设计，讲解了计数器指令的使用方法与经验设计法的编程步骤。在应用经验设计法进行程序设计时，首先应确定各执行元件的启动条件和停止条件，再结合自锁电路控制程序进行编程。此外，为了更好的应用经验设计法，应加强对一些经验电路程序的练习。

1.6 思考与练习

1. 填空题

（1）增计数器的复位信号断开，每当一个计数脉冲到来时，计数器的_____ SV = SV + 1。

（2）当增计数器的当前值 SV 大于等于设定值 PV 时，计数器的常开触点_____，常闭触点_____。

（3）SM0.1 的作用是首次扫描周期时该位_____，一般可用于调用_____。

（4）SM0.5 的作用是提供时钟脉冲，该脉冲在 1 秒钟的周期时间内 OFF（关闭）_____秒，ON（打开）_____秒。

（5）辅助继电器的功能是用于存储_____和控制信息，并且可以按位、_____、字或双字存储。

（6）经验设计法是在掌握了一些_____和电路设计的基础上，根据被控对象对控制系统的具体要求，凭经验进行选择、组合。

2. 判断题

（1）在同一个程序中，不能使用两个相同的计数器编号。（　　）

（2）当增计数器的复位信号接通时，计数器的常开触点断开，常闭触点接通，当前值复位清零。（　　）

（3）辅助继电器能直接驱动外部负载。（　　）

（4）SM0.0 的状态总是打开。（　　）

3. 选择题

（1）S7-200 的计数器指令有增计数器 减计数器和（　　）。

A. 增减计数器　　　　　B. 乘法计数器　　　　　C. 除法计数器　　　　　D. 以上都有

（2）为了减少语句表指令的指令条数，在串联电路中单个触点应放在右边，在并联电路中单个触点应放在（　　）。

A. 上面　　　　　　　　B. 左面　　　　　　　　C. 下面　　　　　　　　D. 右面

4. 简答题

简述经验法设计 PLC 控制程序的一般步骤。

5. 设计题

根据要求设计梯形图。控制要求：在按钮 I0.0 按下后 Q0.0 变为 1 状态并自保持，I0.1 输入 3 个脉冲后，T37 开始定时，5 s 后 Q0.0 变为 0 状态，同时 C1 被复位，在 PLC 刚开始执行用户程序时，C1 也被复位。

项目 2　音乐喷泉控制

情境导入

每当节日来临之际，广场中的喷泉都会在彩色灯光的映照下，随着音乐翩翩起舞，展示出各种组合。图 3 - 12 所示，为音乐喷泉模型，其控制要求如下：

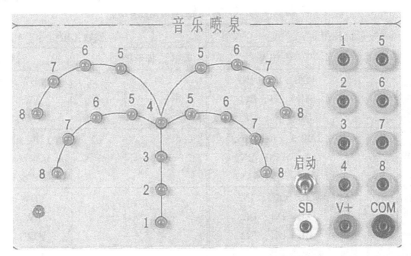

图 3 - 12　音乐喷泉控制系统示意图

（1）置位启动开关 SD 为 ON 时，LED 指示灯每 2 秒依次循环显示 1→2→3…→8→1、2→3、4→5、6→7、8→1、2、3→4、5、6→7、8→1→2…，模拟当前喷泉"水流"状态。

（2）置位启动开关 SD 为 OFF 时，LED 指示灯停止显示，系统停止工作。

2.1　教学目标

知识目标

（1）熟练掌握 S7-200 的比较指令；

（2）掌握典型控制系统的时间控制设计方法。

能力目标

（1）能够正确使用比较指令编写控制程序；

（2）具备独立分析控制要求，使用时间控制设计方法编写控制程序的基本技能。

2.2　项目任务

项目任务： 音乐喷泉控制系统

2.3　相关知识点

一、比较指令

数值比较指令如图3-13所示，用于比较两个数值 IN1 与 IN2 之间的关系（ >、>=、==、<、<=、<>）。数值比较指令的梯形图相当于一个有条件常开触点，当比较结果满足比较关系时，触点接通；否则，触点断开。字节比较操作是无符号的，整数、双字整数和实数比较操作都是有符号的。数值比较指令的类型如表3-4所示。

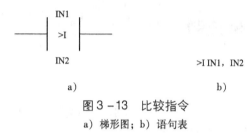

图3-13　比较指令
a）梯形图；b）语句表

表3-4　数值比较指令的类型

字节比较指令		整数比较指令	
梯形图	语句表	梯形图	语句表
IN1 —| >B |— IN2	LDB > IN1，IN2 AB > IN1，IN2 OB > IN1，IN2	IN1 —| >I |— IN2	LDW > IN1，IN2 AW > IN1，IN2 OW > IN1，IN2
IN1 —| >=B |— IN2	LDB > = IN1，IN2 AB > = IN1，IN2 OB > = IN1，IN2	IN1 —| >=I |— IN2	LDW > = IN1，IN2 AW > = IN1，IN2 OW > = IN1，IN2
IN1 —| ==B |— IN2	LDB = IN1，IN2 AB = IN1，IN2 OB = IN1，IN2	IN1 —| ==I |— IN2	LDW = IN1，IN2 AW = IN1，IN2 OW = IN1，IN2
IN1 —| <=B |— IN2	LDB < = IN1，IN2 AB < = IN1，IN2 OB < = IN1，IN2	IN1 —| <=I |— IN2	LDW < = IN1，IN2 AW < = IN1，IN2 OW < = IN1，IN2
IN1 —| <B |— IN2	LDB < IN1，IN2 AB < IN1，IN2 OB < IN1，IN2	IN1 —| <I |— IN2	LDW < IN1，IN2 AW < IN1，IN2 OW < IN1，IN2
IN1 —| <>B |— IN2	LDB < > IN1，IN2 AB < > IN1，IN2 OB < > IN1，IN2	IN1 —| <>I |— IN2	LDW < > IN1，IN2 AW < > IN1，IN2 OW < > IN1，IN2

续表

双字整数比较指令		实数比较指令	
梯形图	语句表	梯形图	语句表
IN1 `>D` IN2	LDD > IN1，IN2 AD > IN1，IN2 OD > IN1，IN2	IN1 `>R` IN2	LDR > IN1，IN2 AR > IN1，IN2 OR > IN1，IN2
IN1 `>=D` IN2	LDD > = IN1，IN2 AD > = IN1，IN2 OD > = IN1，IN2	IN1 `>=R` IN2	LDR > = IN1，IN2 AR > = IN1，IN2 OR > = IN1，IN2
IN1 `==D` IN2	LDD = IN1，IN2 AD = IN1，IN2 OD = IN1，IN2	IN1 `==R` IN2	LDR = IN1，IN2 AR = IN1，IN2 OR = IN1，IN2
IN1 `<=D` IN2	LDD < = IN1，IN2 AD < = IN1，IN2 OD < = IN1，IN2	IN1 `<=R` IN2	LDR < = IN1，IN2 AR < = IN1，IN2 OR < = IN1，IN2
IN1 `<D` IN2	LDD < IN1，IN2 AD < IN1，IN2 OD < IN1，IN2	IN1 `<R` IN2	LDR < IN1，IN2 AR < IN1，IN2 OR < IN1，IN2
IN1 `<>D` IN2	LDD < > IN1，IN2 AD < > IN1，IN2 OD < > IN1，IN2	IN1 `<>R` IN2	LDR < > IN1，IN2 AR < > IN1，IN2 OR < > IN1，IN2

　　数值比较指令的应用如图 3－14 所示，变量存储器 VW100 中的数值与十进制数 50 相比较，当变量存储器 VW100 中的数值等于 50 时，常开触点闭合，线圈 Q0.0 有能流流过。

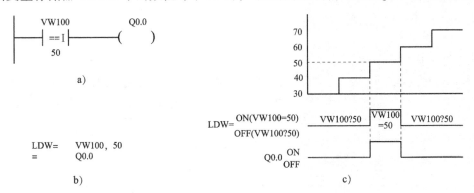

图 3－14　数值比较指令的应用
a) 梯形图；b) 语句表；c) 指令功能图

　　当两个数值比较指令相与时，只有当第一个比较指令满足比较关系接通后，第二个比较指令才被执行，否则第二个比较指令不被执行，如图 3－15 所示。

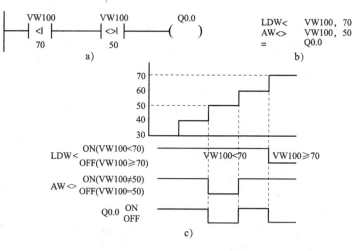

图3-15　两个数值比较指令相与的应用

a) 梯形图；b) 语句表；c) 指令功能图

二、时间控制设计方法

所谓时间控制设计法，就是利用系统各部分工作时间上的区别，在时序图上分别标记，用PLC程序来描述时序图中动作过程的一种方法。时间控制设计法的具体操作步骤如下。

（1）分析系统的输出，画出输出控制的时序图。

（2）确定控制系统输出的循环周期，把循环周期分成若干个时间段。时间段划分的原则是，只要这一段时间内系统的输出不同就要自成一段。

（3）确定每个时间段的起止时间。

（4）根据输出的得电条件和失电条件编写PLC的梯形图程序。

2.4　项目操作内容与步骤

项目任务：音乐喷泉控制系统

音乐喷泉PLC控制系统的控制要求参见情景导入。

1. 控制要求分析

通过对控制系统的分析，可以画出系统输出时序图，如图3-16所示。系统的循环周期为75 s，所以选用通电延时定时器T37，设定值为750。在一个循环周期内，根据每一个时间段系统输出的不同，一个周期划分为15个时间段。每个LED显示的时间段如表3-5所示。

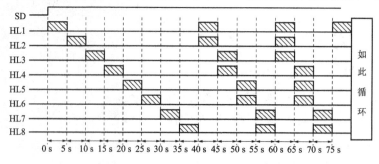

图3-16　音乐喷泉控制系统时序图

表3-5 音乐喷泉控制系统 LED 显示时间表

LED	显示时段			LED	显示时段		
HL1	0~5 s	40~45 s	60~65 s	HL5	20~25 s	50~55 s	65~70 s
HL2	5~10 s	40~45 s	60~65 s	HL6	25~30 s	50~55 s	65~70 s
HL3	10~15 s	45~50 s	60~65 s	HL7	30~35 s	55~60 s	70~75 s
HL4	15~20 s	45~50 s	65~70 s	HL8	35~40 s	55~60 s	70~75 s

每个时间段都可以两个比较指令相串联的形式来编写，例如：HL1 在 0~5 s 内导通，可以编写成如图 3-17 所示程序。

注意事项：

（1）在使用比较指令时，要注意被比

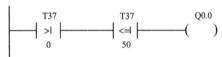

图3-17 HL1 在 0~5 s 内导通的 PLC 程序

较数（IN1）与比较数（IN2）的数据类型。二者必须相同，且与比较指令的数据类型一致。定时器、计数器的数据类型为 16 位的字，所以选用的数据类型为"I"。

（2）在编写时间段程序时，要注意时间段起止时刻的处理。

方法一：起始时刻采用大于等于指令（>=），停止时刻采用小于指令（<）。这种方法，在初始状态下，PLC 已经启动而音乐喷泉启动开关没有接通时，会出现第一时间段自行接通的现象，即 0~t1 时间段自行动作的现象。其原因是大于等于 0 指令由于定时器未得电，当前值等于 0 而接通，小于 t1 指令，定时器当前值为 0 小于任何自然数而接通，能流流过输出指令，使其自行动作。所以适用于停止显示的程序。

方法二：起始时刻采用大于指令（>），停止时刻采用小于等于指令（<=）。这种方法，对于 0~t1 时间段，在初始状态下，PLC 已经启动而音乐喷泉启动开关没有接通时，由于定时器未得电，当前值为 0，大于 0 指令不执行，没有能流流过输出指令，输出不动作。所以这种方法适用于停止不显示的程序，例如本项目。

（3）在编写程序时，如果同一输出有多个时间段，则所有时间段程序并联。

2. I/O 端口分配功能表

I/O 端口分配如表 3-6 所示。

表3-6 I/O 端口分配功能表

PLC 地址（PLC 端子）		电气符号（面板端子）	功能说明
输入	I0.0	SD	启动（SD）
输出	Q0.0	1	HL1
	Q0.1	2	HL2
	Q0.2	3	HL3
	Q0.3	4	HL4
	Q0.4	5	HL5
	Q0.5	6	HL6
	Q0.6	7	HL7
	Q0.7	8	HL8

3. 控制接线图

根据任务分析，按照图 3 – 18 所示进行 PLC 硬件接线。

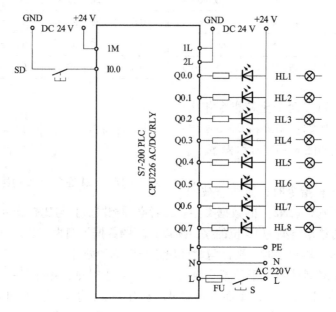

图 3 – 18　PLC 硬件接线图

4. 程序设计

根据控制要求，设计程序如图 3 – 19 所示。

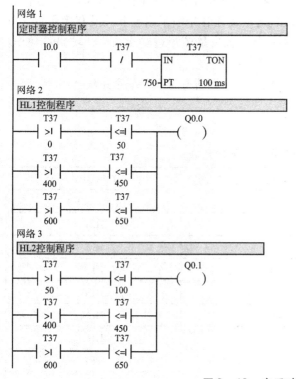

图 3 – 19　音乐喷泉 PLC 控制程序（一）

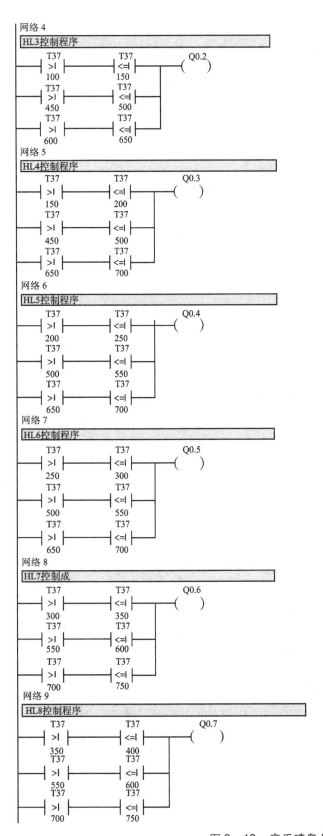

网络 4

HL3控制程序

网络 5

HL4控制程序

网络 6

HL5控制程序

网络 7

HL6控制程序

网络 8

HL7控制成

网络 9

HL8控制程序

图 3－19　音乐喷泉 PLC 控制程序（二）

5. 安装配线

首先按照图 3 – 18 进行配线，安装方法及要求与接触器—继电器电路相同。

6. 运行调试

（1）连接好 PLC 输入/输出接线，启动 STEP 7 – Micro/WIN32 编程软件。

（2）打开符号表编辑器，根据表 3 – 6 要求，将相应的符号与地址分别录入符号表的符号栏和地址栏。例如，符号栏写"启动"，相应的地址栏则写"I0.0"。

（3）打开梯形图编辑器，录入程序并下载到 PLC 中，使 PLC 进入运行状态。

（4）使 PLC 进入梯形图监控状态，按下列顺序进行操作，同时观察输入、输出的状态变化。

① 不做任何操作；

② 拨动启动开关。

（5）操作过程中同时观察输入/输出状态指示灯的亮灭情况。

7. 评分标准

本项任务的评分标准见附录表 1 所示。

2.5 项目小结

本项目通过对音乐喷泉控制系统的程序设计，讲解了比较指令的使用方法与时间控制设计法的编程步骤。在应用时间控制设计法进行程序设计时，首先应确定各执行元件动作的起止时间，画出时序图，再结合时间段的比较指令控制程序进行编程。

2.6 思考与练习

1. 填空题

（1）比较指令的比较形式有：大于 >、小于＿＿＿、等于＿＿＿、大于等于＿＿＿、小于等于 < = 和不等于＿＿＿＿六种。

（2）比较指令的功能是用于比较两个数值＿＿＿＿与 IN2 之间的关系，当比较结果满足比较关系时，触点＿＿＿＿；否则，触点＿＿＿＿。字节比较操作是＿＿＿＿比较，整数、双字整数和实数比较操作都是有符号数比较。

2. 判断题

（1）数据类型不同的两个数可以使用比较指令。（　　　）

（2）当两个数值比较指令相与时，只有当第一个比较指令满足比较关系接通后，第二个比较指令才被执行，否则第二个比较指令不被执行。（　　　）

3. 选择题

（1）比较指令中用（　　　）表示不等于。

A. ≠   B. ==   C. <>   D. ><

（2）字节用（　　　）表示。

A. Word   B. Byte   C. Rcal   D. bit

（3）实数用（　　　）表示。

A. Word   B. Byte   C. Rcal   D. bit

4. 简答题

简述时间控制设计法编写程序的一般步骤。

5. 设计题

（1）利用时间控制设计法编写十字路口交通灯程序，控制要求见图 3 – 12。

（2）有一台设备使用三台三相笼型异步电动机拖动，使用按钮开关启动和停止设备，使用旋钮开关作为设备的工作模式选择，电动机为短时间工作不必考虑过载保护。请按要求设计控制电路：

① 扳动旋钮开关至工作模式 1，指示灯 1 常亮状态。按下启动按钮，系统的工作过程如图 3 – 20 所示。

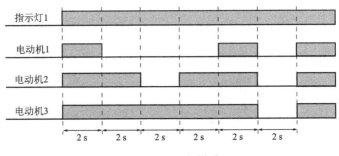

图 3 –20　工作模式 1

② 扳动旋钮开关至工作模式 2，指示灯 2 常亮状态。按下启动按钮，系统的工作过程如图 3 – 21 所示。

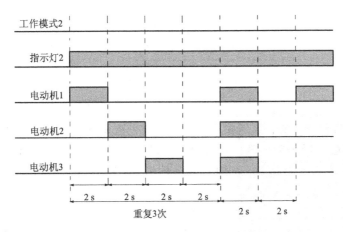

图 3 –21　工作模式 2

③ 如果设备在某一个模式下工作，按下停止按钮后设备要在完成该模式最后动作后才能停止。

④ 如果设备正在某一个模式下工作时要转换另一个工作模式，必须先停止该模式的工作，才能重新设定新的工作模式。

项目 3　多种液体自动混合控制

情境导入

多种液体混合装置如图 3 – 22 所示，由液面传感器 SL1、SL2、SL3，注入液体 A、B、C

阀（YV1、YV2、YV3）与排液阀（YV4），搅匀电机 M，加热器 H，温度传感器 T 组成。实现三种液体的混合、搅匀、加热等功能。其控制要求如下：

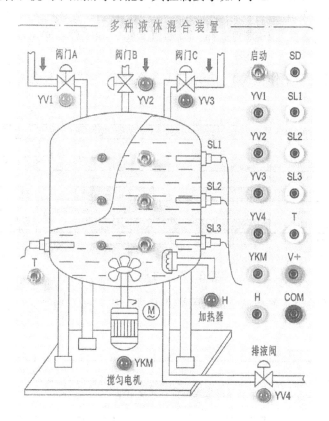

图 3-22　音乐喷泉控制系统示意图

（1）打开"启动"开关，装置投入运行时。首先液体 A、B、C 阀门关闭，混合液阀门打开 10 秒将容器放空后关闭。然后液体 A 阀门打开，液体 A 流入容器。当液面到达 SL3 时，SL3 接通，关闭液体 A 阀门，同时打开液体 B 阀门。液面到达 SL2 时，关闭液体 B 阀门，同时打开液体 C 阀门。液面到达 SL1 时，关闭液体 C 阀门。

（2）搅匀电机开始搅匀，加热器开始加热。当混合液体在 6 秒内达到设定温度，加热器停止加热，搅匀电机工作 6 秒后停止搅动；当混合液体加热 6 秒后还没有达到设定温度，加热器继续加热，当混合液达到设定的温度时，加热器停止加热，搅匀电机停止工作。

（3）搅匀结束以后，混合液体阀门打开，开始放出混合液体。当液面下降到 SL3 时，SL3 由接通变为断开，再过 2 秒后，容器放空，混合液阀门关闭，开始下一周期。

（4）关闭"启动"开关，系统停止操作，必须重新运行 PLC，才能工作。

3.1　教学目标

知识目标

（1）掌握顺序控制设计法和顺序功能图的绘制方法；

（2）掌握顺序功能图转换为梯形图的方法。

能力目标

（1）能够独立分析控制要求，完成顺序功能图的设计；

（2）能够根据顺序功能图编写控制程序。

3.2 项目内容

项目任务：多种液体自动混合控制

3.3 相关知识点

一、顺序控制设计法

用经验设计法设计梯形图时，没有一套固定的方法和步骤可以遵循，因此具有很大的试探性和随意性。对于不同的控制系统，没有一种通用的容易掌握的设计方法。在设计复杂系统的梯形图时，用大量的中间单元来完成记忆和互锁等功能。由于需要考虑的因素很多，它们往往又交织在一起，分析起来非常困难，并且很容易遗漏一些应该考虑的问题。修改某一局部电路时，很可能会"牵一发而动全身"，对系统的其他部分产生意想不到的影响，因此梯形图的修改也很麻烦，往往花了很长时间还得不到一个满意的结果。用经验设计法设计出的复杂梯形图很难阅读，给系统的修改和改进带来了很大的困难。

1. 顺序控制程序设计法的基本思想

将系统的一个工作周期划分为若干个顺序相连的阶段，这些阶段称为步（Step）。在任何一步之内，输出量的状态不变，这样使步与输出量的逻辑关系变得十分简单。

2. 步的划分

根据系统输出量的状态来划分步，只要输出量的状态发生变化就在该处划出一步。如图3-23所示。

3. 步的转换

系统不能总停留在一步内工作，从当前步进入到下一步称为步的转换，这种转换的信号称为转换条件。转换条件可以是外部输入信号，也可以是PLC内部信号或若干个信号的逻辑组合。步的转换条件如图3-24所示。

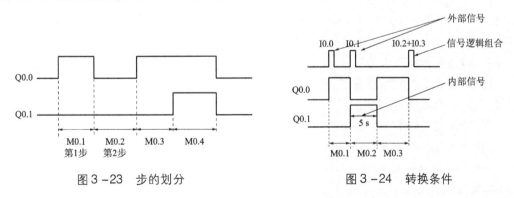

图3-23 步的划分　　　　　　　　图3-24 转换条件

顺序控制设计法就是用转换条件去控制代表各步的编程元件，让它们按一定的顺序变化，然后用代表各步的元件去控制PLC的各输出位。

二、顺序功能图

1. 顺序功能图的组成

顺序功能图的组成如图3-25所示。

1）步

步表示系统的某一工作状态，用矩形框表示。

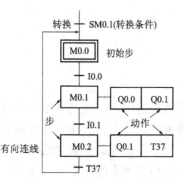

图3-25 顺序功能图的组成

2）初始步

初始步表示系统的初始工作状态，用双线矩形框表示。

对于大多数的工业控制系统，开始工作之前所有设备都应该处于预先设置好的位置或状态。因此在给PLC通电后，按下启动按钮之前，系统应处于初始状态，即初始步。初始步在顺序功能图中用编程元件M0.0来表示，是给系统通电后等待启动命令的一个状态。

3）步内的动作

步内的动作是指在每一步内把状态为ON的输出位表示出来。

控制系统可以分为被控系统和施控系统。对于被控系统，在某一步中要完成某些动作；对于施控系统，在某一步中要向被控系统发出某些命令。这里将命令或动作统称为动作，也用矩形框中的文字或符号表示，该矩形框与对应的步相连表示是在该步内的动作。在每一步之内只标出状态为ON的输出位。

活动步是指系统正在执行的那一步。步处于活动状态时，相应的动作被执行，即该步内的元件为ON状态。处于不活动状态时，称为不活动步，相应的非存储型动作不执行，即该步内的元件为OFF状态。

4）有向连线

有向连线把每一步按照它们成为活动步的先后顺序用直线连接起来。

有向连线的默认方向由上至下，凡与此方向不同的连线均应标注箭头表示方向。

5）转换

转换是指与有向连线垂直的短划线。

转换表示从一个状态到另一个状态的变化，即从一步到另一步的转移。用有向连线表示转移的方向，在两个步之间的有向连线上再用一段横线表示这一转移，称为转换。转换的作用是将相邻的两步分开，也决定着步的进程。

（1）转换实现的条件如下：

① 该转换所有的前级步都是活动步。

② 相应的转换条件得到满足。

（2）转换实现后的结果如下：

① 使该转换的后续步变为活动步；

② 使该转换的前级步变为不活动步。

6）转换条件

转换条件指与转换相关的逻辑条件。

转换是一种条件，当此条件成立时，称为转换使能。该转换如果能够使系统的状态发生转移，则称为触发。转换条件是指系统从一个状态向下一个状态转移的必要条件。

2. 顺序功能图的基本结构

1) 单序列

单序列顺序功能图是由一系列相继触发的步组成，每一步的后面只有一个转换，每一个转换后面也只有一个步。如图 3-26 所示就是一个单序列的顺序功能图。

2) 并行序列

并行序列的开始称为分支，如图 3-27 所示。当转换的实现导致几个序列同时激活时，这些序列称为并行序列。当步 3 是活动步并且转换条件 e 为 ON，步 4、步 6 这两步同时变为活动步，同时步 3 变为不活动步。为了强调转换的同步实现，水平连线用双线表示。步 4、步 6 被同时激活后，每个序列中活动步的进展将是独立的。在表示同步的水平双线之上，只允许有一个转换符号。并行序列用来表示系统的几个同时工作的独立部分的工作情况。并行序列的结束称为合并，在表示同步水平双线之下，只允许有一个转换符号。当直接连在双线上的所有前级步（步 5、步 7）都处于活动状态，并且转换条件 i 为 ON 时，才会发生步 5、步 7 到步 10 的进展，即步 5、步 7 同时变为不活动步，而步 10 变为活动步。

3) 选择序列

在一个步的后面有两个或者多个转换所引导的分支序列，称为选择序列，如图 3-28 所示。步 5 后有两个转换 h 和 k 所引导的两个选择序列，如果步 5 为活动步并且转换 h 使能，则步 8 被触发；如果步 5 为活动步并且转换 k 使能，则步 10 被触发。一般只允许同时选择一个序列。

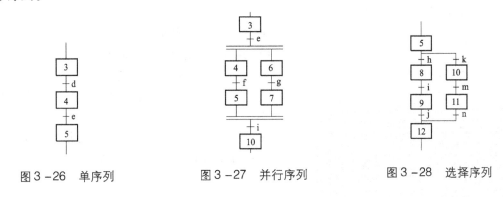

图 3-26　单序列　　　　图 3-27　并行序列　　　　图 3-28　选择序列

分支序列完成后，要合并到公共序列上，如果步 9 为活动步并且转换 j 使能，则步 12 被触发；如果步 11 为活动步并且转换 n 使能，则步 12 也能被触发。

3. 顺序功能图的画法

可以应用时序图来画顺序功能图，也可以通过分析控制要求来画顺序功能图。

例 3-1：如图 3-29 所示，一台小车初始状态停在轨道的中间位置，位置开关接通（I0.0 为 ON），按下启动按钮（I0.3 为 ON），小车按图中的顺序运动，最后返回并停在初始位置（小车左右行驶依靠电动机正反转实现）。

根据题意画出相应的时序图，时序图画好后根据输出量的状态对该系统分步，其时序图如图 3-30 所示。

从 PLC 刚通电 SM0.1 接通首个扫描周期开始，至按下启动按钮（I0.3 为 ON）时为系统的初始状态，称为系统的初始步。此时电动机处于停止状态。

从按下启动按钮（I0.3 为 ON）时小车开始右行，至小车触碰到右限位开关（I0.1 为

ON）时为工作周期的第一步。此时 Q0.0 为 ON，电动机处于正转运行状态。

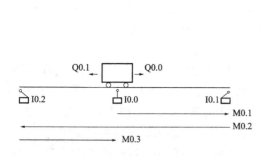

图3-29　小车运动示意图

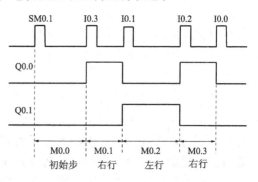

图3-30　小车行驶时序图

从小车碰到右限位开关（I0.1 为 ON）小车右行停止并且开始左行，至小车触碰到左限位开关（I0.2 为 ON）时，为工作周期的第二步。此时 Q0.1 为 ON，电动机处于反转运行状态。

从小车碰到左限位开关（I0.2 为 ON）小车左行停止并且开始右行，至小车触碰到中限位开关（I0.0 为 ON）时，为工作周期的第三步。此时 Q0.0 为 ON，电动机处于正转运行状态。

至此小车完成了一个工作周期。

再根据时序图画出该系统的顺序功能图，如图3-31所示。

4. 画顺序功能图的注意事项

（1）步与步不能直接相连，要用转换隔开。

（2）转换也不能直接相连，要用步隔开。

（3）初始步描述的是系统等待启动命令的初始状态，通常在这一步里没有任何动作。但是初始步是不可不画的，因为如果没有该步，无法表示系统的初始状态，系统也无法返回停止状态。

（4）自动控制系统应能多次重复完成某一控制过程，要求系统可以循环执行某一程序，因此顺序功能图应是一个闭环，如图3-31所示。

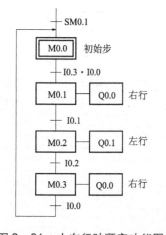

图3-31　小车行驶顺序功能图

三、顺序功能图转化成梯形图的方法

根据控制系统的工艺要求画出系统的顺序功能图后，还必须将顺序功能图转化成 PLC 能执行的梯形图程序。将顺序功能图转化成梯形图的方法有以下3种：

（1）采用自锁电路的设计方法。

（2）采用置位（S）与复位（R）指令的设计方法。

（3）采用顺序控制继电器指令（SCR 指令）的设计方法。

四、采用自锁电路设计单序列顺序功能图的方法

根据顺序功能图设计梯形图时，可以用存储器位 M 来代表步。某一步为活动步时，对应的存储器为 ON，某一转换实现时，该转换的后续步变为活动步，前级步变为不活动步。所以设计自锁电路的关键是找出它的启动条件和停止条件。通常，当前步作为输出时，前级步和转换条件串联构成启动条件；后续步的常闭触点作为停止条件；当前步保持。

例3-2：小车运动如图3-29所示，控制要求及顺序功能图参见例3-1，编写梯形图程序。

（1）确定步和转换条件。

根据Q0.0、Q0.1和Q0.2的ON/OFF状态变化，可以将工作周期分为4步，分别用M0.1～M0.4来代表这4步，还应设置表示等待启动命令的初始步。确定每步的启动条件、停止条件，具体如表3-7所示。

表3-7 小车运动的分析表

步	前级步	后续步	转换条件	当前步的动作
M0.0	无	M0.1	SM0.1	无
	M0.3		I0.0	
M0.1	M0.0	M0.2	I0.0 · I0.3	Q0.0
M0.2	M0.1	M0.3	I0.1	Q0.1
M0.3	M0.2	M0.4	I0.2	Q0.0

（2）编写顺序控制程序。

根据分析表，结合自锁电路程序（如图3-32所示）编写顺序控制程序如图3-33所示。

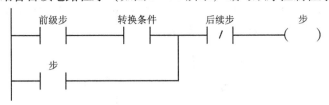

图3-32 顺序控制程序

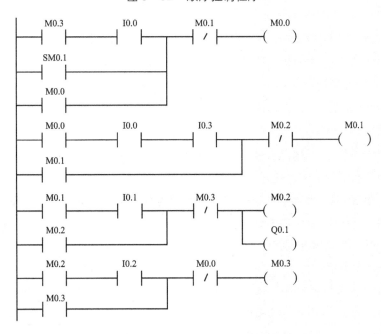

图3-33 小车运动顺序控制程序

① 多个转换条件：如果某一步有多个转换条件和多个前级步，那么需要将每个前级步和与之有关的转换条件串联构成启动条件，再将多个启动条件并联。

② 多个后续步：如果某一步有多个后续步，那么需要将所有的后续步串联构成停止条件。

（3）输出电路程序

由于步是根据输出量（动作）的状态变化来划分的，它们之间的关系极为简单，可以分为两种情况来处理"动作"对应的梯形图：

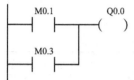

图 3 -34 Q0.0 的输出程序

① 某一输出量仅在某一步中为 ON，这时可以将它的线圈与对应步的线圈并联，如图 3 - 33 所示程序网络 3 中 Q0.1 输出指令。

② 某一输出量在多步中都为 ON，应将各有关步的常开触点并联后，驱动该输出量的线圈，如图 3 - 34 所示程序中 Q0.0。

3.4 项目操作内容与步骤

项目任务：多种液体自动混合控制

多种液体自动混合控制系统的控制要求参见情景导入。

1. 控制要求分析

通过对控制系统的分析，可以画出系统的工作流程，如图 3 - 35 所示。其中，各执行元件的启动、停止条件和动作顺序如表 3 - 8 所示。

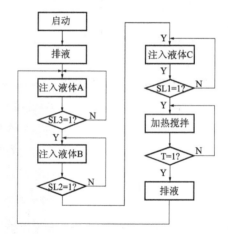

图 3 -35 多种液体混合控制工作流程图

表 3 -8 多种液体混合控制执行元件的启动、停止条件分析表

动作顺序	执行元件及说明	启动条件	停止条件
1	YV4（排出残液）、T37（10 s 计时）	SD（启动）	T37
2	YV1（注入 A 液体）	T37	SL3（液面检测）
		T39	
3	YV2（注入 B 液体）	SL3	SL2（液面检测）
4	YV3（注入 C 液体）	SL2	SL1（液面检测）

续表

动作顺序	执行元件及说明	启动条件	停止条件
5	YKM（电机运行）、T38（计时6 s）H（加热器运行）	SL1	T38·T（温度检测）
6	YV4（排出混合液）	T38·T	SL3 复位
7	YV4（排出混合液）、T39（计时2 s）	SL3 复位	T39

2. I/O 端口分配功能表

根据控制要求，列出 I/O 端口分配功能表，如表3–9所示。

表3–9　多种液体混合控制系统 I/O 端口分配功能表

输入			输出		
PLC 地址 （PLC 端子）	电气符号 （面板端子）	功能说明	PLC 地址 （PLC 端子）	电气符号 （面板端子）	功能说明
I0.0	SD	启动（SD）	Q0.0	YV4	排液阀
I0.1	SL3	液面检测（位置1）	Q0.1	YV1	注入 A 液阀
I0.2	SL2	液面检测（位置2）	Q0.2	YV2	注入 B 液阀
I0.3	SL1	液面检测（位置3）	Q0.3	YV3	注入 C 液阀
I0.4	T	温度检测	Q0.4	YKM	搅匀电机
			Q0.5	H	加热器

3. 控制接线图

根据任务分析，按照图3–36所示，进行 PLC 硬件接线。

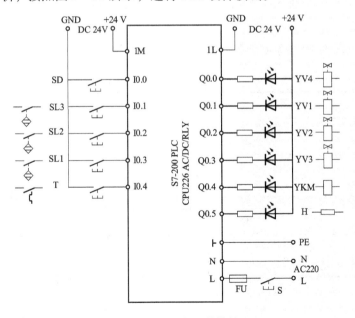

图3–36　PLC 硬件接线图

4. 画出顺序功能图

根据控制要求，结合表3-8与表3-9画出系统的顺序功能图，如图3-37所示。

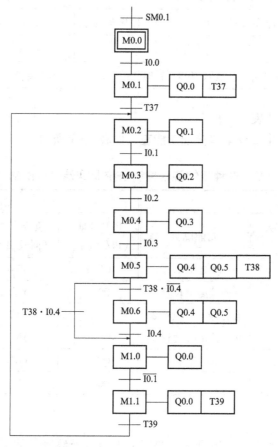

图3-37 多种液体混合控制系统顺序功能图

5. 程序设计

根据控制要求，设计程序如图3-38所示。

网络1

初识步程序

```
    SM0.1        M0.1        M0.0
─────┤ ├────────┤/├────────( )
      │
    M0.0
─────┤ ├──
```

网络2

M0.1程序(排空残液)

```
    M0.0        I0.0        M0.2                    M0.1
─────┤ ├────────┤ ├────────┤/├───────┬──────────( )
      │                                │
    M0.1                               │           T37
─────┤ ├──                            └──────┤IN      TON├
                                              │
                                        100 ─┤PT    100 ms├
```

图3-38 多种液体混合控制PLC控制程序（一）

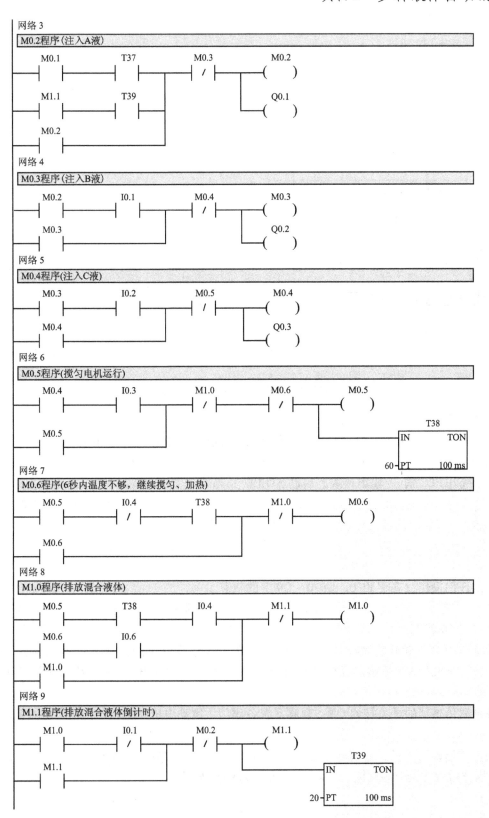

图3-38 多种液体混合控制PLC控制程序（二）

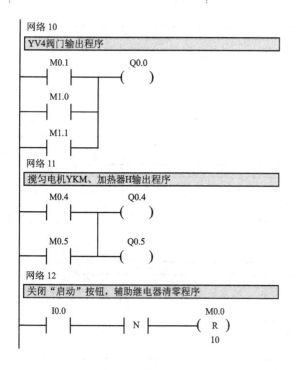

图 3 - 38　多种液体混合控制 PLC 控制程序（三）

6. 安装配线

首先按照图 3 - 36 进行配线，安装方法及要求与接触器—继电器电路相同。

7. 运行调试

（1）连接好 PLC 输入/输出接线，启动 STEP 7 - Micro/WIN32 编程软件。

（2）打开符号表编辑器，根据表 3 - 9 要求，将相应的符号与地址分别录入符号表的符号栏和地址栏。例如，符号栏写"启动"，相应的地址栏则写"I0.0"。

（3）打开梯形图编辑器，录入程序并下载到 PLC 中，使 PLC 进入运行状态。

（4）使 PLC 进入梯形图监控状态，按照下面步骤进行操作。

① 不做任何操作，观察 I0.0、Q0.0 ~ Q0.7 的状态。

② 打开"启动"开关，SL1、SL2、SL3 拨至 OFF，观察液体混合阀门 YV1、YV2、YV3、YV4 的工作状态。

③ 等待 20 s 后，观察液体混合阀门 YV1、YV2、YV3、YV4 的工作状态有何变化，依次将 SL3、SL2、SL1 液面传感器扳至 ON，观察系统各阀门、搅动电机 YKM 及加热器 H 的工作状态。

④ 将测温传感器的开关打到 ON，观察系统各阀门、搅动电机 YKM 及加热器 H 的工作状态。

⑤ 关闭"启动"开关，系统停止工作，观察 I0.0、Q0.0 ~ Q0.7 的状态。

（5）操作过程中同时观察输入/输出状态指示灯的亮灭情况。

8. 评分标准

本项任务的评分标准见附录表 1 所示。

3.5　项目小结

本项目通过对多种液体混合控制系统的程序设计，讲解了顺序控制设计法与利用顺序功能图编写梯形图程序的步骤。在应用自锁电路的顺序控制梯形图编写程序时，首先应确定步与转换条件，画出顺序功能，再结合自锁电路编写顺序控制程序，最后进行输出的处理。

3.6　思考与练习

1. 填空题

（1）单序列由一系列相继触发的步组成，每一步的后面仅有一个_____，每一个转换的后面只有一个_____。

（2）任何复杂的顺序功能图都是由_____、_____和_____组成的。

（3）在单序列中，一个转换仅有一个_____和一个_____。

（4）选择序列的开始称为_____，选择序列的结束称为_____。

（5）顺序功能图好似描述控制系统的_____、功能和_____的一种图形。

（6）顺序功能图主要由步、有向连线、_____、_____和动作组成。

（7）与系统的初始状态相对应的步称为_____。

（8）初始状态一般是系统等待启动命令的相对_____的状态。

（9）当系统正处于某一步所在的阶段时，该步处于_____，称该步为"活动步"。

（10）使系统由当前步进入下一步的信号称为_____。

2. 判断题

（1）S7-200 中的顺序控制继电器（M）专门用于编制顺序控制程序。（　　）

（2）顺序功能图中的初始步一般对应于系统等待启动的结束状态。（　　）

（3）结束步用双线框表示，每一个顺序功能图都必须有一个结束步。（　　）

（4）两个步绝对不能直接相连，必须用两个以上的转换将它们分隔开。（　　）

（5）在顺序功能图中，如果某一转换所有的前级步都是活动步并且满足相应的转换条件，则转换实现。（　　）

（6）为了便于将顺序功能图转换为梯形图，用代表各步的编程元件的地址（例如M0.0）作为步的代号。（　　）

（7）所有的 PLC 都为用户提供了顺序功能图语言，在编程软件中生成顺序功能图后便完成了编程工作。（　　）

（8）步的活动状态习惯的进展方向是从上到下或从左至右，在这两个方向的有向连线上应用箭头注明进展方向，且箭头不可省略。（　　）

（9）顺序控制设计法最基本的思想是将系统的一个工作周期划分为若干个顺序相连的阶段，这些阶段称为步（Step）。（　　）

3. 选择题

（1）顺序功能图好似描述控制系统的控制过程、功能和（　　）的一种图形。

A. 控制要求　　　　　B. 控制元件　　　　　C. 特性　　　　　　D. 范围特点

（2）两个转换也不能直接相连，必须用一个（　　）将它们分隔开。

A. 步　　　　　　　　B. 指令　　　　　　　C. 转换　　　　　　D. 语句

（3）两个步绝对不能直接相连，必须用一个（　　）将它们分隔开。

A. 步　　　　　　　　B. 指令表　　　　　　C. 转换　　　　　　D. 语句表

（4）初始状态一般是系统等待（　　）的相对静止的状态。

A. 启动命令　　　　　B. 停止　　　　　　　C. 转换　　　　　　D. 跳转

（5）并行序列的结束称为（　　）。

A. 合并　　　　　　　B. 并行　　　　　　　C. 串行　　　　　　D. 分支

（6）启动信号和停止信号可能由多个（　　）组成的串、并联电路提供。

A. 控制按钮　　　　　B. 触点　　　　　　　C. 转换符号　　　　D. 水平连线

4. 设计题

（1）某组合机床动力头进给运动示意图 3 - 39 所示，设动力头在初始状态时停止在左边，限位开关 I0.1 为 ON。按下启动按钮 I0.0 后，Q0.0 和 Q0.2 为 1，动力头向右快进给（简称快进），碰到限位开关 I0.2 后变为工作进给（简称工进），Q0.0 为 1，碰到限位开关 I0.3 后，停 5 s；5 s 后 Q0.2 和 Q0.1 为 1，工作台快速退回（简称快退），返回初始位置后停止运动。画出控制系统的顺序功能图。

（2）试画出图 3 - 40 所示信号灯控制系统的顺序功能图，I0.0 为启动信号。

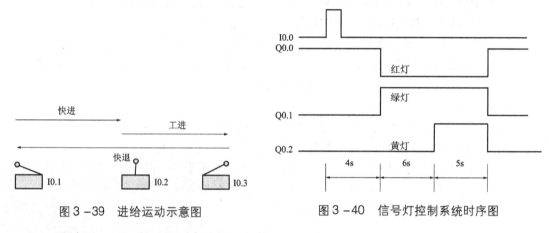

图 3 - 39　进给运动示意图

图 3 - 40　信号灯控制系统时序图

（3）设计图 3 - 41 所示的顺序功能图的梯形图程序。

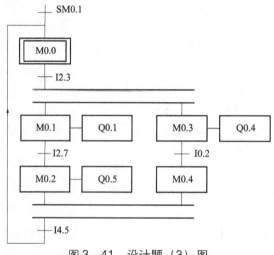

图 3 - 41　设计题（3）图

（4）有三台电动机，按下启动按钮，M1 启动；10 s 后，M2 自行启动；10 s 后 M3 启动，按下停止按钮全部停止。画出顺序功能图和梯形图程序。

项目4　全自动洗衣机控制

情境导入

全自动洗衣机如图 3 - 42 所示，由液面传感器 SL1、SL2，进水阀门 YV1，排水阀门 YV2，电机 M 组成。实现自动洗涤、漂洗、脱水等功能，其控制要求如下：

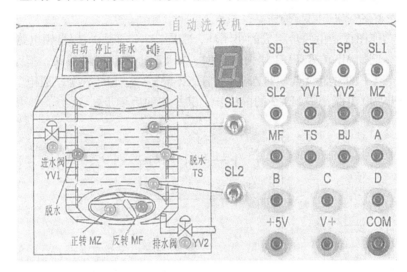

图 3 -42　全自动洗衣机控制系统示意图

（1）洗衣机启动后，按以下顺序进行工作：洗涤（1 次）→漂洗（2 次）→脱水→发出报警，衣服洗好，LED 显示器显示洗涤和漂洗的次数。

（2）洗涤：进水→正转 3 s，反转 3 s，10 个循环→排水。

（3）漂洗：进水→正转 3 s，反转 3 s，8 个循环→排水。

（4）报警：报警灯亮 4 s。

（5）进水：进水阀打开后水面升高，首先液位开关 SL2 闭合，然后 SL1 闭合，SL1 闭合后，关闭进水阀。

（6）排水：排水阀打开后水面下降，首先液位开关 SL1 断开，然后 SL2 断开，SL2 断开 1 s 后停止排水。

（7）脱水：脱水 5 s 后报警。

（8）强制排水：在任何时刻，按下停止按钮后，再按下排水按钮，可实现强制排水。

4.1　教学目标

知识目标

（1）掌握一个工作周期内小闭环顺序功能图的绘制方法；

（2）掌握使用 S、R 指令顺序控制梯形图的设计方法。

能力目标

（1）能够完成一个工作周期内含有小闭环的顺序控制功能图设计；

（2）能够独立分析问题，使用S、R指令设计顺序控制梯形图。

4.2 项目任务

项目任务：全自动洗衣机控制

4.3 相关知识点

一、仅有两步的闭环处理

如果顺序功能图仅是由两步组成的小闭环，如图3-43所示，用自锁电路设计的梯形图不能正常工作。例如M0.1和I0.2均为接通时，M0.2的启动电路接通，但是这时与M0.2的线圈串联的M0.1的常闭触点却是断开的，所以M0.2的线圈不能"通电"。上述问题的根本原因在于步M0.1既是步M0.2的前级步，又是它的后续步。

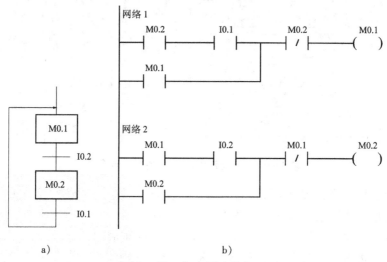

图3-43 仅有两步的闭环

a）顺序功能图；b）梯形图

为了解决这一问题，分别增设了一个受I0.1控制的中间元件M1.1与一个受I0.2控制的中间元件M1.0如图3-44所示，用M1.0的常闭触点取代M0.2的常闭触点，用M1.1的常闭触点取代M0.1的常闭触点。当M0.1为活动步时，I0.2变为1状态，M0.2的启动条件满足，M1.1尚为0状态，它的常闭触点闭合，M0.2线圈通电，保证了M0.1的启动电路能够接通，使M0.1的线圈通电。在执行完最后一行的电路后，M1.0变为1状态，在下一个扫描周期，使M0.1断电。

二、使用S、R指令设计顺序控制梯形图程序

在仅有两步的闭环处理中，虽然利用自锁电路可以实现最终控制，但是由于增加M1.0和M1.1的控制程序，从而使系统的扫描周期变长。而如果以转换条件为中心，使用S、R指令来设计顺序控制梯形图程序，就可以避免这一问题。

网络3

```
  M0.2        I0.1        M1.0        M0.1
───┤├─────────┤├─────────┤/├────────( )
  M0.1
───┤├──
```

网络4

```
  M0.1        I0.2        M1.1  ·     M0.2
───┤├─────────┤├─────────┤/├────────( )
  M0.2
───┤├──
```

网络5

```
  I0.1        M1.1
───┤├────────( )
```

网络6

```
  I0.2        M1.0
───┤├────────( )
```

图3-44　修改后的梯形图

在顺序功能图中,如果某一转换所有的前级步都是活动步,并且满足相应的转换条件,则转换实现。即所有由有向连线与相应转换相连的后续步都变为活动步,而所有由有向连线与相应转换相连的前级步都变为不活动步。在使用S、R指令设计顺序控制梯形图程序时,将前级步的常开触点与转换条件串联作为后续步置位(使用S指令)和前级步复位(使用R指令)的条件。在任何情况下,各步的控制程序都可以用这一原则来设计,每一个转换对应一个这样的控制置位和复位的程序块,有多少个转换就有多少个这样的程序块。这种设计方法特别有规律,梯形图与转换实现的基本规则之间有着严格的对应关系,在设计复杂的顺序功能图的梯形图时,既容易掌握,又不容易出错。

使用S、R指令设计顺序控制梯形图程序的具体操作步骤如下。

1)分析列表

找出顺序功能图中的转换条件以及该条件所对应的前级步和后续步,并填入表3-10中。

表3-10　顺序控制梯形图分析表

转换条件	前级步	后续步	后续步的动作

2)设计顺序控制程序

根据分析表,结合下列S、R程序编写顺序控制,如图3-45所示。

3)设计输出程序

由于后续步与其动作是一一对应的,所以只需要用后续步的常开触点控制对应的输出线圈即可,但是,必须注意的是不能将输出位的线圈与置位指令和复位指令并联。这是因为控制置位复位的串联电路接通的时间只有一个扫描周期,转换条件满足后前级步马上被复位,该串联电路断开,而输出位的线圈至少应该在某一步对应的全部时间内被接通。

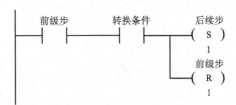

图3-45　S.R程序顺序控制梯形图

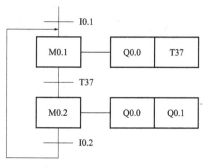

图3-46　例3-3中仅有两步的
闭环的顺序功能图

所以应根据顺序功能图，用代表步的存储器位的常开触点或它们的并联电路来驱动输出位的线圈。

例3-3：如图3-46所示，为一个仅有两步的闭环的顺序功能图，试使用S、R指令设计顺序控制梯形图程序。

1）分析列表

根据顺序功能图所示，有三个转换条件：I0.1、T37和I0.2。它们对应的前级步、后续步如表3-11所示。

表3-11　顺序功能图分析表

转换条件	前级步	后续步	后续步的动作
I0.1	无	M0.1	Q0.0、T37（5 s）
T37	M0.1	M0.2	Q0.0、Q0.1
I0.2	M0.2	M0.1	Q0.0、T37（5 s）

2）设计顺序控制程序

根据顺序控制分析表，设计顺序控制程序如图3-47所示。

3）设计输出程序

输出程序如图3-48所示。

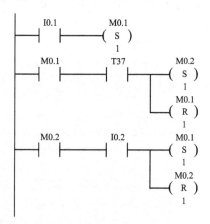

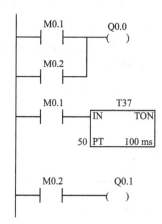

图3-47　例3-3中仅有两步的闭环的顺序控制程序　　图3-48　例3-3中仅有两步的闭环的输出程序

三、采用 S、R 指令设计并行序列控制程序

如图3-49所示是一个并行序列的顺序功能图，采用S、R指令进行并行序列控制程序设计的梯形图如图3-50所示。

1. 并行序列分支的编程

在图3-49中，步M0.0之后有一个并行序列的分支。当M0.0是活动步，并且转换条件I0.1为ON时，步M0.1和步M0.3应同时变为活动步，这时用M0.0和I0.1的常开触点串联电路使M0.1和M0.3同时置位，用R指令使步M0.0变为不活动步，如图3-50网络2

中程序所示。

2. 并行序列合并的编程

在如图 3-49 所示中，转换条件 I0.3 之前有一个并行序列的合并。当所有的前级步 M0.2 和 M0.3 都是活动步，并且转换条件 I0.3 为 ON 时，实现并行序列的合并。用 M0.2、M0.3 和 I0.3 的常开触点串联电路使后续步 M0.4 置位，用 R 指令使步 M0.2 和 M0.3 变为不活动步，如图 3-50 网络 4 中程序所示。

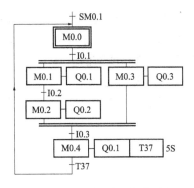

图 3-49　并行序列的顺序功能图

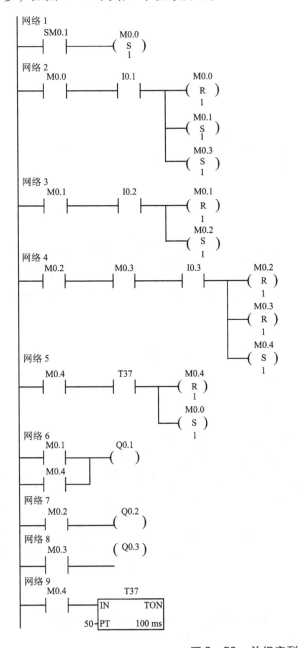

图 3-50　并行序列的梯形图程序

某些控制要求有时需要并行序列的合并和并行序列的分支由一个转换条件同步实现，如图3-51a）所示，转换的上面是并行序列的合并，转换的下面是并行序列的分支，该转换实现的条件是所有的前级步 M1.0 和 M1.1 都是活动步和转换条件I0.1 + I0.3 为 ON。因此，应将 I0.3 常开触点与 I0.1 常闭触点并联后再与 M1.0、M1.1 的常开触点串联，作为 M1.2、M1.3 置位和 M1.0、M1.1 复位的条件。其梯形图如图3-51b）所示。

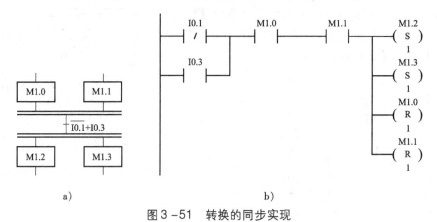

a)　　　　　　　　　　　　　　　b)

图3-51　转换的同步实现

a）顺序功能图；b）梯形图

四、数码显示

1. 段码指令使用

段码指令如图3-52所示，将 IN 中指定的字符（字节）转换生成一个点阵并存入 OUT 指定的变量中；如上所示，当在 IN 处写入 2，则输出端 OUT 指定的变量 QB0 中的值为 0101 1011；当在 IN 处写入 5，则输出端 OUT 指定的变量 QB0 中的值为 0110 1101；具体如表3-12所示。

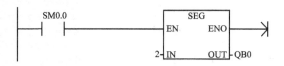

图3-52　段码指令

表3-12　SEG 指令输入/输出真值表

输入	输出	输入	输出	输入	输出	输入	输出
0	0011 1111	4	0110 0110	8	0111 1111	C	0011 1001
1	0000 0110	5	0110 1101	9	0110 0111	D	0101 1110
2	0101 1011	6	0111 1101	A	0111 0111	E	0111 1001
3	0100 1111	7	0000 0111	B	0111 1100	F	0111 0001

2. 8421 码输入的 7-LED

如果使用的数码显示电路为 8421 码输入（本项目采用的数码显示电路），如图3-53所示，数码电路的输入端 A、B、C、D 分别与 PLC 的输出点 Q0.0、Q0.1、Q0.2、Q0.3 一一对应连接，数码电路的电源采用 DC 5 V。数码显示电路演示程序如图3-54所示。

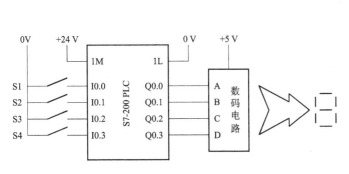

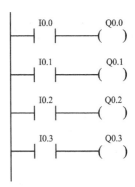

图 3 - 53 数码显示电路接线示意图　　　　图 3 - 54 数码显示电路演示程序

闭合开关 S1，Q0.0 的线圈接通，数码显示电路输入端 A 得电，LED 显示 1。

闭合开关 S2，Q0.1 的线圈接通，数码显示电路输入端 B 得电，LED 显示 2。

闭合开关 S3，Q0.2 的线圈接通，数码显示电路输入端 C 得电，LED 显示 4。

闭合开关 S4，Q0.3 的线圈接通，数码显示电路输入端 D 得电，LED 显示 8。

具体如表 3 - 13 所示：

表 3 - 13　8421 码显示电路真值表

输入组合逻辑 DCBA	数码显示	输入组合逻辑 DCBA	数码显示
0000	0	0101	5
0001	1	0110	6
0010	2	0111	7
0011	3	1000	8
0100	4	1001	9

4.4　项目操作内容与步骤

项目任务：全自动洗衣机控制

全自动洗衣机控制系统的控制要求参见情景导入。

1. 控制要求分析

通过对控制系统的分析，可以画出系统的工作流程，如图 3 - 55 所示。其中，各开关信号的动作顺序如表 3 - 14 所示。

表 3 - 14　全自动洗衣机控制开关信号动作顺序分析表

动作顺序	开关信号元件及说明	执行的动作	
1	SD（启动）	YV1（进水）	A（数码显示1）
2	SL1·SL2	MZ（正转）	T37（计时3 s）
3	T37	MF（反转）	T38（计时3 s）
4	T38	C0（计数10次）	

动作顺序	开关信号元件及说明	执行的动作
5	C0	YV2（排水）
6	SL1·SL2·NOT	YV2（排水）　T39（残液排室延时1 s）
7	T39	YV1（进水）　B（数码显示2）
8	SL1·SL2	MZ（正转）　T40（计时3 s）
9	T40	MF（反转）　T41（计时3 s）
10	T41	C1（计数8次）
11	C1	YV2（排水）
12	SL1·SL2·NOT	YV2（排水）　T42（残液排室延时1 s）
13	T42	YV1（进水）　A（数码显示1）
14	SL1·SL2	MZ（正转）　T43（计时3 s）
15	T43	MF（反转）　T44（计时3 s）
16	T44	C2（计数8次）
17	C2	YV2（排水）
18	SL1·SL2·NOT	YV2（排水）　T45（残液排室延时1 s）
19	T45	TS　T46（计时5 s）　A=0（数码显示复位）
20	T46	BJ　T47（计时4 s）
21	T47	结束工作

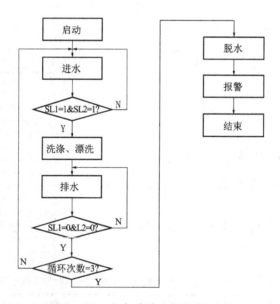

图3-55　全自动洗衣机控制系统

1）对洗涤、漂洗过程中循环的处理

在控制要求中，洗涤和漂洗过程分别有正反转10次和正反转8次的程序，属于程序内的小闭环。对于这种由计数器控制的小闭环，可以使用选择序列控制。在编程时，用反转的停止条件（定时器的常开触点）与计数器的常闭触点串联作为循环返回条件，用反转的停止条件（定时器的常开触点）与计数器的常开触点串联作为顺序执行的转换条件，用反转的停止条件（定时器的常开触点）作为计数器的计数条件。如图 3 - 56 所示。

当液面检测条件（I0.1·I0.2）满足时，执行正转 3 s（步 M0.2）。当定时器 T37 动作，执行反转 3 s（步 M0.3）。反转结束后，如果未到 10 次（C0 没动作），则循环返回条件（T38 与 C0 常闭触点的串联电路）起作用，返回正转 3 s（步 M0.2）；如果应动作 10 次（C0 动作），则顺序执行条件（T38 与 C0 常开触点的串联电路）起作用，继续后面的动作。

2）数码显示的设计

洗涤过程中 LED 显示"1"，即 Q0.6 为"1"。漂洗第 1 次过程中 LED 显示"2"，Q0.7 "1"。漂洗第 2 过程中 LED 显示"1"，Q0.6 "1"。在编程时，采用置位和复位指令进行控制，如图 3 - 57 所示。

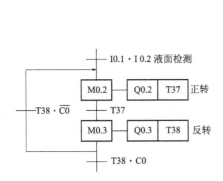

图 3 - 56 正反转循环的顺序功能图

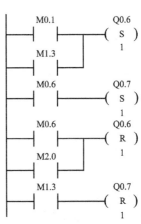

图 3 - 57 数码显示程序

3）强制排水

强制排水是手动控制，不在顺序功能图中体现。

（1）任意时刻停止。根据控制要求，在任意时刻，按下停止按钮，自动过程停止，即返回初始状态。同时为强制排水状态做准备，如图 3 - 58 所示。

（2）强制排水。根据控制要求，当系统停止后，按下排水按钮，进行强制排水。当水位低于 SL2 时，继续排水 1 s，而后停止，及返回初始状态，程序如图 3 - 59 所示。

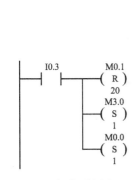

图 3 - 58 任意时刻停止程序

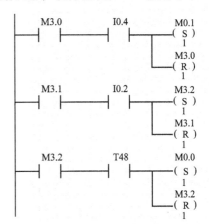

图 3 - 59 强制排水程序

111

2. I/O 端口分配功能表

根据控制要求，列出 I/O 端口分配功能表，如表 3 – 15 所示。

表 3 –15　全自动洗衣机控制系统 I/O 端口分配功能表

输入			输出		
PLC 地址 （PLC 端子）	电气符号 （面板端子）	功能说明	PLC 地址 （PLC 端子）	电气符号 （面板端子）	功能说明
I0.0	SD	启动	Q0.0	YV1	进水阀
I0.1	SL1	水位上限位	Q0.1	YV2	排水阀
I0.2	SL2	水位下限位	Q0.2	MZ	正转
I0.3	ST	停止	Q0.3	MF	反转
I0.4	SP	排水	Q0.4	TS	脱水
			Q0.5	BJ	报警
			Q0.6	A	显示编码 A
			Q0.7	B	显示编码 B
			Q1.0	C	显示编码 C
			Q1.1	D	显示编码 D

3. 控制接线图

根据任务分析，按照图 3 –60 所示进行 PLC 硬件接线。

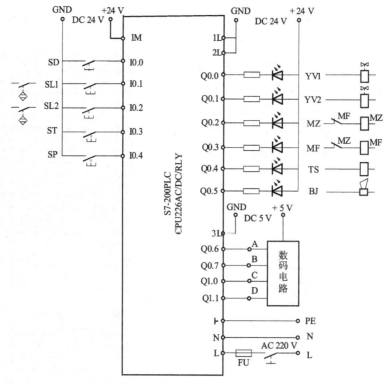

图 3 –60　PLC 硬件接线图

4. 画出顺序功能图

根据控制要求,结合表 3－14 与表 3－15 画出系统的顺序功能图,如图 3－61 所示。

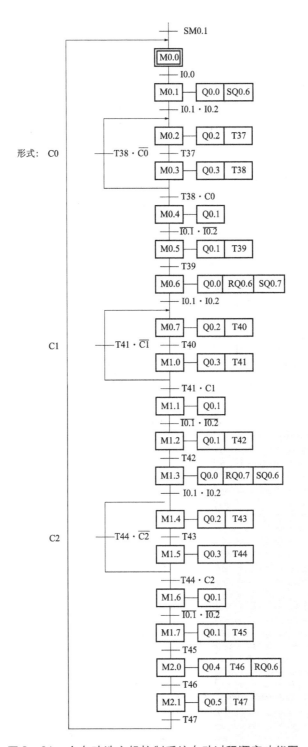

图 3－61　全自动洗衣机控制系统自动过程顺序功能图

5. 程序设计

根据控制要求，设计程序如图3−62所示。

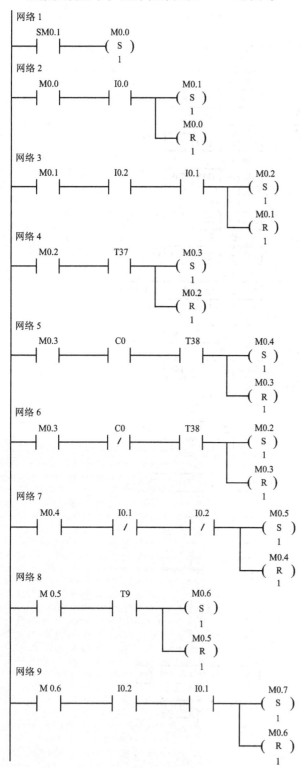

图3−62 全自动洗衣机 PLC 控制程序（一）

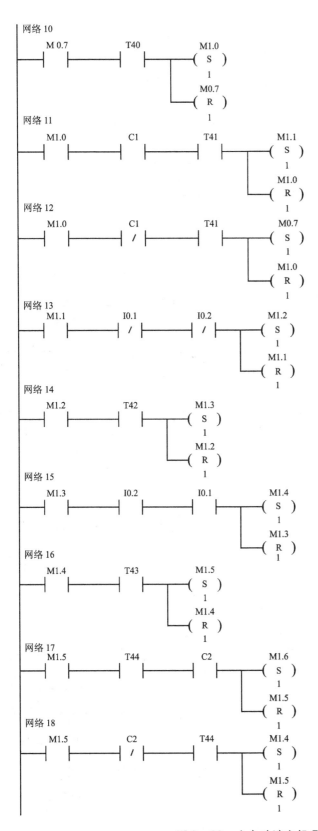

图3-62　全自动洗衣机PLC控制程序（二）

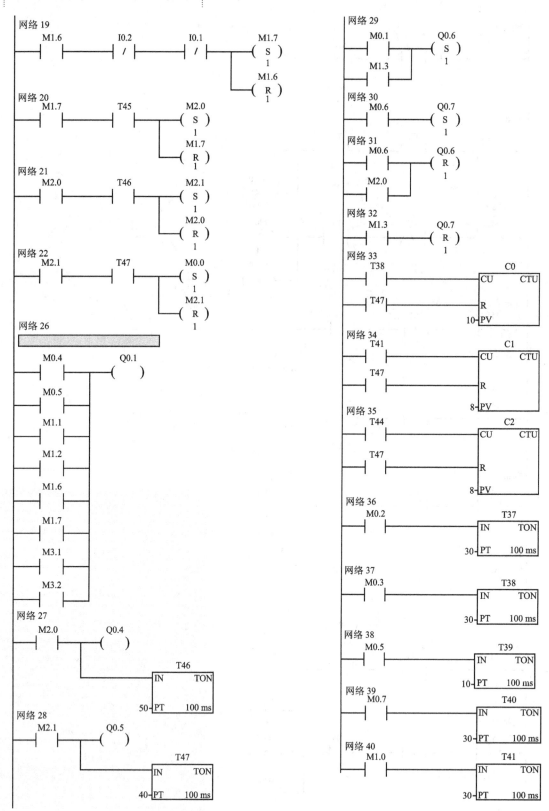

图3-62 全自动洗衣机PLC控制程序（三）

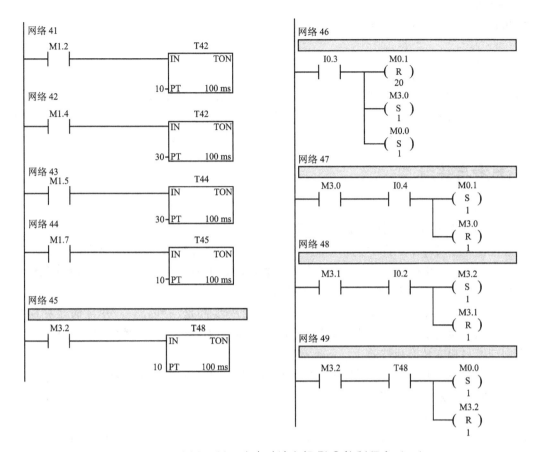

图 3 - 62 全自动洗衣机 PLC 控制程序（四）

6. 安装配线

首先按照图 3 - 60 进行配线，安装方法及要求与接触器—继电器电路相同。

7. 运行调试

（1）连接好 PLC 输入/输出接线，启动 STEP 7Micro/WIN32 编程软件。

（2）打开符号表编辑器，根据表 3 - 15 要求，将相应的符号与地址分别录入符号表的符号栏和地址栏。例如，符号栏写"启动"，相应的地址栏则写"I0.0"。

（3）打开梯形图编辑器，录入程序并下载到 PLC 中，使 PLC 进入运行状态。

（4）使 PLC 进入梯形图监控状态。

① 不做任何操作，观察 I0.0、Q0.0 ~ Q0.7 的状态；

② 按下"启动"按钮后，系统进入运行状态。进水阀（YV1）打开，水面升高，先闭合液位开关 SL2，后闭合 SL1，SL1 闭合后，关闭进水阀。开始洗涤。

③ 洗涤完成，排水阀（YV2）打开，水面下降，先断开液位开关 SL1，然后断开 SL2，SL2 断开 1 秒后停止排水。

④ 重复进水、漂洗、排水两次。

⑤ 漂洗完毕开始脱水，排水阀打开。

⑥ 脱水 5 s，发出报警，洗衣完成。

（5）操作过程中同时观察输入/输出状态指示灯的亮灭情况。

8. 评分标准

本项任务的评分标准见附录表1所示。

4.5 项目小结

本项目通过对全自动洗衣机控制系统的程序设计，讲解了以转换为中心，使用S、R指令设计顺序控制梯形图程序的步骤。在编写程序时，首先应确定步、转换条件以及转换实现的动作，画出顺序功能，再使用S、R指令编写顺序控制程序，最后进行输出的处理。

4.6 思考与练习

1. 填空题

（1）在顺序控制梯形图中，用自锁电路设计仅由两步组成的小闭环，由于启动条件中_____与停止条件中_____冲突，所以存储器位的线圈不能"通电"。

（2）在使用S、R指令设计顺序控制梯形图程序时，将前级步的_____与转换条件串联作为后续步_____和前级步_____的条件。

（3）在顺序功能图中，如果某一转换所有的前级步都是_____，并且满足相应的_____，则转换实现。即所有由有向连线与相应转换相连的_____都变为活动步，而所有由有向连线与相应转换相连的_____都变为不活动步。

（4）在使用S、R指令设计顺序控制梯形图程序时，不能将输出位的线圈与_____和_____并联，而是用代表步的_____或它们的并联电路来驱动输出位的线圈。

（5）在并行序列中，只有在并行序列分支的最后一步都是_____时，满足相应的_____条件，才能实现转换。

2. 判断题

（1）在使用S、R指令编写顺序控制梯形图程序时，可以不编写SM0.1初始化指令。（   ）

（2）在使用S、R指令编写顺序控制梯形图程序时，为了减少指令数目，应将输出位的线圈与相应步并联。（   ）

（3）在并行序列中，只有在并行序列分支的最后一步都是活动步时，满足相应的转换条件，才能实现转换。（   ）

（4）无论数码显示电路的结构如何，数码显示电路程序的编写都应一致。（   ）

（5）在顺序功能图中，不允许出现循环的嵌套。（   ）

3. 选择题

（1）当系统正处于某一步所在的阶段时，该步处于（   ），称该步为"活动步"。

A. 停止   B. 启动   C. 保持   D. 活动状态

（2）某些控制要求有时需要并行序列的合并和并行序列的分支由一个转换条件（   ）实现。

A. 同步   B. 异步   C. 保持   D. 翻转

4. 设计题

（1）设计图3-63所示的顺序功能图的梯形图程序。

（2）如图 3 - 64 所示小车在初始状态时停在中间，限位开关 I0.0 为 ON，按下启动按钮 I0.3，小车按图 3 - 64 所示的顺序运动，最后返回并停在初始位置。使用置位复位指令画出小车控制系统的梯形图。

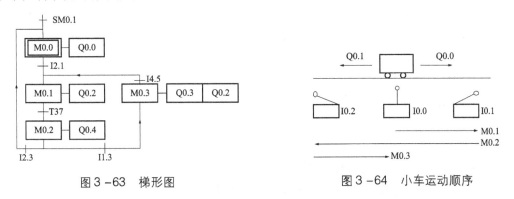

图 3 - 63　梯形图

图 3 - 64　小车运动顺序

项目 5　电镀生产线控制

情境导入

电镀生产线如图 3 - 65 所示，采用专用行车架，行车架上装有可升降的吊钩，行车和吊钩各有一台电动机拖动，行车进退和吊钩升降由限位开关控制，生产线有三个槽位，依次完成酸洗、电镀、清洗过程。其控制要求如下：

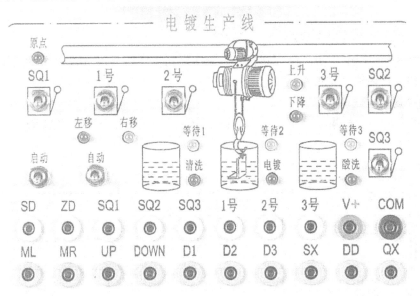

图 3 - 65　电镀生产线控制系统示意图

（1）工作过程为：启动后，吊钩由下向上移动，遇到上限位后，行车从左向右移动，到 3 号限位开关后（中间遇到 1 号和 2 号限位开关不响应）停止，吊钩下降，碰到下限位开关后停止，工件放入镀槽，酸洗 10 s 后，吊钩上升，遇到上限位开关后停止，停放 15 s 后，

行车左行，在2号限位开关刚好弹起时，停止，吊钩下降，遇到下限位开关后，停止，电镀20 s后，吊钩上升，遇到上限位开关，停10 s，接着左行，在1号限位开关弹起时，吊钩下降，遇到下限位后停止，放入清水槽清洗10 s，吊钩上升，遇到上限位后停8 s，行车接着左行，左行到位后下降。

（2）中间过程由发光二极管点亮指示，限位开关由钮子开关模拟，需手动。

（3）合上自动开关，则系统开始自动运行。

（4）启动前，左限位开关拨到上面，行车处于原点位置

5.1　教学目标

知识目标

（1）掌握S7-200的顺序控制继电器指令；

（2）掌握使用顺序控制继电器指令设计顺序控制梯形图的方法。

能力目标

（1）能够正确使用S7-200的顺序控制继电器指令；

（2）能够独立分析问题，使用顺序控制继电器指令设计顺序控制梯形图的能力。

5.2　项目任务

项目任务：电镀生产线控制

5.3　相关知识点

一、顺序控制继电器指令（SCR）

SCR指令专门用于编制顺序控制程序。顺序控制程序被SCR指令划分为若干个SCR段，一个SCR段对应顺序功能图中的一步。

1. 指令内容

SCR指令包括装载指令、结束指令和转换指令。SCR指令的梯形图及语句表如表3-16所示。

表3-16　SCR指令的梯形图及语句表

梯形图	语句表	指令名称
S_bit SCR	LSCR S_bit	SCR程序段开始
S_bit (SCRT)	SCRT S_bit	SCR转换
(CSCRE)	CSCRE	SCR程序段条件结束
(SCRE)	SCRE	SCR程序段结束

1）装载指令

表示一个 SCR 段的开始。指令中的操作数 S_bit 为顺序控制继电器 S 的地址（如 S0.0），顺序控制继电器为 ON 状态时，执行对应的 SCR 段中的程序，反之则不执行。

2）转换指令

表示 SCR 段之间的转换，即步活动状态的转换。当有能流流过 SCRT 线圈时，SCRT 指定的后续步变为 ON 状态（活动步），同时当前步变为 OFF 状态（不活动步）。

3）结束指令

表示 SCR 段的结束。

2. 使用顺序控制继电器指令的注意事项

（1）步进控制指令 SCR 只对状态元件 S 有效。为了保证程序的可靠运行，驱动状态元件 S 的信号应采用短脉冲。

（2）不能把同一编号的状态元件用在不同的程序中。例如，如果在主程序中使用 S0.1，则不能在子程序中再使用。

（3）当输出需要保持时，可使用 S/R 指令。

（4）在 SCR 段中不能使用 JMP 和 LBL 指令，即不允许跳入或跳出 SCR 段，也不允许在 SCR 段内跳转。可以使用跳转和标号指令在 SCR 段周围跳转。

（5）不能在 SCR 段中使用 FOR、NEXT 和 END 指令。

通常为了自动进入顺序功能流程图，一般利用特殊辅助继电器 SM0.1 将 S0.1 置 1。若在某步为活动步时，动作需直接执行，可在要执行的动作前接上 SM0.0 动合触点，避免线圈与左母线直接连接的语法错误。

二、采用 SCR 指令设计选择序列控制程序

如图 3 - 66a）所示是一个选择序列的顺序功能图，将步 M0.0 ~ M0.4 用顺序控制继电器 S0.0 ~ S0.4 换掉，如图 3 - 66b）所示。采用 SCR 指令设计选择序列控制程序的梯形图如图 3 - 67 所示。

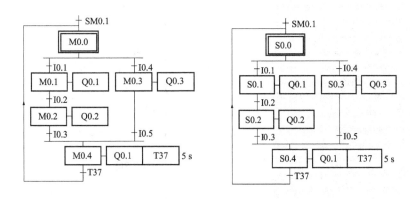

　　a）选择序列的顺序功能图　　　b）将步 M0.0 ~ M0.4 用 S0.0 ~ S0.4 换掉后的选择

序列顺序功能图

图 3 - 66　选择序列顺序功能图

1. 选择序列分支的编程

在如图 3-66b）中，步 S0.0 之后有一个选择序列的分支。当 S0.0 为活动步时，可以有两种选择，当转换条件 I0.1 为 ON 时，后续步 S0.1 变为活动步，S0.0 变为不活动步；而当转换条件 I0.4 为 ON 时，后续步 S0.3 变为活动步，S0.0 变为不活动步。

所以，当 S0.0 被置为 1 时，它对应的 SCR 段被执行，在该段中有两个分支可以选择。若转换条件 I0.1 为 ON 时，该程序段中的指令"SCRT S0.1"被执行，将转换到步 S0.1，然后向下继续执行；若转换条件 I0.4 为 ON 时，该程序段中的指令"SCRT S0.3"被执行，将转换到步 S0.3，然后向下继续执行。

2. 选择序列合并的编程

在如图 3-66b）中，步 S0.4 之前有一个选择序列的合并。当步 S0.2 为活动步，并且转换条件 I0.3 为 ON，或者步 S0.3 为活动步，并且转换条件 I0.5 为 ON，则步 S0.4 都应变为活动步。在步 S0.2 和步 S0.3 对应的 SCR 段中，分别用 I0.3 和 I0.5 的常开触点驱动指令"SCRT S0.4"，就能实现选择序列的合并，如图 3-67 所示。

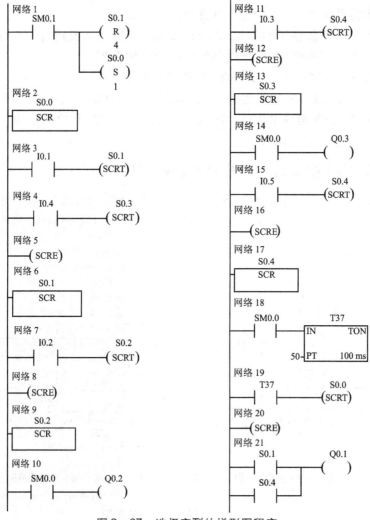

图 3-67　选择序列的梯形图程序

5.4 项目操作内容与步骤

项目任务：电镀生产线控制

电镀生产线控制系统的控制要求参见情景导入。

1. 控制要求分析

通过对控制系统的分析，可以画出系统的工作流程，如图3-68所示。

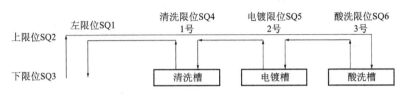

图3-68 电镀生产线控制系统

2. I/O端口分配功能表

根据控制要求，列出I/O端口分配功能表，如表3-17所示。

表3-17 电镀生产线控制系统I/O端口分配功能表

输入			输出		
PLC地址（PLC端子）	电气符号（面板端子）	功能说明	PLC地址（PLC端子）	电气符号（面板端子）	功能说明
I0.0	SD	启动	Q0.0	ML	左行
I0.1	ZD	自动	Q0.1	MR	右行
I0.2	SQ1	左限位	Q0.2	UP	上升
I0.3	SQ2	上限位	Q0.3	DOWN	下降
I0.4	SQ3	下限位	Q0.4	D1	等待清洗
I0.5	1号	清洗限位	Q0.5	D2	等待电镀
I0.6	2号	电镀限位	Q0.6	D3	等待酸洗
I0.7	3号	酸洗限位	Q0.7	SX	酸洗
			Q1.0	DD	电镀
			Q1.1	QX	清洗

3. 控制接线图

根据任务分析，按照图3-69所示进行PLC硬件接线。

4. 画出顺序功能图

根据控制要求，结合表3-16与表3-17画出系统的顺序功能图，如图3-70所示。

5. 程序设计

根据控制要求，设计程序如图3-71所示。

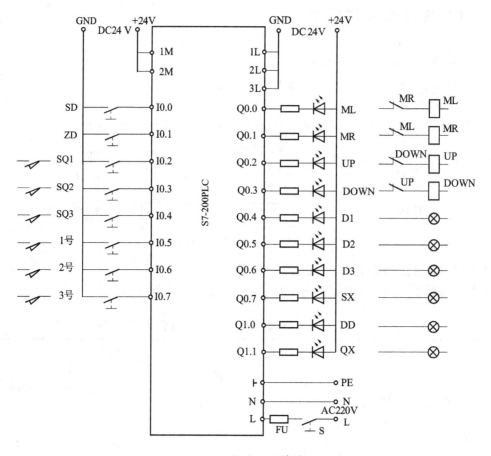

图 3 –69　PLC 硬件接线图

6. 安装配线

首先按照图 3 – 69 进行配线，安装方法及要求与接触器—继电器电路相同。

7. 运行调试

（1）连接好 PLC 输入/输出接线，启动 STEP 7Micro/WIN32 编程软件。

（2）打开符号表编辑器，根据表 3 – 17 要求，将相应的符号与地址分别录入符号表的符号栏和地址栏。例如，符号栏写"启动"，相应的地址栏则写"I0.0"。

（3）打开梯形图编辑器，录入程序并下载到 PLC 中，使 PLC 进入运行状态。

（4）使 PLC 进入梯形图监控状态。

① 不做任何操作，观察 I0.0、Q0.0 ~ Q0.7 的状态；

② 闭合"左限位"开关，模拟原位位置。

③ 闭合"启动"开关，按动作顺序，依次动作相应限位开关，观察在单周期模式下的工作过程。

④ 待工作完成后，闭合"自动"开关，"启动"开关，按动作顺序依次动作相应的限位开关，观察在连续模式下的工作过程。

⑤ 断开"启动"开关，按动作顺序依次动作相应的限位开关，观察在连续模式下的工作过程。

（5）操作过程中同时观察输入/输出状态指示灯的亮灭情况。

8. 评分标准

本项任务的评分标准见附录表 1 所示。

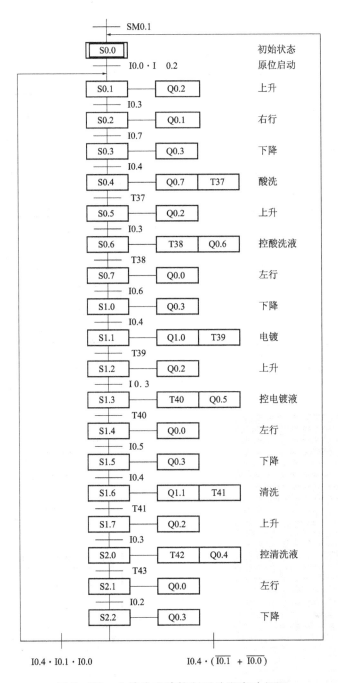

图 3-70　电镀生产线控制系统顺序功能图

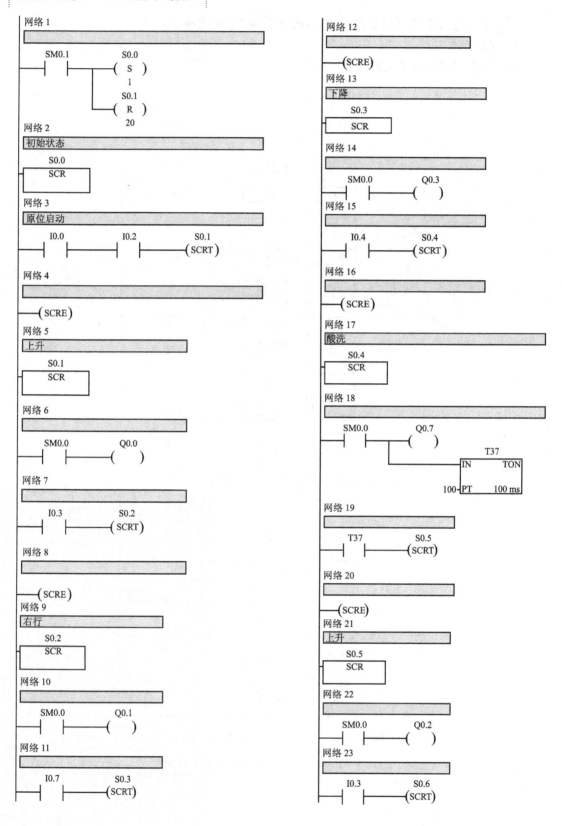

图 3 - 71　电镀生产线的 PLC 控制程序（一）

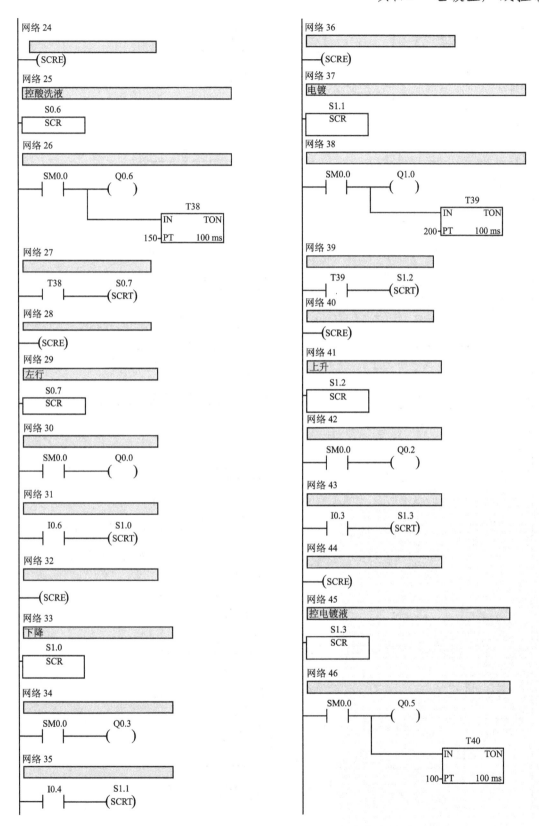

图 3 −71 电镀生产线的 PLC 控制程序（二）

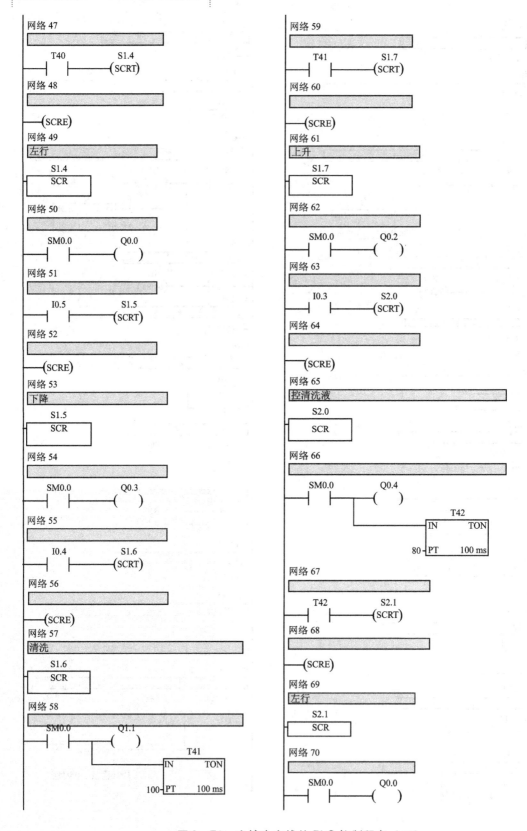

图 3-71　电镀生产线的 PLC 控制程序（三）

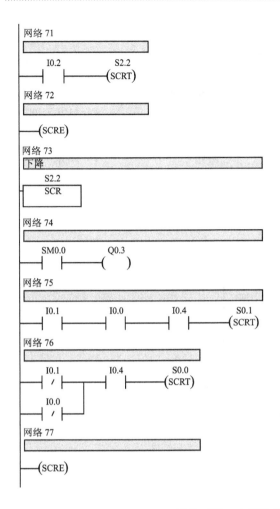

图 3-71　电镀生产线的 PLC 控制程序（四）

5.5　项目小结

本项目通过对电镀生产线控制系统的程序设计，讲解了使用顺序控制继电器指令设计顺序控制梯形图程序的步骤。在编写程序时，应注意用顺序控制继电器指令编写 SCR 段程序的结构。

5.6　思考与练习

1. 填空题

（1）顺序控制程序被顺序控制继电器指令划分为_____与_____指令之间的若干个 SCR 段，一个 SCR 段对应于顺序功能图中的一步。

（2）顺序控制继电器结束指令 SCRE 用来表示 SCR 段的_____。

（3）顺序控制继电器转换指令"SCRT S-bit"用来表示 SCR 段之间的_____。

（4）不能在 SCR 段中使用_____，NEXT 和_____指令。

（5）在设计梯形图时，用_____和_____指令表示 SCT 段的开始和结束。

2. 选择题

（1）顺序控制继电器结束指令 SCRE 用来表示 SCR 段的（　　）。

A. 转换功能　　　　　B. 跳转功能　　　　　C. 开始功能　　　　　D. 结束

（2）顺序控制继电器转换指令"SCRT S-bit"用来表示 SCR 段之间的（　　）。

A. 转换　　　　　　　B. 跳转功能　　　　　C. 开始功能　　　　　D. 结束功能

（3）在进入单周期、连续和单步工作方式之前，系统应处于（　　）。

A. 命令　　　　　　　B. 原点状态　　　　　C. 初始　　　　　　　D. 结束

3. 设计题

（1）用 SCR 指令设计图 3－72 所示的顺序功能的梯形图程序。

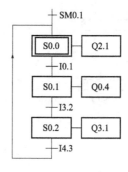

图 3－72

（2）用并行序列设计电镀生产线控制程序，控制要求参考情景导入。

工作任务 4

PLC 数据处理

项目 1　七段数码管显示

情境导入

在各类知识竞赛中，参赛选手都会用到抢答器。以四路抢答器如图 4 - 1 所示为例，系统由主持人控制的开始、复位按钮，参赛选手控制的抢答键和数码显示 LED 组成，其控制要求如下：

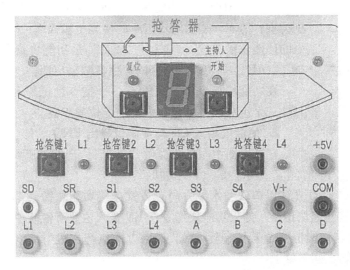

图 4 - 1　四路抢答器控制系统示意图

（1）系统初始上电后，主控人员在总控制台上点击"开始"按键后，允许各队人员开始抢答，即各队抢答按键有效；

（2）抢答过程中，1～4 队中的任何一队抢先按下各自的抢答按键（S1、S2、S3、S4）后，该队指示灯（L1、L2、L3、L4）点亮，LED 数码显示系统显示当前的队号，并且其他队的人员继续抢答无效；

（3）主控人员对抢答状态确认后，点击"复位"按键，系统又继续允许各队人员开始抢答；直至又有一队抢先按下各自的抢答按键。

1.1　教学目标

知识目标

（1）掌握 S7-200 的指令规约；

（2）掌握 S7-200 的程序控制指令。

能力目标

（1）能够使用程序控制指令进行程序设计；

（2）在编程时注意指令规约，进一步掌握 PLC 的编程方法。

1.2　项目任务

项目任务：四路抢答器控制系统

1.3　相关知识点

一、功能块指令

1. 功能块指令

在梯形图中，用"功能块"表示某些具有特殊功能的指令。比如整数加法指令的标准格式如图 4-2 所示。

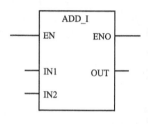

图 4-2　整数加法指令

其中"ADD"为功能块指令的助记符；"I"是功能块指令的数据类型；"EN"是功能块指令的使能位输入端；"ENO"是功能块指令的使能位输出端。"IN1"、"IN2"是功能块指令的数据参数输入端。"OUT"是功能块指令的数据参数输出端。

在功能块指令中，只能有一个指令助记符和一个使能位输出，其他三个组成区域可包含多个使能位或参数。

2. 使能位输入 EN 与使能位输出 ENO

在梯形图中左母线提供"能流"，当能流流到功能块的使能位输入端 EN 时，该输入端有能流，功能指令才能被执行。

使能位输出端 ENO 允许以串联（水平方向）方式连接功能块指令，不允许以并联（垂直方向）方式连接功能块指令。如果功能块指令在 EN 输入位置有使能位，且方框执行无错误，则 ENO 输出将使能位传输至下一个元素。如果方框执行过程中检测到错误，则在生成错误的方框位置终止使能位。

二、梯形图中的网络与指令

1. 网络

在梯形图中，程序被划分为称作网络（Network）的独立的段，一个网络中只能有一块独立电路。如果一个网络中有两块独立电路，在编译时将会显示"无效网络或网络太复杂无法编译"。

梯形图编辑器自动给出了网络的编号，例如网络 2。能流只能从左往右流动，网络中不能有断路、开路和反方向的能流。允许以网络为单位给梯形图程序加注释。

在有效的网络内，能流从左母线流出，通过指令程序，最后到达输出。为了能够正确连接，在梯形图编辑器中提供两种明确的使能位指示标志，通过这些指示标志可以直观显示网络中的使能位终端。

（1）开路使能位指示标志，如图 4-3 所示。该元素在线圈输出中显示，表示网络中存在开路状况。

（2）供选用使能位指示标志，如图 4-4 所示。这表示在该点可能有额外逻辑附加在网络上，但并非必须的要求，因为没有该额外逻辑网络也能成功编译。该指示器将在方框元素的 ENO 使能位输出位置显示，并作为所有空网络的起点。

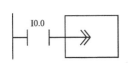

图 4-3 开路使能位指示标志

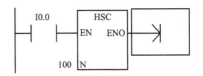

图 4-4 供选用使能位指示标志

2. 指令

必须有能流输入才能执行的功能块或线圈指令称为条件输入指令，它们不能直接连接到左侧母线上。如果需要无条件地执行这些指令，可以用接在左侧母线上的 SM0.0（该位始终为 1）的常开触点来驱动它们。如图 4-5 所示，线圈指令 Q0.0 通过与触点指令 SM0.0 串联，可以实现在 PLC "运行" 后，立即无条件地执行。

有的线圈或功能块的执行与能流无关，例如标号指令 LBL 和顺序控制指令 SCR 等，称为无条件输入指令，应将它们直接接在左侧母线上。

触点比较指令没有能流输入时，输出为 0，有能流输入时，输出与比较结果有关。

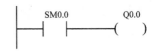

图 4-5 线圈指令的无条件运行

三、常用数据类型

S7-200 PLC 的数据类型可以是字符串、布尔型（0 或 1）、整型和实型（浮点数）等。

对于任何类型的数据都是以一定格式采用二进制的形式保存在存储器中的。一位二进制数称为 1 位（bit），包括 "0" 或 "1" 两种状态，表示处理数据的最小单位。可以用一位二进制数的两种不同取值（"0" 或 "1"）来表示开关量的两种不同状态。例如，继电器控制线路中触点的断开和接通，线圈的断电和通电等。对应于 PLC 中的编程元件，如果该位为 "1"，则表示梯形图中对应编程元件的线圈有能流流过，其常开触点接通，常闭触点断开。如果该位为 "0"，则表示梯形图中对应编程元件的线圈没有能流流过，其常开触点断开，常闭触点接通。

数据长度可为字节、字或双字。8 位二进制数组成 1 个字节（Byte），其中的第 0 位为最低位（LSB），第 7 位为最高位（MSB）。两个字节组成 1 个字（Word），两个字组成 1 个双字（Double Word）。一般用二进制补码形式表示有符号数，其最高位为符号位。最高位为 0 时表示正数，为 1 时表示负数，最大的 16 位正数为 16#7FFF，16# 表示十六进制数。数据的长度与取值范围如表 4-1 所示。

表 4-1 数据的长度与取值范围

数据的位数	无符号数		有符号整数	
	十进制	十六进制	十进制	十六进制
B（字节）：8 位值	0 ~ 255	0 ~ FF	-128 ~ 127	80 ~ 7F
W（字）：16 位值	0 ~ 65536	0 ~ FFFF	-32768 ~ 32767	8000 ~ 7FFF

数据的位数	无符号数		有符号整数	
	十进制	十六进制	十进制	十六进制
D（双字）：32 位值	0 ~ 4294967295	0 ~ FFFF FFFF	– 2147483648 ~ 2147483647	80000000 ~ 7FFFFFFF

四、寻址方式

1. 直接寻址

S7-200 PLC 的存储单元按字节进行编址，无论所寻址的是何种数据类型，通常应指出它所在存储区域内的字节地址。每个单元都有唯一的地址，这种直接指出元件名称的寻址方式称为直接寻址。

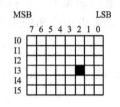

图 4 - 6　位数据的存放

1）位寻址方式

位存储单元的地址由字节地址和位地址组成，例如 I3.2，其中的区域标识符"I"表示输入（Input），字节地址为 3，位地址为 2，如图 4 - 6 所示。这种存取方式也称为"字节. 位"寻址方式。

可以进行位寻址方式的存储区有：输入继电器（I）、输出继电器（Q）、通用辅助继电器（M）、特殊继电器（SM）、局部变量存储器（L）、变量存储器（V）和顺序控制继电器（S）。

2）字节、字和双字的寻址方式

对字节、字和双字数据，直接寻址时需指明区域标识符、数据类型和存储区域内的首字节地址。例如，输入字节 IB3（B 是 Byte 的缩写）是由 I3.0 ~ I3.7 的 8 位二进制数据组成。相邻的两个字节组成一个字，VW100 表示由 VB100 和 VB101 组成的 1 个字，VW100 中的 V 为区域标识符，W 表示字（W 是 Word 的缩写），100 为起始字节的地址。VD100 表示由 VB100 ~ VB103 组成的双字，V 为区域标识符，D 表示存取双字（D 是 Double Word 的缩写），100 为起始字节的地址。同一地址进行字节、字和双字存取操作的比较如图 4 - 7 所示。

可以用这种方式进行寻址的存储区有：输入继电器（I）、输出继电器（Q）、通用辅助继电器（M）、特殊标志继电器（SM）、局部变量存储器（L）、变量存储器（V）、顺序控制继电器（S）、模拟量输入映像寄存器（AI）和模拟量输出映像寄存器（AQ）。

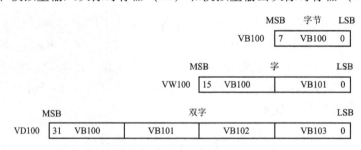

图 4 - 7　对同一地址进行字节、字和双字存取操作的比较

2. 间接寻址

间接寻址方式是指数据存放在存储器或寄存器中，在指令中只出现所需数据所在单元的内存地址的地址。存储单元地址的地址又称为地址指针。

可以进行间接寻址的存储区有：输入继电器（I）、输出继电器（Q）、通用辅助继电器（M）、变量存储器（V）、顺序控制继电器（S）、定时器（T）和计数器（C），其中T和C仅仅是对于当前值进行间接寻址，而对独立的位值和模拟量值不能进行间接寻址。

使用间接寻址对某个存储器单元读、写时，首先要建立地址指针，指针为双字长。可作为指针的存储区有变量存储器（V）、局部变量存储器（L）和累加器。必须用双字传送指令（MOVD），将存储器所要访问单元的地址装入用来作为指针的存储器单元或寄存器，装入的是地址而不是数据本身。

五、程序控制指令

1. 条件结束指令

条件结束指令 END 如图 4 - 8 所示，当条件 I0.0 常开触点接通时，条件结束指令被执行，立即终止主用户程序当前的扫描周期。条件结束指令可以在主程序内使用，但不能在子程序或中断程序内使用。

2. 停止指令

停止指令如图 4 - 9 所示，当条件 I0.0 的常开触点接通时，强制 PLC 从"运行"状态切换到"停止"状态。

图 4 - 8 条件结束指令 END   图 4 - 9 停止指令 STOP

3. 循环指令

在控制系统中经常遇到对某项任务需要重复执行若干次的情况，这时可使用循环指令。循环指令由循环开始指令 FOR 和循环结束指令 NEXT 组成。驱动 FOR 指令的逻辑条件满足时，反复执行 FOR 与 NEXT 之间的程序段。

循环开始指令 FOR 的功能是标记循环体的开始，在梯形图中是以功能框的形式编程，名称为 FOR，如图 4 - 10 所示，它有 3 个输入端，分别是 INDX（当前循环计数）、INIT（循环初值）、FINAL（循环终值），它们的数据类型均为整数。

循环结束指令 NEXT 的功能是标记循环体的结束，在梯形图中是以线圈的形式编程。

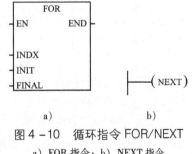

FOR 和 NEXT 必须成对使用，在 FOR 和 NEXT 之间构成循环体。当使能输入端 EN 有效时，执行循环体，INDX 从 1 开始计数。每执行 1 次循环，INDX 自动加 1，并且与终值相比较，如果 INDX 大于 FINAL，循环结束。

图 4 - 10 循环指令 FOR/NEXT
a) FOR 指令；b) NEXT 指令

4. 跳转与标号指令

跳转与标号指令如图 4 - 11 所示。操作数 N 为常数 0 ~ 255。

跳转与标号指令的应用如图 4 - 12 所示。当触发信号接通时，跳转指令 JMP 线圈有能流流过，跳转指令使程序流程跳转到与 JMP 指令编号相同的标号 LBL 处，顺序执行标号指令以下的程序，而跳转指令与标号指令之间的程序不执行。若触发信号断开时，跳转指令JMP 线圈没有能流流过，顺序执行跳转指令与标号指令之间的程序。

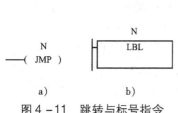

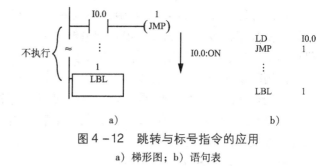

图 4 - 11　跳转与标号指令
a）跳转指令；b）标号指令

图 4 - 12　跳转与标号指令的应用
a）梯形图；b）语句表

跳转与标号指令可以在主程序、子程序或者中断程序中使用，但跳转指令和与之对应的标号指令必须位于同一段程序块中，并且不能从主程序跳到子程序或中断程序中，同样也不能从子程序或中断程序中跳出。另外，可以在 SCR 程序段中使用跳转指令，但相应的标号指令也必须在同一个 SCR 段中。

编号相同的两个或多个 JMP 指令可以用在同一程序里。但在同一程序中，不可以使用相同编号的两个或多个 LBL 指令。

5. 子程序指令

S7-200 PLC 的控制程序由主程序、子程序和中断程序组成。STEP 7-Micro/WIN V4.0 SP4 在程序编辑器窗口里为每个 POU（程序组织单元）提供一个独立的页。主程序总是第 1 页，后面是子程序和中断程序。

各个程序在编辑器窗口里被分开，编译时，在程序结束的地方会自动加入无条件结束指令 END、MEND、RET 或 RETI。如果在程序里加了这些指令，编译时反而会出错。

1）子程序的作用

子程序常用于需要多次反复执行相同任务的地方，只需要写一遍子程序，别的程序在需要子程序的时候调用它，而无须重写该程序。子程序的调用是有条件的，未调用它时不会执行子程序的指令，因此使用子程序可以减少扫描时间。

使用子程序可以将程序分成容易管理的小块，使程序结构简单清晰，易于查错和维护。如果程序中只引用参数和局部变量，可以将子程序移植到其他项目。为了移植子程序，应避免使用全局符号和变量，如 I、Q、M、SM、AI、AQ、V、T、C、S、AC 等存储器中的绝对地址。

在程序中使用子程序，必须执行下列三项任务：

（1）建立子程序；

（2）在子程序局部变量表中定义参数（如果有）；

（3）从适当的 POU（从主程序或另一个子程序）调用子程序。

当子程序被调用时，整个逻辑堆栈被保存，堆栈顶端被设为 1，所有其他堆栈位置被设为 0，控制被传送至调用子程序。当该子程序完成时，堆栈恢复为在调用点时保留的数值，控制返回调用例行程序。

2）子程序的创建

可采用下列一种方法建立子程序：

（1）从"编辑"菜单，选择"插入（Insert）"→"子程序（Subroutine）"；

（2）从"指令树"中右击"程序块"图标，并从弹出菜单选择"插入（Insert）"→

"子程序（Subroutine）"；

（3）右击"程序编辑器"窗口并从弹出菜单选择"插入（Insert）"→"子程序（Subroutine）"；

（4）程序编辑器从先前的 POU 显示更改为新子程序。程序编辑器底部会出现一个新标记，代表新子程序。

3）子程序的调用

可以在主程序、另一子程序或中断程序中调用子程序，但是不能在子程序中调用自己。调用子程序时将执行子程序的全部指令，直至子程序结束，然后返回调用程序中子程序调用指令的下一条指令之处。

创建子程序后，STEP 7-Micro/WIN V4.0 SP4 在指令树最下面的"子程序"图标下自动生成刚创建的子程序的图标。对于梯形图程序，在子程序局部变量表中为该子程序定义参数后，将生成客户化调用指令块。指令块中自动包含了子程序的输入参数和输出参数。

梯形图程序中插入子程序调用指令时，首先打开程序编辑器视窗中需要调用子程序的POU，找到需要调用子程序的地方。在指令树的最下面单击左键打开子程序文件夹，将需要调用的子程序图标从指令树拖到程序编辑器中；或将光标置于程序编辑器视窗中，然后双击指令树中的调用指令。

应为子程序调用指令的各参数指定有效的操作数，有效操作数为存储器地址、常量、全局符号和调用指令所在的 POU 中局部变量（不是被调用子程序中的局部变量）。

如果在使用子程序调用指令后修改子程序中的局部变量表，调用指令将变为无效。此时，必须删除无效调用，并用能反映正确参数的新的调用指令代替。

4）调用带参数的子程序

调用带参数的子程序时需要设置调用的参数，参数在子程序的局部变量表中定义，最多可传递 16 个参数。

在子程序中可以使用参数 IN、IN_OUT 和 OUT。

IN（输入）是传入子程序的输入参数。如果参数是直接寻址（如 VB10），指定地址的值被传入子程序。如果参数是间接寻址（如 *AC1），指针指定地址的值被传入子程序。如果参数是常数（如 DW#12345）或地址（如 &VB100），它们的值被传入子程序，"#"为常数描述符。

OUT（输出）是子程序的执行结果，它被返回给调用它的 POU。常数和地址（如 &VB100）不能作输出量。

IN_OUT（输入/输出）将参数的初始值传给子程序，子程序的执行结果返回给同一地址。常数和地址不能作输入/输出参数。

TEMP 是局部存储变量，不能用来传递参数，它们只能在子程序中使用。

子程序传递的参数放在子程序的局部变量表中，局部变量表最左边的一列是每个被传递的参数的局部存储器地址。调用子程序，输入参数被复制到子程序的局部存储器，子程序执行完后，从局部存储器区复制输出参数到指定的输出参数地址。数据单元的大小和类型用参数的代码表示。在子程序中局部参数存储器的参数值分配如下：

（1）按子程序指令的调用顺序，给参数值分配局部存储器，起始地址是 L0。

（2）1~8 个连续的位参数分配一个字节，字节中的位地址为 Lx.0 ~ Lx.7。

（3）字节、字和双字值在局部存储器中按字节顺序分配，如 LBx，LWx 或 LDx。

在带参数调用子程序指令中，参数必须按一定的顺序排列，输入参数在最前面，其次是输入/输出参数，最后是输出参数。

如果用语句表编程，子程序调用指令的格式为：

CALL 子程序号，参数 1，参数 2，……，参数 n

$n = 0 \sim 16$。

子程序调用和返回如图 4 - 13 所示。

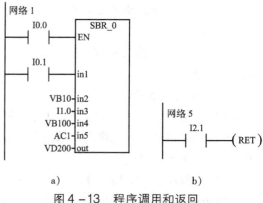

图 4 - 13　程序调用和返回

a）子程序调用；b）子程序返回

5. 子程序的嵌套调用

程序中最多可创建 64 个子程序。子程序可以嵌套调用（在子程序中调用别的子程序），最大嵌套深度为 8。

6. 子程序的有条件返回

在子程序中，用触点电路控制 RET（从子程序有条件返回）指令，触点电路接通时条件满足，子程序被终止。编程软件自动地为主程序和子程序添加无条件返回指令。

1.4　项目操作内容与步骤

项目任务：四路抢答器控制系统

四路抢答器控制系统的控制要求参见情景导入。

1. 控制要求分析

1）四路抢答功能的实现

根据控制要求，所谓的四路抢答功能是指当抢答开始后，如果某一选手率先触动抢答器，则判定为抢答有效，而其他选手在其后触动抢答器，则被判定无效。在本项目中，可以利用互锁电路的功能来实现，如图 4 - 14 所示。

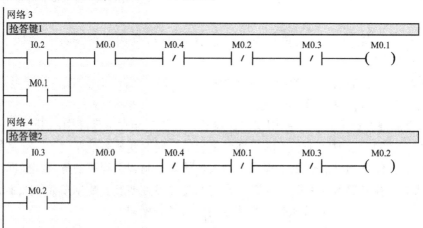

图 4 - 14　抢答键 1 和抢答键 2 的程序

2) 主控人员复位功能的实现

当主控人员按下复位按钮后,系统又继续允许各队人员开始抢答,直至又有一队抢先按下各自的抢答按键。对于这一要求,可以利用置位/复位指令来编写,如图4-15所示。

3) 指示灯及数码显示的实现

指示灯与数码显示情况如表4-2所示。

表4-2 四路抢答器指示灯及数码显示情况

抢答键有效	指示灯动作	数码显示位动作
1	L1	A
2	L2	B
3	L3	A、B
4	L4	C

由于存在输出线圈重复现象,故不能直接输出。在本项目中,可以使用跳转/标号指令进行程序编写,如图4-16所示。当不执行 M0.1 指令时,由于 M0.1 的常闭触点接通,执行跳转/标号指令,指示灯与数码显示不被执行。当执行 M0.1 指令时,不执行跳转/标号指令,指示灯及数码显示动作。

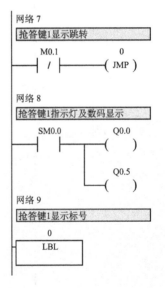

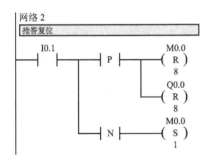

图4-15 主控人员复位

图4-16 抢答键1动作的指示灯及数码显示

2. I/O 端口分配功能表

根据控制要求,列出 I/O 端口分配功能表,如表4-3所示。

表4-3 I/O 端口分配功能表

输入			输出		
PLC 地址 (PLC 端子)	电气符号 (面板端子)	功能说明	PLC 地址 (PLC 端子)	电气符号 (面板端子)	功能说明
I0.0	SD	启动	Q0.0	1	1 队抢答显示

输入			输出		
PLC 地址 （PLC 端子）	电气符号 （面板端子）	功能说明	PLC 地址 （PLC 端子）	电气符号 （面板端子）	功能说明
I0.1	SR	复位	Q0.1	2	2 队抢答显示
I0.2	S1	1 队抢答	Q0.2	3	3 队抢答显示
I0.3	S2	2 队抢答	Q0.3	4	4 队抢答显示
I0.4	S3	3 队抢答	Q0.4	A	数码控制端子 A
I0.5	S4	4 队抢答	Q0.5	B	数码控制端子 B
			Q0.6	C	数码控制端子 C
			Q0.7	D	数码控制端子 D

3. 控制接线图

根据任务分析，按照图 4-17 所示进行 PLC 硬件接线。

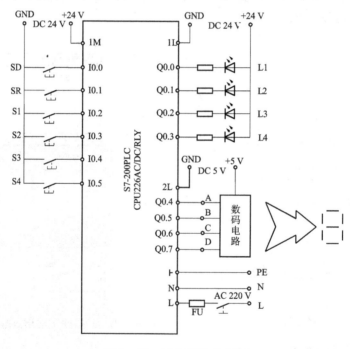

图 4-17 PLC 硬件接线图

4. 程序设计

根据控制要求，设计程序如图 4-18 所示。

5. 安装配线

首先按照图 4-17 进行配线，安装方法及要求与接触器—继电器电路相同。

网络 1　　网络标题

抢答开始

```
   I0.0          M0.0
───┤├──────────( S )
                 1
```

网络 2

抢答复位

```
   I0.1                M0.0
───┤├──────┤ P ├──────( R )
    │                   8
    │                 Q0.0
    │              ──( R )
    │                   8
    │                 M0.0
    └───────┤ N ├──────( S )
```

网络 3

抢答键1

```
   I0.2    M0.0    M0.4    M0.2    M0.3    M0.1
───┤├──┬──┤├────┤/├────┤/├────┤/├────( )
   M0.1 │
───┤├──┘
```

网络 4

抢答键2

```
   I0.3    M0.0    M0.4    M0.1    M0.3    M0.2
───┤├──┬──┤├────┤/├────┤/├────┤/├────( )
   M0.2 │
───┤├──┘
```

网络 5

抢答键3

```
   I0.4    M0.0    M0.4    M0.2    M0.1    M0.3
───┤├──┬──┤├────┤/├────┤/├────┤/├────( )
   M0.3 │
───┤├──┘
```

网络 6

抢答键4

```
   I0.5    M0.0    M0.1    M0.2    M0.3    M0.4
───┤├──┬──┤├────┤/├────┤/├────┤/├────( )
   M0.4 │
───┤├──┘
```

网络 7

抢答键1显示跳转

```
   M0.1           0
───┤├──────────( JMP )
```

网络 8

抢答键1指示灯及数码显示

```
   SM0.0         Q0.0
───┤├──────────( )
                Q0.5
              ──( )
```

图 4 - 18　四路抢答器控制系统的 PLC 程序（一）

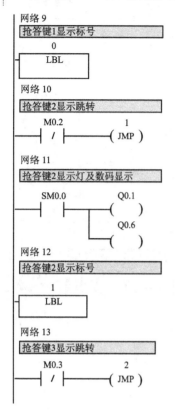

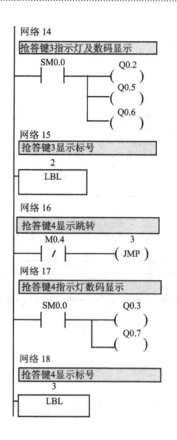

图4-18　四路抢答器控制系统的PLC程序（二）

6.运行调试

（1）连接好PLC输入/输出接线，启动STEP 7-Micro/WIN V4.0 SP4编程软件。

（2）打开符号表编辑器，根据表4-3要求，将相应的符号与地址分别录入符号表的符号栏和地址栏。例如，符号栏写"启动"，相应的地址栏则写"I0.0"。

（3）打开梯形图编辑器，录入程序并下载到PLC中，使PLC进入运行状态。

（4）使PLC进入梯形图监控状态。

① 不做任何操作，观察I0.0、Q0.0～Q0.7的状态；

② 点动"开始"开关，允许1～4队抢答。分别点动S1～S4按钮，模拟四个队进行抢答，观察并记录系统响应情况。

③ 尝试编译新的控制程序，实现不同于示例程序的控制效果。

（5）操作过程中同时观察输入/输出状态指示灯的亮、灭情况。

7.评分标准

本项任务的评分标准见附录表1。

1.5　项目小结

本项目通过对四路抢答器控制系统的程序设计，讲解了指令的规约和程序控制指令。在编写程序时，应注意功能指令的格式、数据类型及合理的应用。

1.6 思考与练习

1. 填空题

（1）在梯形图中，用方框表示功能指令，在 SIMATIC 指令系统中将这些方框称为_____。

（2）在梯形图中，程序被划分称为_____的独立段。在 SIMATIC 符号表或 IEC 的全局变量表中定义的变量位_____。

（3）一个项目中最多可以创建_____个子程序。

（4）子程序可以嵌套调用，最大嵌套深度为_____。

（5）首先打开程序编辑器视窗中需要调用_____的 POU，找到需要调用子程序的地方。

（6）带参数调用子程序指令中，参数必须按一定的顺序排列，_____参数在最前面，其次是_____参数，最后是_____。

2. 判断题

（1）停止指令 RUN 使 PLC 从运行（STOP）模式进入停止（RUN）模式，立即终止程序的执行。（　　）

（2）在控制系统中经常遇到需要重复执行若干次同样的任务的情况，这时可以使用循环指令。（　　）

（3）S7-200 检测到致命错误时，SF/DIAG（故障/诊断）LED 发出红光。（　　）

（4）对于主程序与中断程序，局部变量表显示一组已被预先定义为 TEMP 临时变量的行。（　　）

（5）在子程序中用触点电路控制 CRET 指令，触点电路接通时条件满足，主程序被终止。（　　）

3. 选择题

（1）在控制系统中经常遇到需要重复执行若干次同样的任务的情况，这时可以使用（　　）指令。

A. 重复　　　　　　　　　B. 复位　　　　　　　　　C. 循环

（2）JMP 指令中的操作数 n 为（　　）。

A. 0～255　　　　　　　　B. 0～287　　　　　　　　C. −288～0

（3）局部变量作为参数向（　　）传递时，在该子程序的局部变量表中指定的数据类型必须与 POU 中类型匹配。

A. 主程序　　　　　　　　B. 浅顶　　　　　　　　　C. 子程序

4. 设计题

两台电动机以 3 s 为间隔顺序启动，停止时要以 2 s 为间隔逆序停止。要求用到跳转指令。

项目2 天塔之光控制

情境导入

每当夜幕降临，在城市中的高塔，例如电视塔便会发出绚丽多彩的灯光。从专业角度上看，这些灯光其实就是对一些射灯的控制，以天塔之光（如图4-19所示）为例，其控制要求如下：

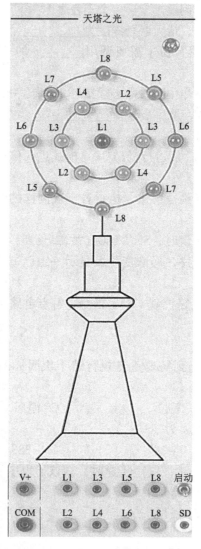

图4-19 天塔之光控制系统示意图

（1）闭合"启动"开关，指示灯以2秒钟为时间间隔，按以下规律循环显示：L1→L2→L3→L4→L5→L6→L7→L8→L1、L2→L2、L3→L3、L4→L4、L5→L5、L6→L6、L7→L7、L8→L1、L8→L1→L2、L3、L4→L5、L6、L7、L8→L1→L2、L3、L4→L5、L6、L7、L8→L1→L2、L3、L4→L5、L6、L7、L8→L1。

（2）关闭"启动"开关，天塔之光控制系统停止运行。

2.1　教学目标

知识目标

（1）掌握 S7-200 的数据传送指令应用；

（2）掌握 S7-200 的移位及循环指令应用。

能力目标

（1）能够正确选用数据传送及移位指令编写控制程序；

（2）会灵活运用数据传送及移位指令。

2.2　项目任务

项目任务：天塔之光控制系统

2.3　相关知识点

一、传送类指令

传送类指令用于在各个编程元件之间进行数据传送，可以在不改变原值的情况下，将 IN 中的数值传送到 OUT 中。

根据每次传送数据的数量，可分为单一地址传送指令和块传送指令。

1. 单一地址的传送指令 MOVB、MOVW、MOVD、MOVR

单一地址传送指令每次传递 1 个数据，传送数据的类型分为字节传送、字传送、双字传送和实数传送。表 4 - 4 列出了单一地址传送指令的格式及说明。影响允许输出 ENO 正常工作的出错条件：SM4.3（运行时间），0006（间接寻址）。IN 和 OUT 的寻址范围如表 4 - 5 所示。

表 4 - 4　单一地址传送指令的格式及说明

指令名称	梯 形 图	语 句 表	指令功能
字节传送指令	MOV_B EN　ENO IN　OUT	MOVB IN，OUT	以功能块的形式编程，当使能位输入端 EN 有能流流过时，将 1 个无符号的单字节数据（8 bit）IN 传送到 OUT 中
字传送指令	MOV_W EN　ENO IN　OUT	MOVW IN，OUT	以功能块的形式编程，当使能位输入端 EN 有能流流过时，将 1 个无符号的单字数据（16 bit）IN 传送到 OUT 中
双字节送指令	MOV_DW EN　ENO IN　OUT	MOVD IN，OUT	以功能块的形式编程，当使能位输入端 EN 有能流流过时，将 1 个有符号的双字数据（32 bit）IN 传送到 OUT 中
实数传送指令	MOV_R EN　ENO IN　OUT	MOVR IN，OUT	以功能块的形式编程，当使能位输入端 EN 有能流流过时，将 1 个有符号的实数数据（32 bit）IN 传送到 OUT 中

表4-5　单一地址传送指令的寻址

传送指令	输入/输出	操作数	数据类型
MOVB	IN	VB, IB, QB, MB, SB, SMB, LB, AC, 常数, *VD, *LD, *AC	字节
	OUT	VB, IB, QB, MB, SB, SMB, LB, AC, *VD, *LD, *AC	字节
MOVW	IN	VW, IW, QW, MW, SW, SMW, LW, T, C, AIW, 常数, AC, *VD, *AC, *LD	字、整数
	OUT	VW, T, C, IW, QW, SW, MW, SMW, LW, AC, AQW, *VD, *AC, *LD	字、整数
MOVD	IN	VD, ID, QD, MD, SD, SMD, LD, HC, &VB, &IB, &QB, &MB, &SB, &T, &C, &SMB, &AIW, &AQW AC, 常数, *VD, *LD, *AC	双字、双整数
	OUT	VD, ID, QD, MD, SD, SMD, LD, AC, *VD, *LD, *AC	双字、双整数
MOVR	IN	VD, ID, QD, MD, SD, SMD, LD, AC, 常数, *VD, *LD, *AC	实数
	OUT	VD, ID, QD, MD, SD, SMD, LD, AC, *VD, *LD, *AC	实数

其中字传送指令的应用如图4-20所示，当常开触点 I0.0 接通时，有能流流入 MOVW 指令的使能位输入端 EN，将数值 16#E071 不经过任何改变传送到 QW0 中。

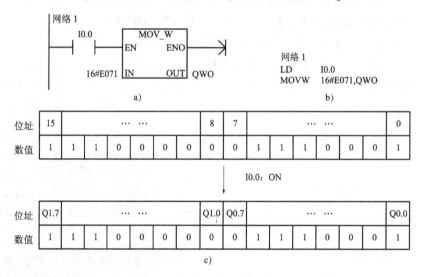

图4-20　字传送指令的应用
a) 梯形图；b) 语句表；c) 指令功能图

2. 块传送指令 BMB、BMW、BMD

块传送指令用来进行 1 次传送多个数据，将最多可达 255 个的数据组成 1 个数据块，数据块的类型可以是字节块、字块和双字块。表4-6列出了块传送类指令的格式及说明。影响允许输出 ENO 正常工作的出错条件是：SM4.3（运行时间），0006（间接寻址），0091（操作数超界）。块传送指令的 IN、N、OUT 的寻址范围如表4-7所示。

表4-6 块传送指令的格式及说明

指令名称	梯形图	语句表	指令功能
字节块传送指令	BLKMOV_R EN ENO IN OUT N	BMB IN, OUT, N	以功能块的形式编程,当使能位输入端EN有能流流过时,将以输入字节IN为首地址的连续的N个字节数据传送到以输出字节OUT为首地址的连续的N个字节中
字块传送指令	BLKMOV_W EN ENO IN OUT N	BMW IN, OUT, N	以功能块的形式编程,当使能位输入端EN有能流流过时,将以输入字IN为首地址的连续的N个字数据传送到以输出字OUT为首地址的连续的N个字中
双字块传送指令	BLKMOV_D EN ENO IN OUT N	BMD IN, OUT, N	以功能块的形式编程,当使能位输入端EN有能流流过时,将以输入双字IN为首地址的连续的N个双字数据传送到以输出双字OUT为首地址的连续的N个双字中
交换字节指令	SWAP EN ENO IN	SWAP IN	交换字(IN)的最高位字节和最低位字节

表4-7 块传送指令的寻址

传送指令	输入/输出	操作数	数据类型
BMB	IN	B, IB, QB, MB, SB, SMB, LB, *VD, *AC, *LD	字节
	OUT	B, IB, QB, MB, SB, SMB, LB, *VD, *AC, *LD	字节
	N	VB, IB, QB, MB, SB, SMB, LB, AC, 常数, *VD, *LD, *AC	字节
BMW	IN	VW, IW, QW, MW, SW, SMW, LW, T, C, AIW, *VD, *LD, *AC	字
	OUT	VW, IW, QW, MW, SW, SMW, LW, T, C, AQW, *VD, *LD, *AC	字
	N	VB, IB, QB, MB, SB, SMB, LB, AC, 常数, *VD, *LD, *AC	字节
BMD	IN	VD, ID, QD, MD, SD, SMD, LD, *VD, *AC, *LD	双字
	OUT	VD, ID, QD, MD, SD, SMD, LD, *VD, *AC, *LD	双字
	N	VB, IB, QB, MB, SB, SMB, LB, AC, 常数, *VD, *LD, *AC	字节
SWAP	IN	VW, IW, QW, MW, SW, SMW, T, C, LW, AC, *VD, *AC, *LD	字

二、移位指令

移位指令在PLC控制中是比较常用的,根据移位的数据长度可分为字节型移位、字型移位和双字型移位;根据移位的方向可分为:左移和右移。指令有右移位指令、左移位指令。移位指令的格式及说明如表4-8所示。

表4-8　移位指令的格式及说明

指令名称	梯形图	语句表	指令功能
字节左移位指令	SHL_B EN　ENO IN　OUT N	SLB OUT, N	以功能块的形式编程，当使能位输入端 EN 有能流流过时，将输入的字节型数据 IN 左移 N（N≤8）位后，传送到以输出字节 OUT 中
字左移位指令	SHL_W EN　ENO IN　OUT N	SLW OUT, N	以功能块的形式编程，当使能位输入端 EN 有能流流过时，将输入的字型数据 IN 左移 N（N≤16）位后，传送到以输字节 OUT 中
双字左移位指令	SHL_DW EN　ENO IN　OUT N	SLD OUT, N	以功能块的形式编程，当使能位输入端 EN 有能流流过时，将输入的双字节型数据 IN 左移 N（N≤32）位后，传送到以输出双字 OUT 中
字节右移位指令	SHR_B EN　ENO IN　OUT N	SRB OUT, N	以功能块的形式编程，当使能位输入端 EN 有能流流过时，将输入的字节型数据 IN 右移 N（N≤8）位后，传送到以输出字节 OUT 中
字右移位指令	SHR_W EN　ENO IN　OUT N	SRW OUT, N	以功能块的形式编程，当使能位输入端 EN 有能流流过时，将输入的字型数据 IN 右移 N（N≤16）位后，传送到以输字节 OUT 中
双字右移位指令	SHR_DW EN　ENO IN　OUT N	SRD OUT, N	以功能块的形式编程，当使能位输入端 EN 有能流流过时，将输入的双字节型数据 IN 右移 N（N≤32）位后，传送到以输出双字 OUT 中

左移和右移指令的特点如下：

（1）被移位的数据是无符号的。

（2）在移位时，存放被移位数据的编程元件的移出端与特殊继电器 SM1.1 连接，移出位进入 SM1.1（溢出），另一端自动补 0。

（3）移位次数 N 与移位数据的长度有关，如 N 小于实际的数据长度，则执行 N 次移位，如 N 大于数据长度，则执行移位的次数等于实际数据长度的位数。

（4）移位次数 N 为字节型数据。

（5）移位操作的结果为 0，则零标志位（SM1.0）被置为 1。

影响允许输出 ENO 正常工作的出错条件：SM4.3（运行时间），0006（间接寻址）。

移位指令的应用如图 4-21 所示，当 I0.0 的常开触点接通时，有能流流入使能位输入端 EN，执行左移 SLB 指令。若执行前 VB0 中的数据为 01110001，执行时 VB0 中的数据左移三位，执行后 VB0 中的数据为 10001000。零标志位 SM1.0 = 0，溢出标志位 SM1.1 = 1。

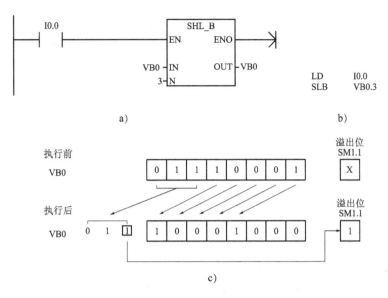

图4-21　移位指令的应用

a）梯形图；b）语句表；c）左移指令功能图

三、循环移位指令

循环移位指令包括循环右移位（ROR）和循环左移位（ROL）指令，其格式及说明如表4-9所示。循环移位指令将输入值IN中的各位数值向右或向左循环移动N位后，将结果送给输出OUT中。循环移位是环形的，即被移出来的位将返回到另一端空出来的位置。

表4-9　循环位移指令的格式及说明

指令名称	梯形图	语句表	指令功能
字节循环左移位指令	ROL_B EN　ENO IN　OUT N	RLB OUT, N	以功能块的形式编程，当使能位输入端EN有能流流过时，将输入的字节型数据IN循环左移N位后，传送到输出字节OUT中
字循环左移位指令	ROL_W EN　ENO IN　OUT N	RLW OUT, N	以功能块的形式编程，当使能位输入端EN有能流流过时，将输入的字型数据IN循环左移N位后，传送到输字节OUT中
双字循环左移位指令	ROL_DW EN　ENO IN　OUT N	RLD OUT, N	以功能块的形式编程，当使能位输入端EN有能流流过时，将输入的双字节型数据IN循环左移N位后，传送到输出双字OUT中
字节循环右移位指令	ROR_B EN　ENO IN　OUT N	RRB OUT, N	以功能块的形式编程，当使能位输入端EN有能流流过时，将输入的字节型数据IN循环右移N位后，传送到输出字节OUT中

续表

指令名称	梯形图	语句表	指令功能
字循环右移位指令	ROR_W EN ENO IN OUT N	RRW OUT, N	以功能块的形式编程，当使能位输入端EN有能流流过时，将输入的字型数据IN循环右移N位后，传送到输字节OUT中
双字循环右移位指令	ROR_DW EN ENO IN OUT N	RRD OUT, N	以功能块的形式编程，当使能位输入端EN有能流流过时，将输入的双字节型数据IN循环右移N位后，传送到输出双字OUT中

循环移位的特点如下：

（1）被移位的数据是无符号的。

（2）在移位时，存放被移位数据的编程元件的移出端既与另一端连接，又与特殊继电器SM1.1连接，移出位在被移到另一端的同时，也进入SM1.1（溢出）。

（3）移位次数N与移位数据的长度有关，如N小于实际的数据长度，则执行N次移位，如果移动的位数N大于或者等于最大允许值（对于字节操作为8位，对于字操作为16位，对于双字操作为32位），执行循环移位之前先对N进行取模操作（例如对于字移位，将N除以16后取余数），从而得到一个有效的移位位数。移位位数的取模操作结果，对于字节操作是0～7，对于字操作是0～15，对于双字操作是0～31。如果取模操作结果为0，不进行循环移位操作。

（4）移位次数N为字节型数据。

（5）如果执行循环移位操作，移出的最后1位的数值存放在溢出位SM1.1。

（6）如果实际移位次数为0，零标志为SM1.0被置1。

（7）字节操作是无符号的，如果对有符号的字或双字操作，符号位也一起移动。

移位指令的应用如图4-22所示，当I0.0的常开触点接通时，有能流流入使能位输入端

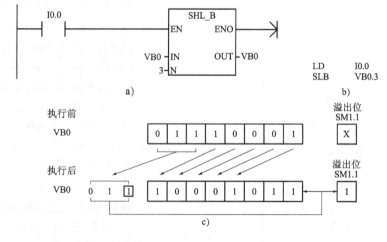

图4-22 循环移位指令的应用

a）梯形图；b）语句表；c）左移指令功能图

EN，执行循环左移 RLB 指令。若执行前 VB0 中的数据为 01110001，执行时 VB0 中的数据左移三位，执行后 VB0 中的数据为 10001011。零标志位 SM1. 0 = 0，溢出标志位 SM1. 1 = 1。

四、移位寄存器指令 SHRB

移位寄存器指令 SHRB 如图 4 - 23 所示，它有 3 个数据输入端：DATA 为移位寄存器的数据输入端，S_BIT 为组成移位寄存器的最低位，N 为移位寄存器的长度。

图 4 - 23　移位寄存器指令 SHRB

移位寄存器的特点如下：

（1）移位寄存器的数据类型有字节型、字型、双字型之分，移位寄存器的长度（N≤64）由程序指定。

（2）移位寄存器的组成：

① 最低位为：S_BIT。

② 最高位的计算方法为：

$$MSB = \frac{|N| - 1 + (S\_BIT 的位号)}{8}$$

③ 最高位的字节号：MSB 的商（不包括余数）+ S_BIT 的字节号。

④ 最高位的位号：MSB 的余数。

例如：S_BIT = V21.2，N = 14，则 MSB =（14 - 1 + 2）/8 = 15/8 = 1 余 7

则：最高位的字节号：21 + 1 = 22；最高位的位号 7；最高位为 V22.7。移位寄存器的组成：V21.2 ~ V21.7，V22.0 ~ V22.7，共 14 位。

（3）N > 0 时，为正向移位，即从最低位向最高位移位。

（4）N < 0 时，为反向移位，即从最高位向最低位移位。

（5）移位寄存器指令的功能是：当使能位输入端 EN 有能流流入时，如果 N > 0，则在每个 EN 的前沿，将数据输入 DATA 的状态移入移位寄存器的最低位 S_BIT；如果 N < 0，则在每个 EN 的前沿，将数据输入 DATA 的状态移入移位寄存器的最高位，移位寄存器的其他位按照 N 指定的方向（正向或反向），依次串行移位。

（6）移位寄存器的移出端与 SM1. 1（溢出）连接。

移位寄存器指令影响的特殊继电器：SM1. 0（零），当移位操作结果为 0 时，SM1. 0 自动置位；SM1. 1（溢出）的状态由每次移出位的状态决定。

影响允许输出 ENO 正常工作的出错条件为：SM4. 3（运行时间），0006（间接寻址），0091（操作数超界），0092（计数区错误）。

移位寄存器指令的应用如图 4 - 24 所示。从图 4 - 24 中可知，S_BIT = V10.0，N = 4 > 0，最高位为 V10.3。当按下 I0.0 时，I1.0 的状态将从 V10.0 开始移入移位寄存器中，在这里假设移位之前 V10.0 已处于 ON 状态，当第二次按下 I0.0 时，V10.0 的状态已移到 V10.2，使 V10.2 变为 ON 状态，从而使 Q0.0 也变为 ON 状态。

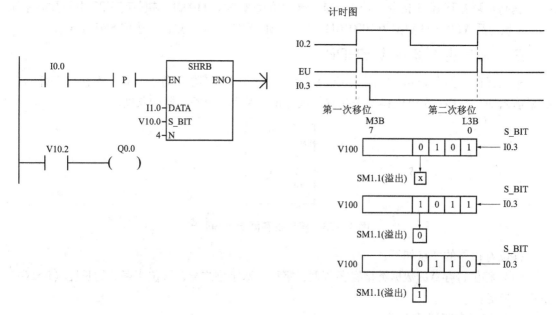

图4-24　移位寄存器指令的应用

2.4　项目操作内容与步骤

项目任务：天塔之光控制系统

天塔之光控制系统的控制要求参见情景导入。

1. 控制要求分析

（1）系统工作流程图，如图4-25所示。

（2）流水型控制。

根据控制要求，天塔之光输出情况如表4-10所示，L1～L8每隔2 s，依次动作。用字节左移指令编写程序如图4-26所示。

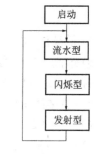

图4-25　工作流程图

表4-10　天塔之光流水型输出真值表

时间段	输出动作							
	L8	L7	L6	L5	L4	L3	L2	L1
0～2 s	0	0	0	0	0	0	0	1
2～4 s	0	0	0	0	0	0	1	0
4～6 s	0	0	0	0	0	1	0	0
6～8 s	0	0	0	0	1	0	0	0
8～10 s	0	0	0	1	0	0	0	0
10～12 s	0	0	1	0	0	0	0	0
12～14 s	0	1	0	0	0	0	0	0
14～16 s	1	0	0	0	0	0	0	0

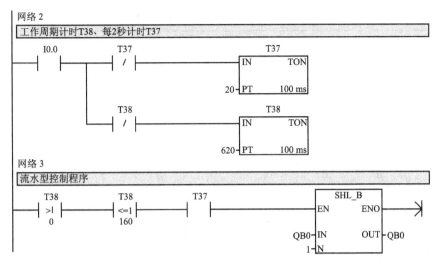

图 4 - 26　流水型控制程序

（3）闪烁型控制程序。

根据控制要求，天塔之光输出情况如表 4 - 11 所示，L1 ~ L8 每隔 2 s 按要求动作。用字节左移指令编写程序如图 4 - 27 所示。

表 4 - 11　天塔之光闪烁型输出真值表

时间段	输出动作							
	L8	L7	L6	L5	L4	L3	L2	L1
16 ~ 18 s	0	0	0	0	0	0	1	1
18 ~ 20 s	0	0	0	0	0	1	1	0
20 ~ 22 s	0	0	0	0	1	1	0	0
22 ~ 24 s	0	0	0	1	1	0	0	0
24 ~ 26 s	0	0	1	1	0	0	0	0
26 ~ 28 s	0	1	1	0	0	0	0	0
28 ~ 30 s	1	1	0	0	0	0	0	0
30 ~ 32 s	1	0	0	0	0	0	0	1

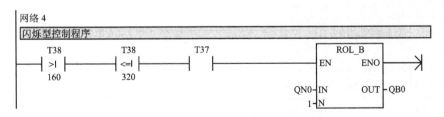

图 4 - 27　闪烁型控制程序

（4）发射型控制程序。

根据控制要求，天塔之光输出情况如表 4 - 12 所示，L1 ~ L8 每隔 2 s 按要求动作。用字节左移指令编写程序如图 4 - 28 所示。

表4-12　天塔之光发射型输出真值表

时间段	输出动作							
	L8	L7	L6	L5	L4	L3	L2	L1
32~34 s	0	0	0	0	0	0	0	1
34~36 s	0	0	0	0	1	1	1	0
36~38 s	1	1	1	1	0	0	0	0
38~40 s	0	0	0	0	0	0	0	1
40~42 s	0	0	0	0	1	1	1	0
42~44 s	1	1	1	1	0	0	0	0
44~46 s	0	0	0	0	0	0	0	1
46~48 s	0	0	0	0	1	1	1	0
48~50 s	1	1	1	1	0	0	0	0

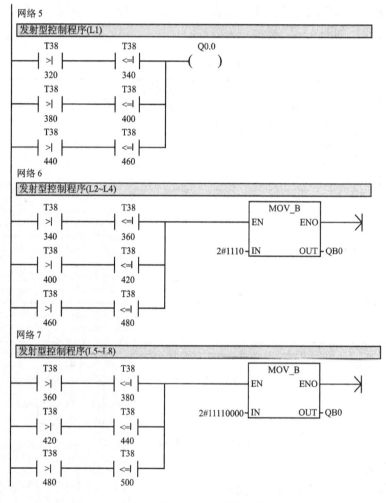

图4-28　发射型控制程序

2. I/O 端口分配功能表

根据控制要求，列出 I/O 端口分配功能表，如表 4 – 13 所示。

表 4 –13　I/O 端口分配功能表

序号	PLC 地址（PLC 端子）	电气符号（面板端子）	功能说明
输入	I0.0	SD	启动
输出	Q0.0	L1	L1 灯亮
	Q0.1	L2	L2 灯亮
	Q0.2	L3	L3 灯亮
	Q0.3	L4	L4 灯亮
	Q0.4	L5	L5 灯亮
	Q0.5	L6	L6 灯亮
	Q0.6	L7	L7 灯亮
	Q0.7	L8	L8 灯亮

3. 控制接线图

根据任务分析，按照图 4 – 29 所示进行 PLC 硬件接线。

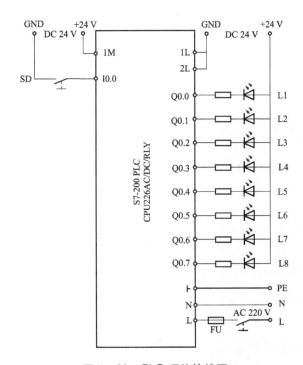

图 4 –29　PLC 硬件接线图

4. 程序设计

根据控制要求，设计程序如图 4 – 30 所示。

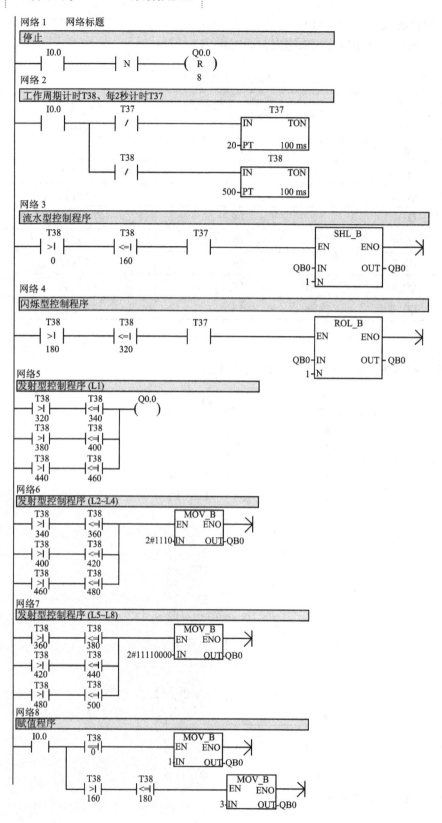

网络1　网络标题

停止

| I0.0 | N | Q0.0
(R)
8 |

网络2

工作周期计时T38、每2秒计时T37

I0.0 ── T37 /
- IN TON T37
- 20─PT 100 ms

T38 /
- IN TON T38
- 500─PT 100 ms

网络3

流水型控制程序

T38 >| 0 ── T38 <=| 160 ── T37
- SHL_B
- EN ENO
- QB0─IN OUT─QB0
- 1─N

网络4

闪烁型控制程序

T38 >| 180 ── T38 <=| 320 ── T37
- ROL_B
- EN ENO
- QB0─IN OUT─QB0
- 1─N

网络5

发射型控制程序 (L1)

T38 >| 320 ── T38 <=| 340 ── (Q0.0)
T38 >| 380 ── T38 <=| 400
T38 >| 440 ── T38 <=| 460

网络6

发射型控制程序 (L2~L4)

T38 >| 340 ── T38 <=| 360
T38 >| 400 ── T38 <=| 420
T38 >| 460 ── T38 <=| 480
- MOV_B
- EN ENO
- 2#1110─IN OUT─QB0

网络7

发射型控制程序 (L5~L8)

T38 >| 360 ── T38 <=| 380
T38 >| 420 ── T38 <=| 440
T38 >| 480 ── T38 <=| 500
- MOV_B
- EN ENO
- 2#11110000─IN OUT─QB0

网络8

赋值程序

I0.0 ── T38 =| 0
- MOV_B
- EN ENO
- 1─IN OUT─QB0

T38 >| 160 ── T38 <=| 180
- MOV_B
- EN ENO
- 3─IN OUT─QB0

图4-30　天塔之光控制系统的 PLC 程序

5. 安装配线

首先按照图 4 – 29 进行配线，安装方法及要求与接触器—继电器电路相同。

6. 运行调试

（1）连接好 PLC 输入/输出接线，启动 STEP 7-Micro/WIN V4. 0 SP4 编程软件。

（2）打开符号表编辑器，根据表 4 – 12 要求将相应的符号与地址分别录入符号表的符号栏和地址栏。例如，符号栏写"启动"，则相应的地址栏写"I0.0"。

（3）打开梯形图编辑器，录入程序并下载到 PLC 中，使 PLC 进入运行状态。

（4）使 PLC 进入梯形图监控状态。

① 不做任何操作，观察 I0.0、Q0.0 ~ Q0.7 的状态。

② 闭合电源开关，打开"启动"开关，系统进入自动运行状态，调试天塔之光控制程序并观察工作状态。

③ 关闭"启动"开关，系统停止运行。

（5）操作过程中同时观察输入/输出状态指示灯的亮灭情况。

7. 评分标准

本项任务的评分标准见附录表 1 所示。

2.5　项目小结

本项目通过对天塔之光控制系统的程序设计，讲解了传送指令、移位指令和循环移位指令。在编写程序时，应注意各指令的格式、数据类型及合理的应用。

2.6　思考与练习

1. 填空题

（1）字节交换 SWAP 指令用来交换输入字 IN 的高字节与_____。

（2）B 表示_____，表示_____位。

（3）W 表示_____，表示_____位。

（4）DW 表示_____，表示_____位。

2. 判断题

（1）移位指令将输入 IN 中的数的各位向右或向左移动 N 位后，送给输出 OUT。（　　）

（2）循环移位指令将输入 IN 中的各位向右或向左循环移动 N + 1 位后，送给输出 OUT。（　　）

（3）如果执行循环移位操作，移出的最后一位的数值存放在溢出位 SM0.5。（　　）

3. 设计题

（1）设计：L1 ~ L8 共 8 个小灯，按下启动按钮后，L1 与 L2 亮，1 s 后，L2 与 L3 亮，1 s 后 L3 和 L4 亮……L7 与 L8 亮，1 s 后，L8 与 L1 亮。如此循环 4 次后停止。要求：使用传送和移位指令。

（2）设计：控制接在 Q0.0 ~ Q0.7 上的 8 个彩灯，使用循环移位指令，用 T37 定时，每 0.5 s 移动 1 位，首次扫描时用接在 I0.1 ~ I0.7 上的小开关设置彩灯的初值，用 I0.0 控制彩灯的移位方向。

项目3　任意进制计数器

情境导入

日常生活中，常用的计数器都是十进制的，但是在科学领域，还需要用到二进制、四进制、八进制、十六进制等不同进制的计数器。任意进制的计数器如图 4-31 所示，其控制要求如下：

（1）拨动 S1~S4 开关，设定进制（进制数小于 16）。

（2）选择"手动"模式后，每按下一次按钮 SB，计数器计数 1 次。

（3）选择"自动"模式后，按下按钮 SB，计数器每秒计数 1 次。

（4）在计数时，显示十进制计数值和任意进制计数器计数值。

（5）闭合"复位"开关，计数器复位，数码显示 0。

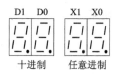

图 4-31　任意进制计数器显示示意图

3.1　教学目标

知识目标：

（1）掌握 S7-200 的算数运算指令和逻辑运算指令；

（2）掌握 S7-200 的数据转换指令。

能力目标：

（1）能够正确选用算数运算指令及数据转换指令编写控制程序；

（2）会算数运算指令及数据转换指令的应用技巧。

3.2　项目任务

项目任务：任意进制计数器

3.3　相关知识点

一、算术运算指令

1. 算术运算指令的梯形图及语句表

算术运算指令包括整数、双整数和实数的加、减、乘、除运算指令，整数乘法产生双整数指令和带余数的整数除法指令。算术运算指令的梯形图及语句表见表 4-14，算术运算指令 IN1、IN2 和 OUT 的寻址范围见表 4-15。

表 4 - 14　算术运算指令的梯形图及语句表

指令名称	梯 形 图	语 句 表	指令功能
整数加法指令	ADD_I EN　ENO IN1　OUT IN2	MOVW IN1，OUT + I　IN2，OUT	以功能框的形式编程，当允许输入 EN 有效时，将 2 个 16 位的有符号整数 IN1 和 IN2 相加，产生一个 16 位的整数结果 OUT（字存储单元）
双整数加法指令	ADD_DI EN　ENO IN1　OUT IN2	MOVD IN1，OUT + D　IN2，OUT	以功能框的形式编程，当允许输入 EN 有效时，将 2 个 32 位的有符号双整数 IN1 和 IN2 相加，产生一个 32 位的双整数结果 OUT（双字存储单元）
实数加法指令	ADD_R EN　ENO IN1　OUT IN2	MOVR IN1，OUT + R　IN2，OUT	以功能框的形式编程，当允许输入 EN 有效时，将 2 个 32 位的实数 IN1 和 IN2 相加，产生一个 32 位的实数结果 OUT（双字存储单元）
整数减法指令	SUB_I EN　ENO IN1　OUT IN2	MOVW IN1，OUT - I　IN2，OUT	以功能框的形式编程，当允许输入 EN 有效时，将 2 个 16 位的有符号整数 IN1 和 IN2 相减，产生一个 16 位的整数结果 OUT（字存储单元）
双整数减法指令	SUB_DI EN　ENO IN1　OUT IN2	MOVD IN1，OUT - D　IN2，OUT	以功能框的形式编程，当允许输入 EN 有效时，将 2 个 32 位的有符号双整数 IN1 和 IN2 相减，产生一个 32 位的双整数结果 OUT（双字存储单元）
实数减法指令	SUB_R EN　ENO IN1　OUT IN2	MOVR IN1，OUT - R　IN2，OUT	以功能框的形式编程，当允许输入 EN 有效时，将 2 个 32 位的实数 IN1 和 IN2 相减，产生一个 32 位的实数结果 OUT（双字存储单元）
整数乘法指令	MUL_I EN　ENO IN1　OUT IN2	MOVW IN1，OUT * I　IN2，OUT	以功能框的形式编程，当允许输入 EN 有效时，将 2 个 16 位的有符号整数 IN1 和 IN2 相乘，产生一个 16 位的整数结果 OUT（字存储单元）
双整数乘法指令	MUL_DI EN　ENO IN1　OUT IN2	MOVD IN1，OUT * D　IN2，OUT	以功能框的形式编程，当允许输入 EN 有效时，将 2 个 32 位的有符号双整数 IN1 和 IN2 相乘，产生一个 32 位的双整数结果 OUT（双字存储单元）
实数乘法指令	MUL_R EN　ENO IN1　OUT IN2	MOVR IN1，OUT * R　IN2，OUT	以功能框的形式编程，当允许输入 EN 有效时，将 2 个 32 位的实数 IN1 和 IN2 相乘，产生一个 32 位的实数结果 OUT（双字存储单元）

指令名称	梯形图	语句表	指令功能
整数除法指令	DIV_I EN　ENO IN1　OUT IN2	MOVW　IN1，OUT /I　　　IN2，OUT	以功能框的形式编程，当允许输入 EN 有效时，将 2 个 16 位的有符号整数 IN1 和 IN2 相除，产生一个 16 位的整数结果 OUT（字存储单元），不保留余数
双整数除法指令	DIV_DI EN　ENO IN1　OUT IN2	MOVD　IN1，OUT /D　　　IN2，OUT	以功能框的形式编程，当允许输入 EN 有效时，将 2 个 32 位的有符号双整数 IN1 和 IN2 相除，产生一个 32 位的双整数结果 OUT（双字存储单元），不保留余数
实数除法指令	DIV_P1 EN　ENO IN1　OUT IN2	MOVR　IN1，OUT /R　　　IN2，OUT	以功能框的形式编程，当允许输入 EN 有效时，将 2 个 32 位的实数 IN1 和 IN2 相除，产生一个 32 位的实数结果 OUT（双字存储单元），不保留余数
整数乘法产生双整数指令	MUL EN　ENO IN1　OUT IN2	MOVW　IN1，OUT MUL　　IN2，OUT	以功能框的形式编程，当允许输入 EN 有效时，将 2 个 16 位的有符号双整数 IN1 和 IN2 相乘，产生一个 32 位的双整数结果 OUT（双字存储单元）
带余数的整数除法指令	DIV EN　ENO IN1　OUT IN2	MOVW　IN1，OUT DIV　　IN2，OUT	以功能框的形式编程，当允许输入 EN 有效时，将 2 个 16 位的有符号双整数 IN1 和 IN2 相除，产生一个 32 位的双整数结果 OUT（双字存储单元），其中高 16 位保存余数，低 16 位保存商

注：若 IN2 地址与 OUT 地址不同，则语句表中用传送指令将 IN1 中数值送到 OUT 中，再进行运算。

表 4-15　算术运算指令 IN1、IN2 和 OUT 的寻址范围

指令	操作数	类型	寻址范围
整数	IN1、IN2	INT	VW，IW，QW，MW，SW，SMW，T，C，AC，LW，AIW，常数，＊VD，＊LD，＊AC
	OUT	INT	VW，IW，QW，MW，SW，SMW，T，C，LW，AC，＊VD，＊LD，＊AC
双整数	IN1、IN2	DINT	VD，ID，QD，MD，SMD，SD，LD，AC，HC，常数，＊VD，＊LD，＊AC
	OUT	DINT	VD，ID，QD，MD，SMD，SD，LD，AC，＊VD，＊LD，＊AC
实数	IN1、IN2	REAL	VD，ID，QD，MD，SD，SMD，LD，AC，常数，＊VD，＊LD
	OUT	REAL	VD，ID，QD，MD，SD，SMD，LD，AC，＊VD，＊LD，＊AC
完全整数	IN1、IN2	INT	VW，IW，QW，MW，SW，SMW，T，C，LW，AC，AIW，常数，＊VD，＊LD，＊AC
	OUT	DINT	VD，ID，QD，MD，SMD，SD，LD，AC，＊VD，＊LD，＊AC

2. 整数除法、实数除法和带余数的整数除法指令的应用

整数除法、实数除法和带余数的整数除法指令的应用如图4-32所示。

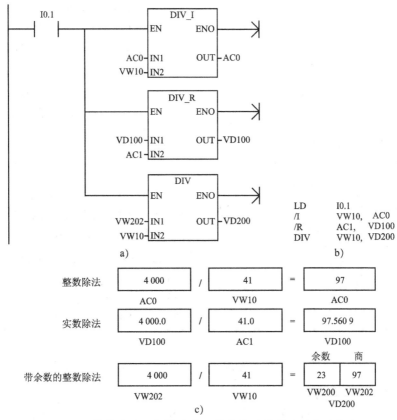

图4-32 整数除法、实数除法和带余数的整数除法指令的应用
a) 梯形图；b) 语句表；c) 指令功能图

二、递增和递减指令

1. 递增和递减指令的梯形图及语句表

递增和递减指令包括字节、字、双字的递增和递减指令，其梯形图及语句表见表4-16，IN和OUT的寻址范围见表4-17。

表4-16 递增和递减指令的梯形图及语句表

指令名称	梯形图	语句表	指令功能
字节递增指令	INC_B EN ENO IN OUT	INCB IN	以功能框的形式编程，当允许输入EN有效时，将1个8位的无符号数IN自动加1，产生1个8位的无符号数输出结果置入OUT指定的变量中，指令执行结果：IN + 1 = OUT
字节递减指令	DEC_B EN ENO IN OUT	DECB IN	以功能框的形式编程，当允许输入EN有效时，将1个8位的无符号数IN自动减1，产生1个8位的无符号数输出结果置入OUT指定的变量中，指令执行结果：IN - 1 = OUT

指令名称	梯形图	语句表	指令功能
字递增指令	INC_W EN　　ENO IN　　OUT	INCW IN	以功能框的形式编程，当允许输入 EN 有效时，将 1 个 16 位的有符号数 IN 自动加1，产生 1 个 16 位的有符号数输出结果置入 OUT 指定的变量中，指令执行结果：IN + 1 = OUT
字递减指令	DEC_W EN　　ENO IN　　OUT	DECW IN	以功能框的形式编程，当允许输入 EN 有效时，将 1 个 16 位的有符号数 IN 自动减1，产生 1 个 16 位的有符号数输出结果置入 OUT 指定的变量中，指令执行结果：IN − 1 = OUT
双字递增指令	INC_DW EN　　ENO IN　　OUT	INCD IN	以功能框的形式编程，当允许输入 EN 有效时，将 1 个 32 位的有符号数 IN 自动加1，产生 1 个 32 位的有符号数输出结果置入 OUT 指定的变量中，指令执行结果：IN + 1 = OUT
双字递减指令	DEC_DW EN　　ENO IN　　OUT	DECD IN	以功能框的形式编程，当允许输入 EN 有效时，将 1 个 32 位的有符号数 IN 自动减1，产生 1 个 32 位的有符号数输出结果置入 OUT 指定的变量中，指令执行结果：IN − 1 = OUT

表 4 − 17　递增和递减指令中 IN 和 OUT 的寻址范围

指令	操作数	类型	寻址范围
字节增减	IN	BYTE	VB, IB, QB, MB, SB, SMB, LB, AC, 常数, ∗VD, ∗LD, ∗AC
	OUT	BYTE	VB, IB, QB, MB, SB, SMB, LB, AC, ∗VD, ∗LD, ∗AC
字增减	IN	WORD	VW, IW, QW, MW, SW, SMW, AC, AIW, LW, T, C, 常数, ∗VD, ∗LD, ∗AC
	OUT	WORD	VW, IW, QW, MW, SW, SMW, LW, AC, T, C, ∗VD, ∗LD, ∗AC
双字 增减	IN	DWORD	VD, ID, QD, MD, SD, SMD, LD, AC, HC, 常数, ∗VD, ∗LD, ∗AC
	OUT	DWORD	VD, ID, QD, MD, SD, SMD, LD, AC, ∗VD, ∗LD, ∗AC

2. 递增和递减指令的应用

递增和递减指令的应用如图 4 − 33 所示。

三、逻辑运算指令

1. 逻辑运算指令的梯形图和语句表

逻辑运算指令是对逻辑数（无符号数）进行处理，包括逻辑与、逻辑或、逻辑异或，取反等逻辑操作，数据长度为字节、字、双字。逻辑运算指令如表 4 − 18 所示，逻辑运算指令 IN 和 OUT 的寻址范围如表 4 − 19 所示。

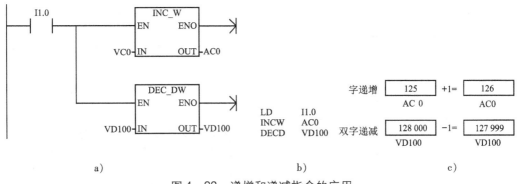

图4-33 递增和递减指令的应用

a）梯形图；b）语句表；c）指令功能图

表4-18 逻辑运算指令表

指令名称	梯 形 图	语 句 表	指令功能
字节与指令	WAND_B EN ENO IN1 OUT IN2	ANDB IN1，OUT	以功能框的形式编程，当允许输入 EN 有效时，指令对两个 8 位输入数值（IN1 和 IN2）的对应位执行 AND（与运算）操作，产生一个 1 个 8 位的输出结果置入 OUT 指定的变量中
字与指令	WAND_DW EN ENO IN1 OUT IN2	ANDW IN1，OUT	以功能框的形式编程，当允许输入 EN 有效时，指令对两个 16 位输入数值（IN1 和 IN2）的对应位执行 AND（与运算）操作，产生一个 1 个 16 位的输出结果置入 OUT 指定的变量中
双字与指令	WAND_W EN ENO IN1 OUT IN2	ANDD IN1，OUT	以功能框的形式编程，当允许输入 EN 有效时，指令对两个 32 位输入数值（IN1 和 IN2）的对应位执行 AND（与运算）操作，产生一个 1 个 32 位的输出结果置入 OUT 指定的变量中
字节或指令	WOR_B EN ENO IN1 OUT IN2	ORB IN1，OUT	以功能框的形式编程，当允许输入 EN 有效时，指令对两个 8 位输入数值（IN1 和 IN2）的对应位执行 OR（或运算）操作，产生一个 1 个 8 位的输出结果置入 OUT 指定的变量中
字或指令	WOR_W EN ENO IN1 OUT IN2	ORW IN1，OUT	以功能框的形式编程，当允许输入 EN 有效时，指令对两个 16 位输入数值（IN1 和 IN2）的对应位执行 OR（或运算）操作，产生一个 1 个 16 位的输出结果置入 OUT 指定的变量中
双字或指令	WOR_DW EN ENO IN1 OUT IN2	ORD IN1，OUT	以功能框的形式编程，当允许输入 EN 有效时，指令对两个 32 位输入数值（IN1 和 IN2）的对应位执行 OR（或运算）操作，产生一个 1 个 32 位的输出结果置入 OUT 指定的变量中

指令名称	梯形图	语句表	指令功能
字节取反指令	INV_B EN　ENO IN　OUT	INVB OUT	以功能框的形式编程，当允许输入 EN 有效时，指令对 8 位的输入数值（IN1 和 IN2）执行求补操作，产生一个 1 个 8 位的输出结果置入 OUT 指定的变量中
字取反指令	INV_W EN　ENO IN　OUT	INVW OUT	以功能框的形式编程，当允许输入 EN 有效时，指令对 16 位的输入数值（IN1 和 IN2）执行求补操作，产生一个 1 个 16 位的输出结果置入 OUT 指定的变量中
双字取反指令	INV_DW EN　ENO IN　OUT	INVD OUT	以功能框的形式编程，当允许输入 EN 有效时，指令对 32 位的输入数值（IN1 和 IN2）执行求补操作，产生一个 1 个 32 位的输出结果置入 OUT 指定的变量中
字节异或指令	WXOR_B EN　ENO IN1　OUT IN2	XORB IN1，OUT	以功能框的形式编程，当允许输入 EN 有效时，指令对两个 8 位输入数值（IN1 和 IN2）的对应位执行 XOR（异或运算）操作，产生一个 1 个 8 位的输出结果置入 OUT 指定的变量中
字取异或令	WXOR_W EN　ENO IN1　OUT IN2	XORW IN1，OUT	以功能框的形式编程，当允许输入 EN 有效时，指令对两个 16 位输入数值（IN1 和 IN2）的对应位执行 XOR（异或运算）操作，产生一个 1 个 16 位的输出结果置入 OUT 指定的变量中
双字异或指令	WXOR_DW EN　ENO IN1　OUT IN2	XORD IN1，OUT	以功能框的形式编程，当允许输入 EN 有效时，指令对两个 32 位输入数值（IN1 和 IN2）的对应位执行 XOR（异或运算）操作，产生一个 1 个 32 位的输出结果置入 OUT 指定的变量中

表 4 - 19　逻辑运算指令 IN 和 OUT 寻址范围

指令	操作数	类型	寻址范围
字节增减	IN	BYTE	VB，IB，QB，MB，SB，SMB，LB，AC，常数，＊VD，＊LD，＊AC
字节增减	OUT	BYTE	VB，IB，QB，MB，SB，SMB，LB，AC，＊VD，＊LD，＊AC
字增减	IN	WORD	VW，IW，QW，MW，SW，SMW，AC，AIW，LW，T，C，常数，＊VD，＊LD，＊AC
字增减	OUT	WORD	VW，IW，QW，MW，SW，SMW，LW，AC，T，C，＊VD，＊LD，＊AC
双字增减	IN	DWORD	VD，ID，QD，MD，SD，SMD，LD，AC，HC，常数，＊VD，＊LD，＊AC
双字增减	OUT	DWORD	VD，ID，QD，MD，SD，SMD，LD，AC，＊VD，＊LD，＊AC

2. 逻辑运算指令的应用

逻辑运算指令的应用如图 4 - 34 所示。

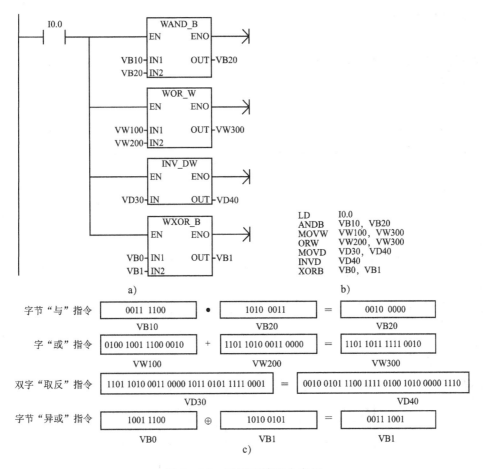

图 4 -34　逻辑运算指令应用

a）梯形图；b 语句表；c）指令功能图

四、数学运算指令和逻辑运算指令影响的标志位和 ENO 置 0 的错位条件

1. 影响的标志位

执行数学运算指令和逻辑运算指令会对系统的标志位有一定的影响，具体如下：

SM1.0　结果为 0；

SM1.1　结果溢出；

SM1.2　结果为负数；

SM1.3　除数（IN2）为 0。

2. ENO 置 0 的错位条件

0006　间接地址；

SM1.1　结果溢出；

SM1.3　除数为 0。

3.4　项目操作内容与步骤

项目任务：任意进制计数器

任意进制计数器的控制要求参见情景导入。

1. 控制要求分析

1）进制设定

根据控制要求，任意进制计数器的进制设定采用 S1 ~ S4 开关组合来完成，具体进制设定如表 4 – 20 所示。

表 4 – 20 进制设定

开关				进制	开关				进制
S4	S3	S2	S1		S4	S3	S2	S1	
0	0	1	0	二进制	1	0	0	1	九进制
0	0	1	1	三级制	1	0	1	0	十进制
0	1	0	0	四进制	1	0	1	1	十一进制
0	1	0	1	五进制	1	1	0	0	十二进制
0	1	1	0	六进制	1	1	0	1	十三进制
0	1	1	1	七进制	1	1	1	0	十四进制
1	0	0	0	八进制	1	1	1	1	十五进制

2）计数器

为减少指令数，计数器可采用递增指令，如图 4 – 35 所示。

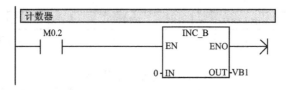

图 4 – 35 计数器

3）进位

无论采用何种进制的计数器，都存在进位问题。当进位时，低位置 "0"，高位加 "1"，如图 4 – 36 所示。

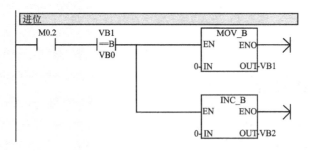

图 4 – 36 进位程序

4）复位

根据控制要求，在闭合 "复位" 开关后，所有计数器复位，输出显示为 0，程序如图 4 – 37所示。

5）显示

由于本项目采用的是四位输入型数码显示 LED，所以高位显示和低位显示应分别控制。例如任意进制显示程序如图 4 –38 所示。

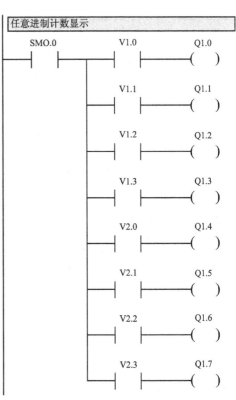

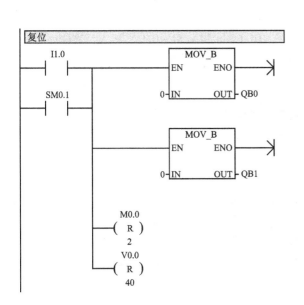

图 4 –37　复位程序

图 4 –38　任意进制显示程序

2. I/O 端口分配功能表

根据控制要求，列出 I/O 端口分配功能表，如表 4 –21 所示。

表 4 –21　I/O 端口分配功能表

输入			输出		
PLC 地址 （PLC 端子）	电气符号 （面板端子）	功能说明	PLC 地址 （PLC 端子）	电气符号 （面板端子）	功能说明
I0. 0	S1		Q0. 0	D0 – A	
I0. 1	S2	进制设定	Q0. 1	D0 – B	十进制显示 （低位）
I0. 2	S3		Q0. 2	D0 – C	
I0. 3	S4		Q0. 3	D0 – D	
I1. 0	S5	复位开关	Q0. 4	D1 – A	
I1. 1	S6	手动模式选择开关	Q0. 5	D1 – B	十进制显示 （高位）
I1. 2	S7	自动模式选择开关	Q0. 6	D1 – C	
I1. 3	SB	启动按钮	Q0. 7	D1 – D	

续表

输入			输出		
PLC 地址 （PLC 端子）	电气符号 （面板端子）	功能说明	PLC 地址 （PLC 端子）	电气符号 （面板端子）	功能说明
			Q1.0	X0 – A	任意进制显示 （低位）
			Q1.1	X0 – B	
			Q1.2	X0 – C	
			Q1.3	X0 – D	
			Q1.4	X1 – A	任意进制显示 （高位）
			Q1.5	X1 – B	
			Q1.6	X1 – C	
			Q1.7	X1 – D	

3. 控制接线图

根据任务分析，按照图 4 – 39 所示进行 PLC 硬件接线。

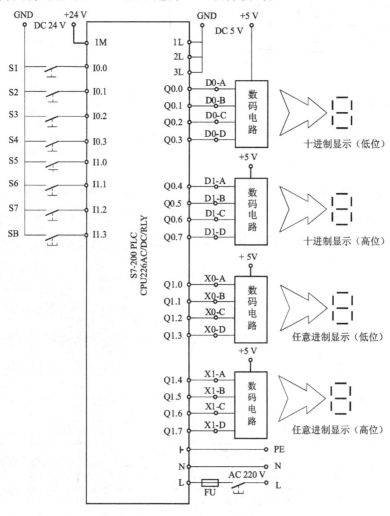

图 4 – 39　PLC 硬件接线图

4. 程序设计

根据控制要求，设计程序如图 4-40 所示。

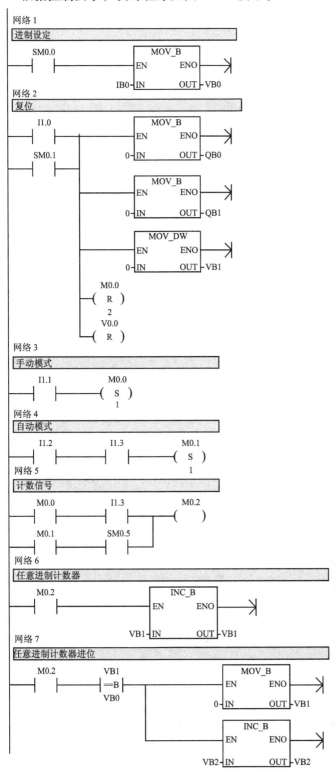

图 4-40 任意进制计数器的 PLC 程序（一）

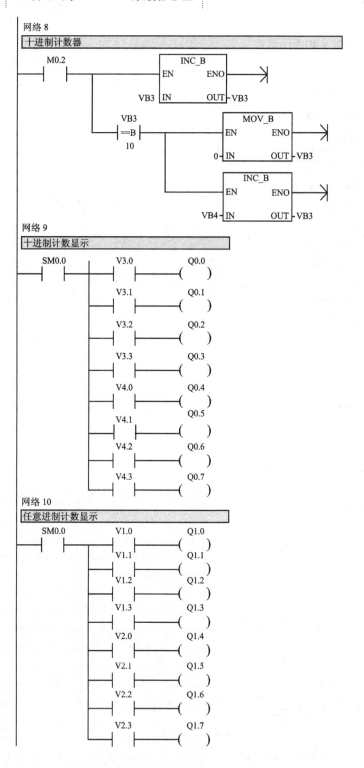

图 4 - 40　任意进制计数器的 PLC 程序（二）

5. 安装配线

首先按照图 4 - 39 进行配线，安装方法及要求与接触器—继电器电路相同。

6. 运行调试

（1）连接好 PLC 输入/输出接线，启动 STEP7-Micro/WIN V4.0 SP4 编程软件。

（2）打开符号表编辑器，根据表 4 - 19 要求，将相应的符号与地址分别录入符号表的符号栏和地址栏。例如，符号栏写"进制设定 D0 位"，相应的地址栏则写"I0.0"。

（3）打开梯形图编辑器，录入程序并下载到 PLC 中，使 PLC 进入运行状态。

（4）使 PLC 进入梯形图监控状态。

① 不做任何操作，观察 D0、D1、X0、X1 等四个数码显示 LED 的状态。

② 闭合 S1 ~ S4 开关，设定计数器计数进制。

③ 闭合手动模式选择开关 S6，逐次按下按钮 SB，观察 D0、D1、X0、X1 等四个数码显示 LED 的状态。

④ 断开自动模式选择开关 S6，闭合复位开关 S5，观察 D0、D1、X0、X1 等四个数码显示 LED 的状态。

⑤ 断开复位开关 S5，闭合自动模式选择开关 S7，观察 D0、D1、X0、X1 等四个数码显示 LED 的状态。

⑥ 断开手动模式选择开关 S7，闭合复位开关 S5，观察 D0、D1、X0、X1 等四个数码显示 LED 的状态。

7. 评分标准

本项任务的评分标准见附录表 1 所示。

3.5　项目小结

本项目通过对任意进制计数器的程序设计，讲解了算数运算指令和逻辑运算指令。在编写程序时，应注意各指令的格式、数据类型及合理的应用。

3.6　思考与练习

1. 填空题

（1）算数运算加法指令中包括整数加法指令、_____和_____。

（2）执行双整数减法指令时，当允许输入 EN 有效时，将 2 个_____的有符号双整数 IN1 和 IN2 相减，产生一个_____的双整数结果 OUT。

（3）执行 MUL 指令时，当允许输入 EN 有效时，将 2 个_____的有符号双整数 IN1 和 IN2 相_____，产生一个_____的双整数结果置于 OUT 指定的_____中。

（4）执行一般除法指令时，结果为_____，不保留_____。

（5）执行带余数除法指令时，商保存在结果的_____位，余数保存在结果的_____位。

2. 判断题

（1）在执行算数运算指令时，如果 SM1.1 为 1，则表明运算结果为 1。（　　　）

（2）在执行除法指令时，如果 IN2 为 0，则 ENO 为 0（　　　）

（3）如果 IB0 = (0100 1000)B，VB3 = (15)D，则执行 ANDB IB0，VB3 后，VB3 = (0101 1111)B。（　　　）

3. 设计题

设计60 s倒计时显示电路。要求：

（1）按下启动按钮后，开始倒计时显示；

（2）按下复位按钮后，停止倒计时，显示"60"；

（3）停止时，显示"60"。

项目4　仓库中的库存量统计

 情境导入

随着科技的发展，在现代化工厂仓库中，已经淘汰了人工的入库/出库方式，取而代之的是高度自动化的入库/出库方式。图4-41所示就是一个仓库库存量统计的机构示意图。

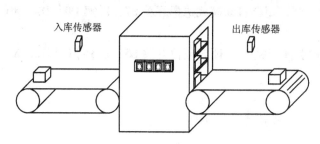

图4-41　仓库库存量统计的示意图

4.1　教学目标

知识目标：

（1）熟练掌握S7-200的算数运算指令；

（2）熟练掌握S7-200的数据转换指令。

能力目标：

（1）能够使用S7-200的指令完成仓库库存量计算和邮包费用计算；

（2）会根据实际控制要求使用算术运算指令和数据转换指令设计简单的梯形图程序。

4.2　项目任务

项目任务1：仓库库存量统计

项目任务2：产品称重、资费的统计

4.3　相关理论知识

一、数据转换指令

数据转换指令包括字节、整数、双整数、实数、BCD码、ASCII码和字符串之间相互转换指令，以及取舍指令和编码、译码指令。数据转换指令的梯形图及语句表如表4-22所示。

表4-22 数据转换指令的梯形图及语句表

指令名称	梯形图	语句表	指令功能
字节转换整数指令	B_I	BTI IN, OUT	将字节数值（IN）转换成整数值，并将结果置入OUT指定的变量中。因为字节不带符号，所以无符号扩展
整数转换字节指令	I_B	ITB IN, OUT	将字值（IN）转换成字节值，并将结果置入OUT指定的变量中。数值0至255被转换。所有其他值导致溢出，输出不受影响
双整数转换整数指令	DI_I	DTI IN, OUT	指令将双整数值（IN）转换成整数值，并将结果置入OUT指定的变量中。如果转换的值过大，则无法在输出中表示，设置溢出位，输出不受影响
整数转换双整数指令	I_DI	ITD IN, OUT	将整数值（IN）转换成双整数值，并将结果置入OUT指定的变量中。符号被扩展
BCD码转换整数指令	BCD_I	BCDI IN, OUT	将二进制编码的十进制值IN转换成整数值，并将结果载入OUT指定的变量中。IN的有效范围是0至9999 BCD
整数转换BCD码指令	I_BCD	IBCD IN, OUT	将输入整数值IN转换成二进制编码的十进制数，并将结果载入OUT指定的变量中。IN的有效范围是0至9999 BCD
字符串转换整数指令	S_I	STI IN, OUT, FMT	将字符串数值IN转换为存储在OUT中的整数值，从偏移量INDX位置开始
整数转换字符串指令	I_S	ITS IN, OUT, FMT	将整数字IN转换为长度为8个字符的ASCII字符串。格式（FMT）指定小数点右面的转换精度，无论小数点是显示为逗号还是句点。结果字符串写入从OUT开始的9个连续字节中
整数转换ASCII码指令	ITA	ITA IN, OUT, FMT	将整数字（IN）转换成ASCII字符数组。格式FMT指定小数点右侧的转换精确度，以及是否将小数点显示为逗号还是点号。转换结果置于从OUT开始的8个连续字节中。ASCII字符数组总是8个字符
双整数转换ASCII码指令	DTA	DTA IN, OUT, FMT	将双字（IN）转换成ASCII字符数组。格式FMT指定小数点右侧的转换精确度。转换结果置于从OUT开始的12个连续字节中
ASCII码转换十六进制数指令	ATH	ATH IN, OUT, LEN	将从IN开始的ASCII字符号码（LEN）转换成从OUT开始的十六进制数字。ASCII字符串的最大长度为255字符

续表

指令名称	梯形图	语句表	指令功能
十六进制数转换 ASCII 码指令	HTA EN ENO IN OUT LEN	HTA IN, OUT, LEN	将从输入字节（IN）开始的十六进制数字转换成从 OUT 开始的 ASCII 字符。欲转换的十六进制数字位数由长度（LEN）指定。可转换的最大十六进制数字位数为 255
四舍五入指令	ROUND EN ENO IN OUT	ROUND IN, OUT	将实值（IN）转换成双整数值，并将结果置入 OUT 指定的变量中。如果小数部分等于或大于 0.5，则进位为整数
取整指令	TRUNC EN ENO IN OUT	TRUNC IN, OUR	指令将 32 位实数（IN）转换成 32 位双整数，并将结果的整数部分置入 OUT 指定的变量中。只有实数的整数部分被转换，小数部分被丢弃
译码指令	DECO EN ENO IN OUT	DECO IN, OUT	设置输出字（OUT）中与用输入字节（IN）最低"半字节"（4 位）表示的位数相对应的位。输出字的所有其他位均设为 0
编码指令	ENCO EN ENO IN OUT	ENCO IN, OUT	将输入字（IN）最低位集的位数写入输出字节（OUT）的最低"半字节"（4 个位）中

下面举例介绍转换指令的应用。

例 4-1：将输入的千克数转换成克输出，如图 4-42 所示。

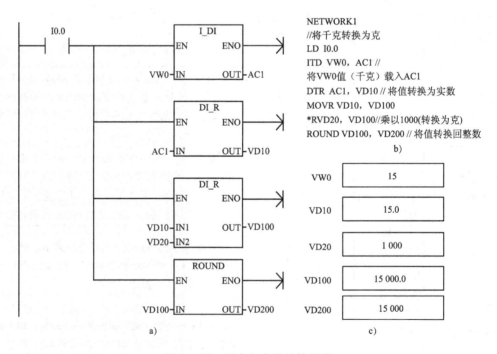

图 4-42 千克与克的转换程序
a）梯形图；b）语句表；c）指令功能图

二、表功能指令

表功能指令用来建立和存取字型的数据表。数据表由三部分组成：表地址、表定义和存储数据。表地址由表的首地址指明，表定义由表的第 2 个字地址所对应的单元分别存放的两个表参数来定义最大填表个数（表的长度值 TL）和实际填表个数（数据长度 EC），从第 3 个字节地址开始存放数据。一个表最多能存储 100 个数据。表中数据的存储格式如表 4 – 23 所示。

表 4 –23　表中数据的存储格式

单元地址	单元内容	说　　明
VW200	0005	TL = 5，最多可填 5 个数，VW200 为表首地址
VW202	0004	EC = 4，实际在表中存有 4 个数
VW204	2345	DATA0
VW206	5678	DATA1
VW208	9872	DATA2
VW210	3562	DATA3
VW212	＊＊＊＊	无效数据

1. 填表指令（ATT）

填表指令（ATT）用于把指定的字型数据添加到表格中。指令格式如表 4 – 24 所示。

表 4 –24　填表指令的指令格式

梯形图	语句表	功能描述
AD_T_TBL EN　　ENO DATA TBL	ATT DATA，TBL	当使能端有效时，从 DATA 指定的数据添加到表格 TBL 中最后一个数据的后面，EC 值增 1

说明：该指令在梯形图中有 2 个数据输入端：DATA 为数据输入，指出被填表的字型数据或其地址；TBL 为表格的首地址，用以指明被填表格的位置。DATA、TBL 为字型数据。

表存数时，新填入的数据添加在表中最后一个数据的后面，且实际填表数 EC 值自动加 1。填入表的数据过多（溢出）时，特殊存储器 SM1.4 将置 1。

使能输出 ENO = 0 的出错条件：SM4.3（运行时间过长），0006（间接寻址错误），0091（操作数超界）。

例 4 – 2：将数据（VW100）= 1234 填入表 4 – 25 中，表的首地址为 VW200，程序如图 4 – 43 所示。

执行结果如表 4 – 25 所示。

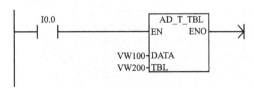

图 4 –43　例 4 – 2 题程序

表4-25　例4-2程序执行结果

操 作 数	单 元 地 址	填表前内容	填表后内容	注 释
DATA	VW100	1234	1234	待填表数据
TBL	VW200	0005	0005	最大填表数 TL
	VW202	0004	0005	实际填表数 EC
	VW204	2345	2345	数据 0
	VW206	5678	5678	数据 1
	VW208	9872	9872	数据 2
	VW210	3562	3562	数据 3
	VW212	＊＊＊＊	1234	将 VW100 内容填入表中

2. 表取数指令

从表中移出一个数据有先进先出（FIFO）和后进先出（LIFO）两种方式。一个数据从表中移出之后，表的实际填表数 EC 值自动减1。两种表取数指令格式如表4-26所示。

表4-26　FIFO、LIFO 指令格式

LAD	STL	功能描述
FIFO —EN ENO— —TBL DATA—	FIFO TBL, DATA	当使能端有效时，从 TBL 指明的表中移出第一个字型数据，并将该数据输出到 DATA，剩余数据依次上移一个位置
LIFO —EN ENO— —TBL DATA—	LIFO TBL, DATA	当使能端有效时，从 TBL 指明的表中移走最后一个数据，剩余数据位置保持不变，并将此数据输出到 DATA

说明：两种表取数指令在梯形图上都有2个数据端：输入端 TBL 为表格的首地址，用以指明表格的位置，输出端 DATA 指明数值取出后要存放的目标位置。DATA、TBL 为字型数据。

两种表取数据指令从 TBL 指定的表中取数的位置不同，表内剩余数据变化的方式也不同。但指令执行后，实际填表数 EC 值都自动减1。两种表取数据指令如果试图从空表中移走数据，特殊存储器 SM1.5 将被置为1。

使能输出 ENO 断开的出错条件：SM4.3（运行时间），0006（间接寻址），0091（操作数超界）。

例4-3：运用 FIFO、LIFO 指令从表4-20中取数，并将数据分别输出到 VW400、VW300，程序如图4-44所示。

指令执行后的结果情况见表4-27。

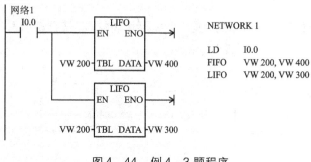

网络1
```
网络1
I0.0
   ┤├      LIFO
         EN   ENO

VW 200┤TBL DATA├VW 400

         LIFO
         EN   ENO

VW 200┤TBL DATA├VW 300
```

```
NETWORK 1

LD    I0.0
FIFO  VW 200, VW 400
LIFO  VW 200, VW 300
```

图4-44　例4-3题程序

表4-27 FIFO 、LIFO指令执行结果

操作数	单元地址	执行前内容	FIFO 执行后内容	LIFO 执行后内容	注 释
DATA	VW400	空	2345	2345	FIFO 输出的数据
	VW300	空	空	3562	LIFO 输出的数据
TBL	VW200	0005	0005	0005	TL = 5 最大填表数不变化
	VW202	0004	0003	0002	EC 值由 4 变为 3 再变为 2
	VW204	2345	5678	5678	数据 0
	VW206	5678	9872	9872	数据 1
	VW208	9872	3562	* * * *	
	VW210	3562	* * * *	* * * *	
	VW212	* * * *	* * * *	* * * *	

3. 表查找指令

表查找指令是从字型数据表中找出符合条件的数据在表中的地址编号，编号范围0~99。表查找指令格式如表4-28所示。

表4-28 表查找指令格式

LAD	STL	功能描述
FILL_N EN ENO IN OUT N	FND = TBL, PANRN, INDX FND < >TBL, PANRN, INDX FND < TBL, PANRN, INDX FND >TBL, PANRN, INDX	当使能端有效时，从 INDX 开始搜索表 TBL，寻找符合条件 PTN 和 CMD 所决定的数据

说明：在梯形图中有4个数据输入端：TBL 为表格首地址，用以指明被访问的表格；PTN 是用来描述查表条件时进行比较的数据；CMD 是比较运算的编码，它是一个1~4的数值，分别代表运算符=、<>、<、>；INDX 用来指定表中符合查找条件的数据所在的位置。TBL、PTN、INDX 为字型数据，CMD 为字节型数据。

表查找指令执行前，应先对 INDX 的内容清零。当使能端输入有效时，从数据表的第0个数据开始查找符合条件的数据，若没有发现符合条件的数据，则 INDX 的值等于 EC；若找到一个符合条件的数据，则将该数据在表中的地址装入 INDX 中；若找到一个符合条件的数据后，想继续向下查找，必须先对 INDX 加1，然后重新激活表查找指令，从表中符合条件数据的下一个数据开始查找。

使能输出 ENO 断开的出错条件：SM4.3（运行时间），0006（间接寻址），0091（操作数超界）。

例4-4：运用表查找指令从表4-20中找出内容等于3 562的数据在表中的位置。程序如图4-45所示。

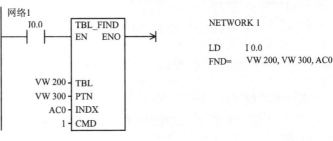

图4-45 例4-4题程序

指令的执行结果如表4-29所示。

表4-29　表查找指令执行结果

操作数	单元地址	执行前内容	执行后内容	注　释
PTN	VW300	3562	3562	用来比较的数据
INDX	AC0	0	3	符合查表条件的数据地址
CMD	无	1	1	1表示为与查找数据相等
TBL	VW200	0005	0005	TL = 5
	VW202	0004	0004	EL = 4
	VW204	2345	2345	D0
	VW206	5678	5678	D1
	VW208	9872	9872	D2
	VW210	3562	3562	D3
	VW212	＊＊＊＊	＊＊＊＊	无效数据

4.4　项目操作内容与步骤

项目任务1：仓库中库存量的统计

控制要求如下：进行入/出库的计数和库存量显示，并且库存量超过50个，报警指示。具体示意图见情景导入。

1. 控制要求分析

1）入库/出库的计数

在仓库中，有一个产品入库，库存量加1，有一个产品出库，则库存量减1。

方法一：利用递增指令和递减指令构成一个加减计数器，如图4-46所示。

方法二：利用加减计数器CTUD，如图4-47所示。

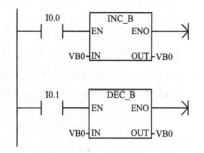

图4-46　利用递增/递减指令组成的加减计数器　　　图4-47　利用CTUD加减计数器

2）库存量显示

由于库存量是变化的，需要实时显示，可以利用算术运算指令和转换指令来实现，如图4-48所示。

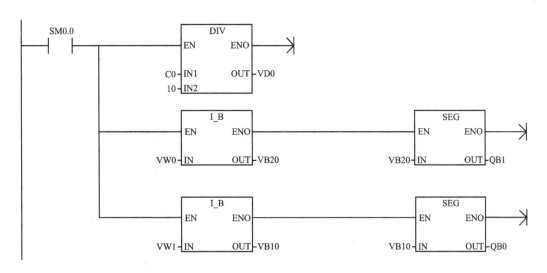

图4-48 利用数学运算指令和转换指令实现

2. I/O 端口分配功能表

根据控制要求，列出 I/O 端口分配功能表，如表4-30 所示。

表4-30 I/O 端口分配功能表

输入			输出		
PLC 地址 （PLC 端子）	电气符号 （面板端子）	功能说明	PLC 地址 （PLC 端子）	电气符号 （面板端子）	功能说明
I0.0	S1	入库传感器	Q0.0	D0-a	
I0.1	S2	出库传感器	Q0.1	D0-b	
			Q0.2	D0-c	
			Q0.3	D0-d	
			Q0.4	D0-e	十位显示
			Q0.5	D0-f	
			Q0.6	D0-g	
			Q0.7	D0-h	
			Q1.0	D1-a	
			Q1.1	D1-b	
			Q1.2	D1-c	
			Q1.3	D1-d	
			Q1.4	D1-e	个位显示
			Q1.5	D1-f	
			Q1.6	D1-g	
			Q1.7	D1-h	
			Q2.0	VD	报警指示

3. 控制接线图

根据任务分析，按照图4-49 所示进行 PLC 硬件接线。

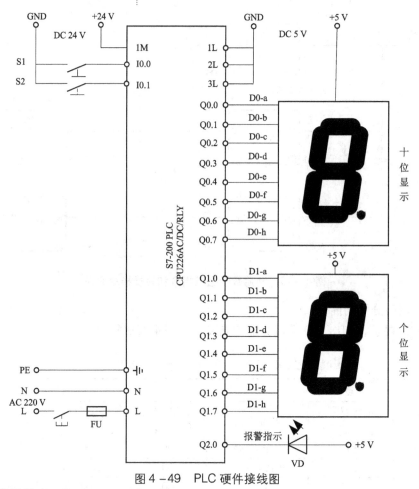

图 4 – 49   PLC 硬件接线图

4. 程序设计

根据控制要求, 设计程序如图 4 – 50 所示。

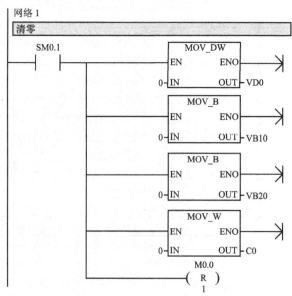

图 4 –50   库存量显示程序 (一)

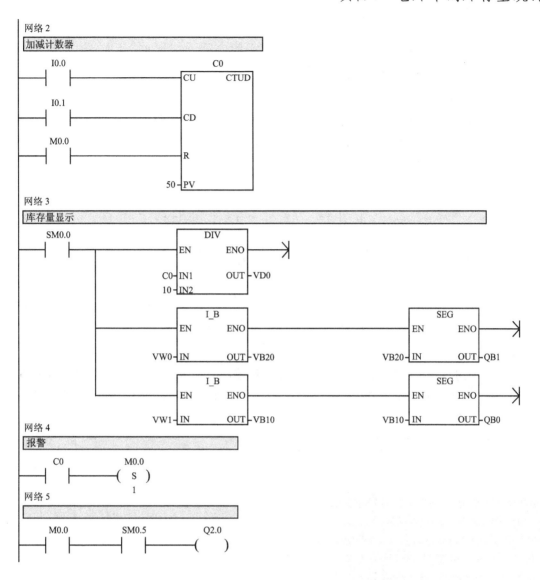

图4-50 库存量显示程序（二）

5. 安装配线

首先按照图4-49进行配线，安装方法及要求与接触器—继电器电路相同。

6. 运行调试

（1）连接好PLC输入/输出接线，启动STEP 7-Micro/WIN V4.0 SP4编程软件。

（2）打开符号表编辑器，根据表4-27要求，将相应的符号与地址分别录入符号表的符号栏和地址栏。例如，符号栏写"入库传感器"，相应的地址栏则写"I0.0"。

（3）打开梯形图编辑器，录入程序并下载到PLC中，使PLC进入运行状态。

（4）使PLC进入梯形图监控状态。

① 不做任何操作，观察D0、D1两个数码显示LED的状态。

② 闭合S1按钮，观察D0、D1两个数码显示LED及报警灯HL的状态。

③ 闭合S2按钮，观察D0、D1两个数码显示LED及报警灯HL的状态。

7. 评分标准

本项任务的评分标准见附录表 1 所示。

项目任务 2：产品称重、资费的统计

1. 控制要求分析

在传送带上，每经过一个产品，对其称重，按 1.2 元/kg 的收费标准显示其资费。称重结果保存至数据表中。具体结构如图 4 - 51 所示。

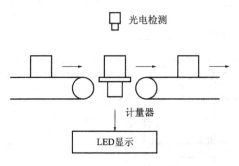

图 4 - 51　产品称重、自费的统计示意图

1）称重

光电开关检测产品的位置，当产品经过计量器时进行称重，并将称重结果保存至表 VW100 中。由于计量器的称重结果为数字式信号，所以可直接使用 MOV 指令。程序如图 4 - 52 所示。

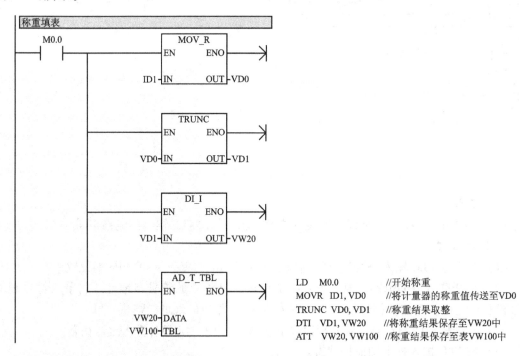

图 4 - 52　称重程序

2）资费计算显示

按 1.2 元/kg 的收费标准显示其资费，如图 4 - 53 所示。

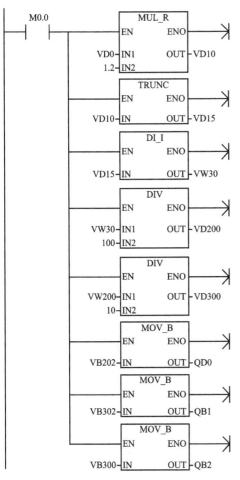

LD	M0.0	
MOVR	VD0, VD10	// 资费计算
*R	1.2, VD10	// 资费计算
TRUNC	VD10, VD15	// 四舍五入
DTI	VD15, VW30	// 结果转换为整数
MOVW	VW30, VW202	// 计算百位显示数字
DIV	100, VD200	
MOVW	VW200, VW302	// 计算十位显示数字
DIV	10, VD300	
MOVB	VB202, QB0	// 显示百位数字
MOVB	VB302, QB1	// 显示十位数字
MOVB	VB300, QB2	// 显示个位数字

图 4 –53 资费显示程序

2. I/O 端口分配功能表

根据控制要求, 列出 I/O 端口分配功能表, 如表 4 –31 所示。

表 4 –31 I/O 端口分配功能表

输入			输出		
PLC 地址 (PLC 端子)	电气符号 (面板端子)	功能说明	PLC 地址 (PLC 端子)	电气符号 (面板端子)	功能说明
I0.0	SB1	启动按钮	Q0.0	D0 – a	百位显示
I0.1	SB2	停止按钮	Q0.1	D0 – b	
I0.2	S1	光电开关	Q0.2	D0 – c	
			Q0.3	D0 – d	
			Q1.0	D1 – a	十位显示
			Q1.1	D1 – b	
			Q1.2	D1 – c	
			Q1.3	D1 – d	

输入			输出		
PLC 地址 （PLC 端子）	电气符号 （面板端子）	功能说明	PLC 地址 （PLC 端子）	电气符号 （面板端子）	功能说明
			Q2.0	D2 - a	个位显示
			Q2.1	D2 - b	
			Q2.2	D2 - c	
			Q2.3	D2 - d	

3. 控制接线图

根据任务分析，按照图 4 - 54 所示进行 PLC 硬件接线。

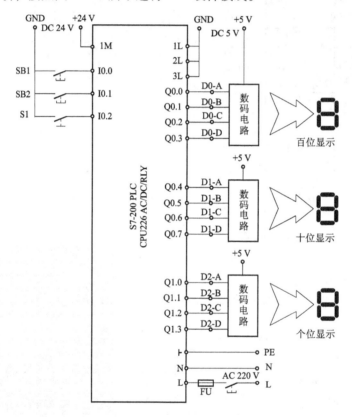

图 4 - 54　PLC 硬件接线图

4. 程序设计

根据控制要求，设计程序如图 4 - 55 所示。

5. 安装配线

首先按照图 4 - 54 进行配线，安装方法及要求与接触器—继电器电路相同。

6. 运行调试

（1）连接好 PLC 输入/输出接线，启动 STEP 7-Micro/WIN V4.0 SP4 编程软件。

（2）打开符号表编辑器，根据表 4 - 28 要求，将相应的符号与地址分别录入符号表的符

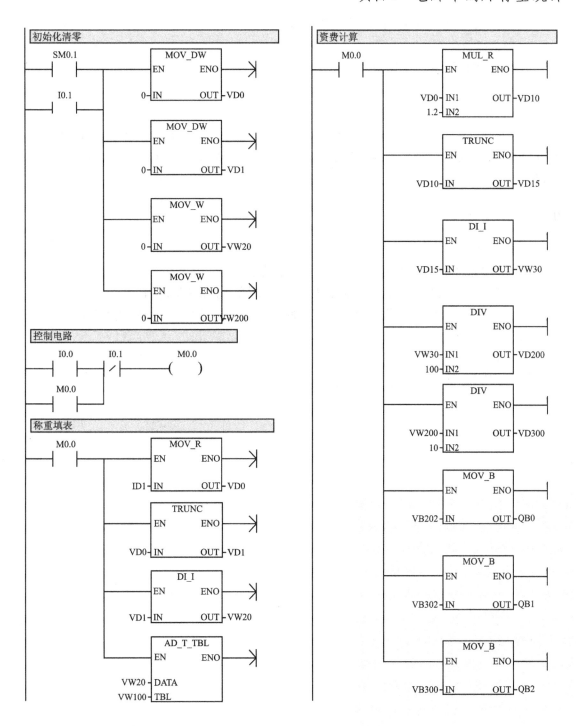

图4-55 产品称重、资费统计程序

号栏和地址栏。例如，符号栏写"启动"，相应的地址栏则写"I0.0"。

（3）打开梯形图编辑器，录入程序并下载到PLC中，使PLC进入运行状态。

（4）使PLC进入梯形图监控状态。

① 不做任何操作，观察数码显示LED的状态。

② 闭合 S1 按钮，观察数码显示 LED 的状态。

7.评分标准

本项任务的评分标准见附录表 1 所示。

4.5 项目小结

本项目通过对仓库库存量的统计和产品称重、资费的程序设计，讲解了算数运算指令、数据转换和填表指令的使用方法。在编写程序时，应注意各指令的格式、数据类型及合理的应用。

4.6 思考与练习

1. 填空题

（1）表功能指令用来建立和存取_____型的数据表。

（2）填表指令（ATT）用于把指定的_____型数据添加到表格中。

（3）表查找指令是从字型数据表中找出符合条件的数据在表中的地址编号，编号范围是_____。

2. 简答题

数据转换指令有哪些？

工作任务 5

步进电机的 PLC 控制

项目 1　步进电机

 情境导入

步进电机由于具有转子惯量低、定位精度高、无累积误差、控制简单等特点，已成为运动控制领域的主要执行元件之一。步进电机是机电一体化的关键部件，广泛应用在各种自动化控制系统和机电一体化设备中。随着微电子和计算机技术的发展，步进电机的需求量与日俱增，在各个行业的控制领域都将有广泛应用。

PLC 作为一种工业控制计算机，对步进电机也具有良好的控制能力，利用其高速脉冲输出功能或运动控制功能，即可实现对步进电机的控制。

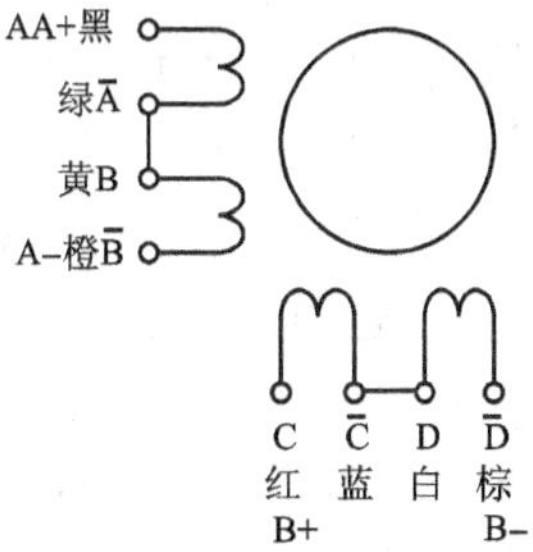

图 5-1 所示为二相八拍混合式步进电动机结构示意图，其主要特点是体积小，具有较高的启动和运行频率，有定位转矩等。步进电动机采用串联型接法，由步进电动机驱动器控制。本任务要求利用高速脉冲输出指令编制 PLC 控制程序，实现步进电动机的正反转控制。

图 5-1　步进电动机结构示意图

1.1　教学目标

知识目标：

（1）了解步进电机的基本知识；

（2）掌握高速脉冲输出指令的应用。

能力目标：

（1）能够正确选用高速脉冲输出指令编写控制程序；

（2）会编写步进电动机控制程序。

1.2　项目任务

项目任务：步进电机的 PLC 控制

1.3　相关知识点

一、步进电机

1. 步进电机的分类

步进电机的分类方法很多。按力矩产生的原理可以分为反应式、励磁式和混合式。

1）反应式步进电动机

转子中无绕组，定子绕组励磁后产生反应力矩，使转子转动。反应式步进电动机有较高的力矩转动惯量比，步进频率较高，频率响应快，不通电时可以自由转动，结构简单，寿命长。

2）励磁式步进电动机

电动机定子和转子均有励磁绕组，由它们之间的电磁力矩实现步进运动。

3）混合式步进电动机

转子中置有磁钢，具有步距角小，有较高的启动和运行频率，具有消耗功率小，效率高，不通电时有定位转矩，不能自有转动等特点。

按输出力矩大小可分为伺服式和功率式。

1）伺服式步进电动机

输出转矩一般为 $0.07 \sim 4 \mathrm{N \cdot m}$，只能驱动较小的负载，一般与液压转矩放大器配合使用，才能驱动机床等较大负载，或用于控制小型精密机床的工作台。

2）功率式步进电动机

输出转矩一般为 $5 \sim 40 \mathrm{N \cdot m}$，可以直接驱动较大负载。

按励磁相数可分为三相、四相、五相、六相等。相数越多步距角越小，但结构越复杂。

2. 反应式步进电动机的工作原理

1）步进电动机的有关术语

相数：电动机定子上有磁极，磁极对数称为相数。

拍数：电动机定子绕组每改变一次通电方式称为一拍。

步距角：转子经过一拍转过的空间角度称为步距角，用符号 α 表示。

齿距角：转子上齿距在空间的角度。如转子上有 N 个齿，则齿距角 $\theta = 360°/N$。

2）步进电机的工作原理

从图 5-2 中，可以看出，在定子上有六个磁极，每个极上绕有绕组。每对对称的磁极绕组形成一相控制绕组。这样形成 A、B、C 三相绕组。极间夹角为 $60°$。在每个磁极上，面向转子的部分分布着多个小齿，这些小齿呈梳状排列，大小相同，间距相等。转子上均匀分布 40 个齿，大小和间距与大齿上相同。当 A 相上的定子和转子上的小齿由于通电电磁力使之对齐时，另外两相（B 相、C 相）上的小齿分别向前或向后产生 1/3 齿的错齿，这种错齿是实现步进旋转的根本原因。这时如果在 A 相断电的同时，另外某一相通电，则电动机的这个相在电磁吸力的作用下使之对齐，产生旋转。

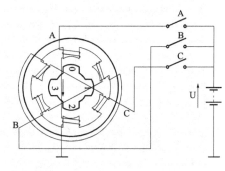

图 5-2 步进电动机步进原理

3）步进电动机的通电方式

由步进电动机的结构可以了解，要使步进电动机能连续转动，必须按某种规律分别向各相通电。假设图 5-2 中，每个磁极只有一个齿，转子有 4 个齿，分别称 0、1、2、3 齿。直流电源开关分别对 A、B、C 三相通电。整个步进循环过程见表 5-1。

表 5-1　步进电动机步进循环过程

通电相	对齐相	错齿相	转子转向
A 相（初始状态）	A 相和 0、2	B、C 和 1、3	静止
B 相	B 相和 1、3	A、C 和 0、2	逆转 1/2 齿
C 相	C 相和 0、2	A、B 和 1、3	逆转 1 齿

（1）三相单三拍。一相绕组通电一次的操作为一拍，则对三相绕组 A、B、C 轮流通电三拍，才能转子转过一个齿，转一齿所需的拍数为工作拍数。对 A、B、C 轮流通电一次称为一个通电周期，步进电动机转动一个齿距。对于三相步进电动机，如果三拍转过一个齿，称为三相三拍的工作方式。

由于按 A→B→C→A 相序顺序轮流通电，则磁场逆时针旋转，则转子也逆时针旋转，反之顺时针转动。电压波形如图 5-3 所示。

（2）双相双三拍。这种通电方式是两相同时通电，其通电顺序为 AB→BC→CA→AB，控制电流切换三次，磁场旋转一周，其电压波形如图 5-4 所示。

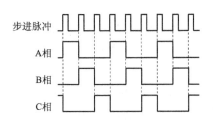
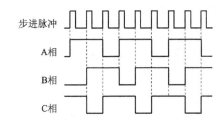

图 5-3　三相步进电动机单三拍工作电压波形图　图 5-4　三相步进电动机双三拍工作电压波形图

（3）三相六拍。将单三拍和双三拍的工作方式结合起来，就形成六拍工作方式，其通电次序为：A→AB→B→BC→C→CA→A。在六拍工作方式中，控制电流切换六次，磁场旋转一周，转子转动一个步距角。所以步距角是单拍工作时的 1/2。每一相是连续三拍通电（如图 5-5 所示），这时电流最大，且电磁转矩也最大。

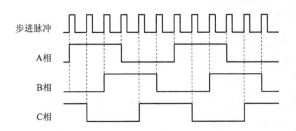

图 5-5　三相步进电动机六拍工作电压波形图

二、步进电动机驱动器

步进电动机驱动器主要有电源输入、信号输入、输出等组成，其信号描述见表 5-2。

表5-2 步进电动机驱动器信号描述

信　号	功　　能
PUL	脉冲信号：每当脉冲上升沿到来时步进电动机走一步
DIR	方向信号：用于改变步进电动机转向（1：正转；0：反转）
OPTO	光耦驱动电源（+24 V）
ENA	使能信号：禁止或允许驱动器工作（高电平允许，低电平禁止）
GND	直流电源地
+V	直流电源正极（典型值+24 V）
A+	步进电动机A相正脉冲信号
A-	步进电动机A相负脉冲信号
B+	步进电动机B相正脉冲信号
B-	步进电动机B相负脉冲信号

三、高速脉冲输出

高速脉冲输出指令（PLS）检查为脉冲输出设置的特殊存储器位，然后启动由特殊存储器位定义的高速脉冲输出指令，如图5-6所示。高速脉冲由Q0.0或Q0.1输出，指令的操作数Q0.X为0或1。

图5-6 高速脉冲输出指令

每个CPU有两个PTO/PWM（脉冲列/脉冲宽度调制器）发生器，分别通过数字量输出点Q0.0或Q0.1输出高速脉冲列和宽度可调的脉冲波形。

PTO/PWM发生器与输出映像寄存器共同使用Q0.0及Q0.1。当Q0.0或Q0.1被设置为PTO或PWM功能时，PTO/PWM发生器控制输出，在输出点禁止使用数字输出功能，此时输出波形不受输出映像寄存器的状态、输出强制或立即输出指令的影响。不使用PTO/PWM发生器时，Q0.0与Q0.1作为普通的数字量输出使用。在启动PTO或PWM操作之前，用R指令将Q0.0或Q0.1置为0。

每个PTO/PWM生成器有一个8位的控制字节，一个16位无符号的周期值或脉冲宽度值，以及一个无符号32位脉冲计数值。这些值全部存储在指定的特殊存储器（SM）区，它们被设置好后，通过执行PLS指令来启动操作。PLS指令使CPU读取SM位，并对PTO/PWM发生器进行编程。

通过修改SM区数值，可改变PTO或PWM输出波形的特性。将控制字节（SM67.7或SM77.7）的PTO/PWM有效位设置为0，可以在任意时刻禁止PTO或PWM波形输出。

所有控制字节、周期、脉冲宽度和脉冲数的默认值均为0。PTO/PWM的输出负载至少应为额定负载的10%，才能提供陡直的上升沿或下降沿。

PTO/PWM控制寄存器与有关的特殊存储器见表5-3。PTO0/PWM0使用SMB67，PTO1/PWM1使用SMB77作为控制寄存器。如果要装入新的脉冲数、脉冲宽度或周期，应在执行PLS指令前将它们装入相应的控制寄存器。

表 5-3 PTO/PWM 控制寄存器与有关的特殊存储器

项目	Q0.0	Q0.1	描 述
状态字节	SM66.4	SM76.4	PTO 包络由于增量计算错误而终止：0 = 无错误，1 = 有错误
	SM66.5	SM76.5	PTO 包络因用户命令终止：0 = 不是因用户命令终止，1 = 因用户命令终止
	SM66.6	SM76.6	PTO 流水线溢出：0 = 无溢出，1 = 有溢出
	SM66.7	SM76.7	PTO 空闲位：0 = PTO 正在运行，1 = PTO 空闲
控制字节	SM67.0	SM77.0	PTO/PWM 更新周期：1 = 写新的周期值
	SM67.1	SM77.1	PWM 更新脉冲宽度值：1 = 写新的脉冲宽度
	SM67.2	SM77.2	PTO 更新脉冲数：1 = 写新的脉冲数
	SM67.3	SM77.3	PTO/PWM 基准时间单位：0 = 1 μs，1 = 1 ms
	SM67.4	SM77.4	PWM 更新方式：0 = 异步更新，1 = 同步更新
	SM67.5	SM77.5	PTO 操作：0 = 单段操作（周期和脉冲数存在 SM 存储器中），1 = 多段操作（包络表存在 V 存储器中）
	SM67.6	SM77.6	PTO/PWM 模式选择：0 = PTO，1 = PWM
	SM67.7	SM77.7	PTO/PWM 有效位：0 = 无效，1 = 有效
其他寄存器	SMW68	SMW78	PTO/PWM 周期值（2 ~ 65 535 倍时间基准）
	SMB70	SMB80	PWM 脉冲宽度值（2 ~ 65 535 倍时间基准）
	SMB72	SMB82	PTO 脉冲计数值（1 ~ 2^{32} - 1）
	SMB166	SMB176	运行中的段数（仅用在多段 PTO 操作中）
	SMW168	SMW178	包络表的起始位置，用从 V0 开始的字节偏移量来表示（仅用在多段 PTO 操作中）

四、PTO 功能

PTO 功能是提供周期与脉冲数目，可由用户控制的方波（50% 占空比）脉冲列，脉冲宽度与脉冲周期之比称为占空比。周期范围为 50 ~ 65 535 μs 或 2 ~ 65 535 ms。如果设定的周期值为奇数，就不能保证占空比为 50%。如果周期小于两个时间单位，周期被默认为两个时间单位（μs 或 ms）。脉冲计数范围为 1 ~ 4 294 967 295。如果指定的脉冲数为 0，则脉冲数默认为 1。

状态字节中的 PTO 空闲位（SM66.7 或 SM76.7）用来指示可编程脉冲列输出是否完成，可以在脉冲列完成时启动中断程序。如果使用多段操作，将在轮廓表完成时调用中断程序。

PTO 功能允许脉冲列排队。当激活的脉冲列输出结束时，立即开始新脉冲列的输出，这样可以保证输出脉冲列的连续性。

PTO 功能有两种管线方式：单段管线和多段管线。

1. 单段管线

在单段管线中，需要为下一脉冲列更新 SM 值。启动了初始 PTO 段后，必须按照第二段波形的要求立即修改 SM 值，并再次执行 PLS 指令。管线中每次只能存储一段脉冲列的参数，第一段脉冲列完成后，接着输出第二段脉冲列；重复上述过程，输入新的脉冲列参数。除了下面的情况外，脉冲列之间可以平稳地过渡。

（1）改变了时间基准。

（2）利用 PLS 指令捕捉到新的脉冲列设置之前，激活脉冲列已经完成。

当管线已满时，如果试图装入脉冲列参数，状态字节的 PTO 管线溢出位（SM66.6 或 SM76.6）被置 1。PLC 进入 RUN 模式时，该位被初始化为 0。如果检测到溢出，必须手工清除该位。

2. 多段管线

在多段管线中，CPU 从 V 存储器中的轮廓表自动读取各脉冲列段的特性。该模式下仅使用特殊存储器区的控制字节和状态字节。选择多段管线时必须在 SMW168 或 SMW178 中装入轮廓表的 V 存储区的偏移地址。轮廓表中的所有周期必须使用同一时间基准（μs 或 ms），在运行过程中不能改变轮廓表。多段管线可用 PLS 指令启动，各段输入的长度为 8 字节，由 16 位周期值、16 位周期增量值和 32 位脉冲数值组成。

多段管线的轮廓表格式见表 5 - 4，多段管线能以指定的脉冲数自动增加或减少周期。在周期增量区输入一个正值将增加周期，输入一个负值将减小周期，输入为 0 则周期不变。如果指定的周期增量值使得在输出一定数量的脉冲后导致非法的周期值，会产生一个算术溢出错误，同时终止 PTO 功能，输出改为由输出映像寄存器控制。另外，状态字节中的增量计算错误位（SM66.4 或 SM76.4）被置为 1。

将状态字节中的用户中止位（SM66.5 或 SM76.5）置为 1，就可以中止正在运行的 PTO 轮廓。运行 PTO 轮廓时，SMB166 或 SMB176 提供当前激活轮廓的段数。

表 5 - 4　多段管线的轮廓表格式

从轮廓表开始的字节偏移	轮廓段数	描　　述
0		段数（1～255），0 产生非致命错误，将无 PTO 输出
1		初始周期（2～65 535 个基准时间单位）
3	1	每个脉冲的周期增量（有符号数，-32 768～32 767 个时间基准单位）
5		脉冲数（1～4 294 967 295）
9		初始周期（2～65 535 个基准时间单位）
11	2	每个脉冲的周期增量（有符号数，-32 768～32 767 个时间基准单位）
13		脉冲数（1～4 294 967 295）

3. 轮廓表的数据计算

PTO 发生器的多段管线方式在步进电动机控制中应用广泛。步进电动机加速启动、恒速运行和减速过程如图 5 - 7 所示，用此例说明如何计算轮廓表中的数据。假设 3 段的脉冲总数为 4 000，启动和结束时的脉冲频率为 2 kHz，最大脉冲频率为 10 kHz。由于轮廓表中的值是用周期而不是用频率表示的，需要将给定频率值转换成周期值。起始和结束时的周期为 500 μs，最高频率的周期为 100 μs。1 段要求在 200 个脉冲，频率从 2 kHz 上升到 10 kHz；

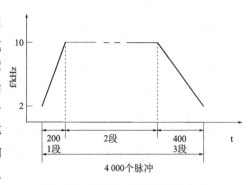

图 5 - 7　步进电动机的频率曲线

2 段为恒速运行段；3 段要求在 400 个脉冲，频率从 10 kHz 下降到 2 kHz。

本例中可用下式来计算 PTO 发生器调整各段脉冲周期的增量值。

$$周期增量值 = （ECT - ICT）/Q$$

式中 ECT——该段结束时的周期；

ICT——该段开始时的周期；

Q——该段的脉冲数。

利用此公式计算出的 1 段的周期增量值为 -2 μs，2 段的周期增量值为 0，3 段的周期增量值为 1 μs。

假设轮廓表的数据存放在从 VB500 开始的 V 存储器区中，则产生要求波形的轮廓表数据见表 5 - 5。表中的数据可以使用 MOV 指令送入 V 存储器区，另一种方法是在数据块中定义轮廓表的数据。

表 5 - 5　轮廓表的数据

V 存储器地址	数据	V 存储器地址	数据
VB500	3 （段数）	VB511	0 （2 段周期增量）
VB501	500 （1 段初始周期）	VB513	3 400 （2 段脉冲数）
VB503	-2 （1 段周期增量）	VB517	100 （3 段初始周期）
VB505	200 （1 段脉冲数）	VB519	1 （3 段周期增量）
VB509	100 （2 段初始周期）	VB521	400 （3 段脉冲数）

段内最后一个脉冲的周期不在轮廓表中直接给出，必须计算出来。如果需要两段之间的平滑转换，前一段最后一个脉冲的周期应等于下一段的初始周期。前者的计算公式为：

$$段的最后一个脉冲的周期 = ICT + \left[DEL \times （Q-1）\right]$$

式中 ICT——该段的初始周期；

DEL——该段的周期增量；

Q——该段的脉冲数。

由于周期增量必须是以 μs 或 ms 为单位的整数，每个脉冲都需要修改周期，实际的情况要复杂得多。周期增量的计算可能需要迭代的方法和对给定段的结束周期或脉冲数作一定的调整。

可利用下式计算完成给定轮廓段的时间：

$$轮廓段的持续时间 = Q\left\{ICT + \left[\frac{DEL}{2} \times （Q-1）\right]\right\}$$

式中 Q、ICT 和 DEL 的意义与前述的相同。

五、PWM 功能

PWM 功能可提供连续的、可变占空比的脉冲输出，周期范围为 50 ~ 65 535 μs 或 2 ~ 65 535 ms，脉冲宽度范围为 0 ~ 65 535 μs 或 0 ~ 65 535 ms。当指定的脉冲宽度大于周期值时，占空比为 100%，输出连续接通。当脉冲宽度为 0 时，占空比为 0%，输出断开。如果指定的周期小于两个时间单位，周期被设为默认值两个时间单位（μs 或 ms）。可用下述的两种方法改变 PWM 波形的特性。

1. 同步更新

如果不要求改变时间基准，可以进行同步更新。同步更新时，波形特性的变化发生在两个周期的交界处，可实现平滑过渡。

2. 异步更新

PWM 的典型操作是脉冲宽度变化但周期保持不变，即不要求改变时间基准。如果需要改变 PWM 发生器的时间基准，则应使用异步更新。异步更新瞬时关闭 PWM 发生器，与 PWM 的输出波形不同步，可能引起被控设备的抖动。因此，建议选择一个适用于所有周期时间的时间基准，使用同步 PWM 更新。

控制字节的 PWM 更新方法位（SM67.4 或 SM77.4），用来指定更新方法，执行 PLS 指令使更新生效。如果改变了时间基准，不管 PWM 更新方法位的状态如何，都会产生一个异步更新。

六、在数据表中定义轮廓表数据

（1）使用下列任何一种方法访问数据块。

① 点击浏览条上的"数据块" 按钮。

② 选择菜单命令查看（V）> 数据块（D）。

③ 打开指令树中的"数据块"文件夹，然后双击 图标。

（2）通过插入新数据块页标签，将数据块 V 存储区赋值分成下列多个功能组。

① 点击数据块窗口，然后选择菜单命令编辑（E）>插入（I）>数据块（D）。

② 在指令树中，用鼠标右键点击数据块页图标，然后在弹出菜单中选择插入（I）>数据块（D）。

③ 右击数据块窗口，然后在弹出菜单中选择插入（I）>数据块（D）。

④ 标签的最大数目为128。如果使用向导，有关标签会被自动创建以支持向导功能。创建的标签的最大数目为（128，由 MicroWin 自动创建的标签数目）。请使用 Windows 剪贴板合并标签数据；方法为使用剪切和粘贴由一个标签转移到另一个，然后删除空的标签。

（3）重命名。在指令树中，用鼠标右键点击数据块页图标，然后在弹出菜单中选择重命名。也可以在指令树内直接重命名数据块页，方法为点击该标签页名称两次（动作要慢一些，以免解释成双击）；然后编辑该标签名。数据块编辑器提供相同的重命名功能，方法为用鼠标右键直接点击该标签名。

（4）数据块允许对 V 存储区的字节（V 或 VB）、字（VW）或双字（VD）赋值。注释（前面带双正斜线//）是可选项。

① 数据块的第一行必须包含一个显性地址赋值（绝对地址或符号地址），其后的行可包含显性或隐性地址赋值。在对单个地址键入多个数据值赋值，或键入仅包含数据值的行时，编辑器会自动进行隐性地址赋值。编辑器根据先前的地址分配及数据值大小（字节、字或双字）指定适当的 V 存储区数量。

② 数据块编辑器是一种自由格式文本编辑器，对特定类型的信息没有规定具体的输入域。键入一行后，按 ENTER 键，数据块编辑器自动格式化行（对齐地址列、数据、注释；大写 V 存储区地址标志）并重新显示行。数据块编辑器接受大小写字母，并允许使用逗号、制表符或空格作为地址和数据值之间的分隔符。

③ 在完成一赋值行后按 CTRL-ENTER 键组合，会令地址自动增加至下一个可用地址。

（5）数据块一般规则如图 5 – 8 所示。

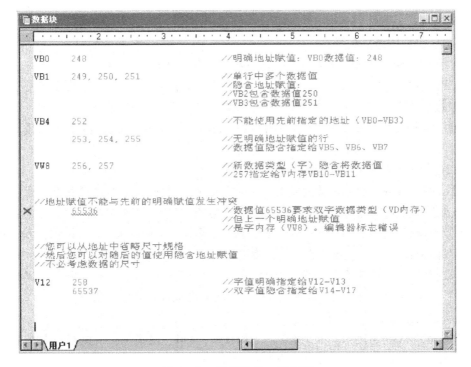

图 5 –8　数据块的一般规则

例如：直接地址和数值，如图 5 –9 所示。

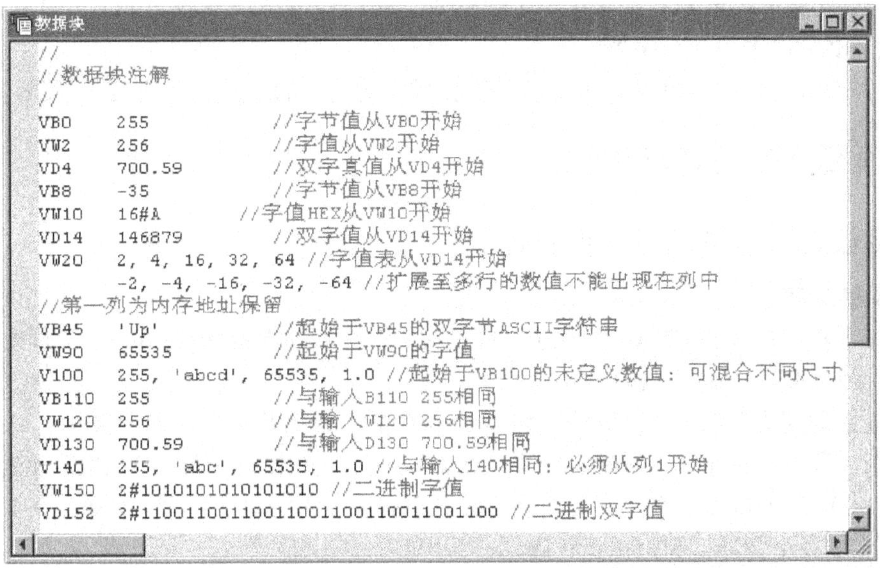

图 5 –9　数据块的直接地址与数值

（6）错误及改正。一旦在包含错误的行尾按 ENTER 键，立即会在数据块左页边显示输入错误，如图 5 –10 所示。必须纠正全部输入错误，才能成功地编译。

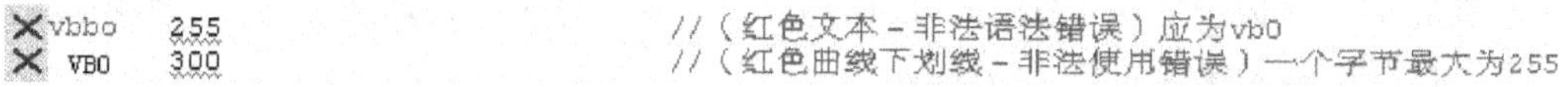

✗ vbbo　　2.55　　　// （红色文本－非法语法错误）应为vb0
✗ VB0　　　3.00　　　// （红色曲线下划线－非法使用错误）一个字节最大为255

图5－10　显示输入错误样例

引起输入错误的条件包括：

① 指定了错误的存储区（V是唯一允许使用的存储区）。

② 在地址赋值中指定了某一存储区尺寸（字节或字），但数据值实际要求更大的尺寸（例如，数据值256过大，无法在VB地址中存储，要求使用VW地址）。

③ 在一行中输入了错误的顺序：在数据值之后（而不是在数据值之前）键入存储区地址。

④ 使用非法语法或无效数值。

⑤ 尝试使用符号，而不是使用绝对V存储区地址（数据块中不允许使用符号）。

⑥ 未能适当地指定注释（双前斜线必须位于注释之前：//注释样本）。

如果数据块是激活窗口，使用菜单命令PLC＞编译（Compile）＞编译数据块。如果数据块不是激活窗口，也可以编译数据块：使用菜单命令PLC＞全部编译（Compile All）。

编译数据块时，如果编译程序发现错误，会在"输出窗口"显示错误。将光标置于"输出窗口"中的错误信息上，双击该信息，在数据块窗口中显示出错行。

仅在编译后显示的错误包括：

① 重复地址赋值（例如，如果输入"VB1 249，250"之类的行，则是对VB2隐性赋值250，不得在别处对地址进行其他不同的数据值赋值）。

② 地址重叠（例如，如果为VD0指定一个类似65 536的双字数值，则不得再对V1、V2或V3指定其他赋值，因为这些数值已被使用，是以VD0开始的双字的一部分）。

③ 将数据块下载至PLC如果编辑了数据块，就需将数据块下载至PLC。只有在修改过的数据块下载后的编辑才会生效。

如果需要节省空间，可以切换希望下载至PLC的信息的下载状态（打开/关闭）。

1.4　项目操作内容与步骤

项目任务：步进电机正反转控制

1. 控制要求

1）按下正向启动按钮SB1，步进电机正转；按下反向启动按钮SB2，步进电机反转；按下停止按钮SB3，步进电机停止。

2）起始周期为2 000 μs，结束周期为10 000 μs，最高频率的周期为80 μs。

3）第一段要求在192个脉冲，频率从0.5 kHz上升到12.5 kHz；第二段为恒速运行段，脉冲个数400 000 000个；第三段要求在248个脉冲，频率从12.5 kHz下降到0.1 kHz；第四段要求在200个脉冲，为恒速运行段。

2. 控制要求分析

1）正反控制

根据控制要求，正反转控制可以采用经验设计法中的起保停程序来设计。

2）步进电机的频率曲线

根据控制要求，步进电机的频率曲线如图5-11所示。

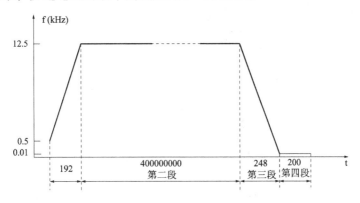

图5-11 步进电机的频率曲线

3）轮廓表的数据

轮廓表的数据见表5-6。

第一段周期增量 = （80 - 2 000）/192 = -10；

第二段周期增量 = （80 - 80）/400 000 000 = 0；

第三段周期增量 = （10 000 - 80）/248 = 40；

第四段周期增量 = （10 000 - 10 000）/200 = 0。

表5-6 轮廓表的数据

V 存储器地址	数据	V 存储器地址	数据
VB300	4（段数）	VW317	80（第三段初始周期）
VW301	2 000（第一段初始周期）	VW319	40（第三段周期增量）
VW303	-10（第一段周期增量）	VD321	248（第三段脉冲数）
VD305	192（第一段脉冲数）	VW325	10 000（第四段初始周期）
VW309	80（第二段初始周期）	VW327	0（第四段周期增量）
VW311	0（第二段周期增量）	VD329	200（第四段脉冲数）
VD313	400 000 000（第二段脉冲数）		

3. I/O 端口分配功能表

根据控制要求，列出I/O端口分配功能表，如表5-7所示。

表5-7 I/O端口分配功能表

输入			输出		
PLC 地址（PLC 端子）	电气符号（面板端子）	功能说明	PLC 地址（PLC 端子）	电气符号（面板端子）	功能说明
I0.0	SB1	正向启动按钮	Q0.0	PUL	脉冲信号
I0.1	SB2	反向启动按钮	Q0.2	DIR	方向信号
I0.2	SB3	停止按钮			

4. 控制接线图

根据任务分析，按照图5-12所示进行PLC硬件接线。

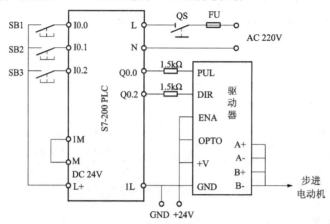

图5-12　PLC硬件接线图

5. 程序设计

步进电动机控制系统梯形图程序如图5-13所示。

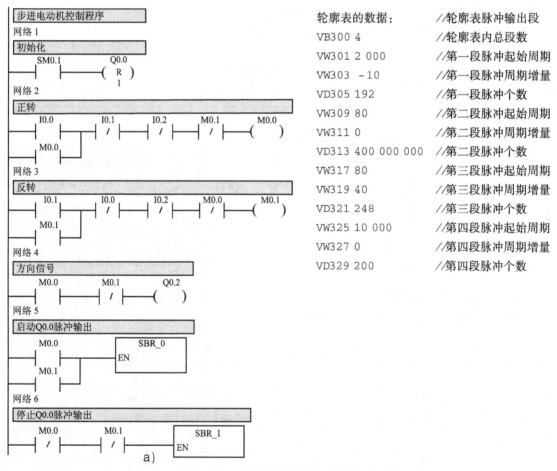

轮廓表的数据：	//轮廓表脉冲输出段
VB300 4	//轮廓表内总段数
VW301 2 000	//第一段脉冲起始周期
VW303 -10	//第一段脉冲周期增量
VD305 192	//第一段脉冲个数
VW309 80	//第二段脉冲起始周期
VW311 0	//第二段脉冲周期增量
VD313 400 000 000	//第二段脉冲个数
VW317 80	//第三段脉冲起始周期
VW319 40	//第三段脉冲周期增量
VD321 248	//第三段脉冲个数
VW325 10 000	//第四段脉冲起始周期
VW327 0	//第四段脉冲周期增量
VD329 200	//第四段脉冲个数

图5-13　步进电动机控制系统梯形图程序（一）

a）主程序部分

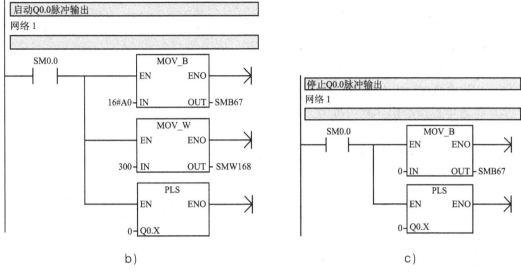

图 5 –13 步进电动机控制系统梯形图程序（二）
b）子程序（SBR –0）部分；c）子程序（SBR –1）部分

6. 安装配线

首先按照图 5 –12 进行配线，安装方法及要求与接触器—继电器电路相同。

7. 运行调试

（1）连接好 PLC 输入/输出接线，启动 STEP 7 – Micro/WIN32 编程软件。

（2）打开符号表编辑器，根据表 5 –7 要求，将相应的符号与地址分别录入符号表的符号栏和地址栏。例如，符号栏写"启动"，相应的地址栏则写"I0.0"。

（3）打开梯形图编辑器，录入程序并下载到 PLC 中，使 PLC 进入运行状态。

（4）打开数据块编辑器，录入轮廓表数据。

（5）使 PLC 进入梯形图监控状态。

① 不做任何操作，观察步进电机的状态。

② 闭合 SB1 按钮，观察步进电机的状态。

③ 闭合 SB2 按钮，观察步进电机的状态。

④ 闭合 SB3 按钮，观察步进电机的状态。

8. 评分标准

本项任务的评分标准见附录表 1 所示。

1.5 项目小结

本项目通过对二相八拍步进电机的程序设计，讲解了步进电机的工作原理和通电方式、高速脉冲输出指令的使用方法。在编写程序时，应注意各指令的格式、控制字的设定及轮廓表数据的计算。

1.6 思考与练习

1. 填空题

（1）步进电机由于具有转子惯量低、＿＿＿＿＿＿、无累积误差、＿＿＿＿＿＿等特点，已成为运动控制领域的主要执行元件之一。

（2）PLC 对步进电机也具有良好的控制能力，利用其_____输出功能或运动控制功能，即可实现对_____的控制。

（3）步进电机按力矩产生的原理可分为反应式、_____和_____。

（4）步进电机按输出力矩大小可分为_____和_____。

（5）步进电机按励磁相数可分为三相、_____、五相、_____等。相数越多步距角_____，但结构_____。

（6）PTO 功能是提供周期与脉冲数目可由_____的方波脉冲列，脉冲宽度与_____之比称为占空比。

（7）如果设定的周期值为奇数，就不能保证占空比为_____。如果周期小于两个时间单位，周期被默认为_____。如果指定的脉冲数为0，则脉冲数默认为_____。

2. 名词解释

（1）相数；

（2）拍数；

（3）步距角；

（4）齿距角。

3. 程序设计

假设 3 段的脉冲总数为 4 000，启动和结束时的脉冲频率为 2 kHz，最大脉冲频率为 10 kHz。由于轮廓表中的值是用周期而不是用频率表示的，需要将给定频率值转换成周期值。起始和结束时的周期为 500 μs，最高频率的周期为 100 μs。1 段要求在 200 个脉冲，频率从 2 kHz 上升到 10 kHz；2 段为恒速运行段；3 段要求在 400 个脉冲，频率从 10 kHz 下降到 2 kHz。

项目2　三相六拍步进电机控制

 情境导入

用 PLC 控制三相六拍步进电机，控制要求如下：

（1）三相步进电动机有三个绕组：A、B、C。

正转通电顺序为：A→AB→B→BC→C→CA→A；

反转通电顺序为：A→CA→C→BC→B→AB→A。

（2）要求能实现正、反转控制，而且正、反转切换无须经过停车步骤。

（3）有两种转速：1 号开关合上，则转过一个步距角需 0.5 s。2 号开关合上，则转过一个步距角需 0.05 s。

（4）要求步进电动机转动 100 个步距角后自动停止运行。

2.1　教学目标

知识目标：

（1）掌握不同分辨率定时器的使用；

（2）掌握三相六拍步进电机的控制方法。

能力目标：

（1）能够实现三相六拍步进电机的正反转控制。

（2）能够实现三相六拍步进电机的调速控制。

2.2 项目任务

项目任务：三相六拍步进电机控制

2.3 相关知识点

一、三相六拍步进电动机

三相六拍步进电机是一种典型单定子、径向分相、反应式伺服电机。其结构原理图与普通电机一样，分为定子和转子两部分，其中定子又分为定子铁芯和定子绕组。定子铁芯由硅钢片叠压而成。定子绕组绕制在定子铁芯上，六个均匀分布齿上的线圈，在直径方向上相对的两个齿上的线圈串联在一起，构成一相控制绕组。三相步进电机可构成三相控制绕组，若任一相绕组通电，便形成一组定子磁极。在定子的每个磁极上，即定子铁芯上的每个齿上开了五个小齿，齿槽等宽，齿间夹角为9°，转子上没有绕组，只有均匀分布的个40小齿，齿槽也是等宽的，齿间夹角也是与磁极上的小齿一致。此外，三相定子磁极上的小齿在空间位置上依次错开1/3齿距。当A相磁极上的小齿与转子上的小齿对齐时，B相磁极上的齿刚好超前或滞后转子齿轮1/3齿距角，C相磁极齿超前或滞后转子齿2/3齿距角。

三相六拍步进电机的工作原理：当A相绕组通电时，转子的齿与定子AA上的齿对齐。若A相断电，B相通电，由于磁力的作用，转子的齿与定子BB上的齿对齐，转子沿顺时针方向转过3°，如果控制线路不停地按A→B→C→A的循环顺序控制步进电机绕组的通电、断电，步进电机的转子便不停地顺时针转动，这是三相三拍。而当AB同时通电时，由于两个磁力的作用，定子绕组的通电状态每改变一次，转子转过1.5°，原理与三相三拍相同，从而形成三相六拍，其通电顺序为：

正转通电顺序为：A→AB→B→BC→C→CA→A；

反转通电顺序为：A→CA→C→BC→B→AB→A。

步进电机广泛应用于对精度要求比较高的运动控制系统中，如机器人、打印机、软盘驱动器、绘图仪、机械阀门控制器等。矩角特性是步进电机运行时一个很重要的参数，矩角特性好，步进电机启动转矩就大，运行不易失步。改善矩角特性一般通过增加步进电机的运行拍数来实现。三相六拍比三相三拍的矩角特性好一倍，因此在很多情况下，三相步进电机采用三相六拍运行方式。

二、驱动器

3ND583采用精密电流控制技术设计的高细分三相步进驱动器，适合驱动57～86机座号的各种品牌的三相步进电机。3ND583驱动器与配套电机的发热量降幅达15%～30%以上。而且3ND583驱动器与配套三相步进电机能提高位置控制精度，因此特别适合于要求低噪声、低电机发热与高平稳性的高要求场合。由于采用了先进的纯正弦电流控制技术，电机噪声和运行平稳性明显改善。能大幅度降低电机运转时的噪声和振动，使得步进电机运转时的噪声和平稳性趋近于伺服电机的水平。高速时力矩也大大高于二相混合式步进电机,定位精度高。适合各种中小型自动化设备和仪器,例如:雕刻机、打标机、切割机、激光照排、绘图仪、数控机床、自动装配设备等。

1. 特性

(1) 高性能、超低噪音。

(2) 电机和驱动器发热很低。

(3) 纯正弦电流控制,输出电流峰值可达8.3 A(均值5.9 A)。

(4) 直流供电电压18～50 VDC。

(5) 输出电信号TTL兼容。

(6) 静止时电机自动减半。

(7) 可驱动3、6线三相步进电机。

(8) 光电隔离信号输入,脉冲响应频率最高可达400 kHz。

(9) 有过压、欠压、相间短路、过热保护功能。

(10) 八档细分和自动半流功能。

(11) 十六档输出相电流设置。

(12) 具有相位记忆功能(电机停止5 s后再断电,可保持电机上下电位置不变)。

(13) 高启动转速。

(14) 具有脱机命令输入端子。

(15) 电机的扭矩与它的转速有关,而与电机每转的步数无关。

(16) 脉冲/方向或CW/CCW双脉冲功能可选。

2. 驱动器接口

(1) P1弱电接线信号描述,如表5-8所示。

表5-8　P1弱电接线信号及其功能

名　称	功　能
PUL +(+5 V) PUL -(PUL)	脉冲控制信号:脉冲上升沿有效;PUL-高电平时4～5 V,低电平时0～0.5 V。为了可靠响应脉冲信号,脉冲宽度应大于1.2 μs。如采用+12 V或+24 V时需串接电阻
DIR +(+5 V) DIR -(DIR)	方向信号:高/低电平信号,为保证电机可靠换向,方向信号应先于脉冲信号至少5 μs建立。电机的初始运行方向与电机的接线有关,互换三相绕组U、V、W的任何两根线可以改变电机初始运行的方向,DIR-高电平时4～5 V,低电平时0～0.5 V
ENA +(+5 V) ENA -(ENA)	使能信号:此输入信号用于使能或禁止。ENA+接+5 V,ENA-接低电平(或内部光耦导通)时,驱动器将切断电机各相的电流使电机处于自由状态,此时步进脉冲不被响应。当不需用此功能时,使能信号端悬空即可

(2) P2端口强电接口描述,如表5-9所示。

表5-9　P2端口强电接口及其功能

名　称	功　能
GND	直流电源地

续表

名　称	功　能
+ V	直流电源正极，+18 V ~ +50 V 间任何值均可，但推荐值 +36 VDC 左右
U	三相电机 U 相
V	三相电机 V 相
W	三相电机 W 相

（3）输入接口电路。3ND583 驱动器采用差分式接口电路可适用差分信号，单端共阴及共阳等接口，内置高速光电耦合器，允许接收长线驱动器，集电极开路和 PNP 输出电路的信号。在环境恶劣的场合，推荐用长线驱动器电路，抗干扰能力强。现在以集电极开路和 PNP 输出为例，接口电路示意图如图5-14所示。

注意：V_{CC}值为 5 V 时，R 短接；

V_{CC}值为 12 V 时，R 为 1 K，大于 1/8 W 电阻器；

V_{CC}值为 24 V 时，R 为 2 K，大于 1/8 W 电阻器；

R 必须接在控制器信号端。

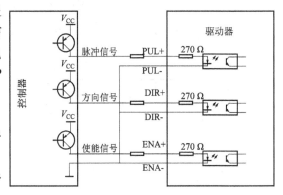

图5-14　输入接口电路

3. 控制信号模式设置

（1）电路板上的 J1 跳线说明：单/双脉冲模式选择。

① 跳线开关插接位置 4-5，7-8：单脉冲方式。

② 跳线开关插接位置 5-6，8-9：双脉冲方式。

③ 出厂设置为单脉冲模式，即脉冲/方向模式。

（2）电路板上的 J1 跳线开关说明：脉冲上升沿/下降沿有效选择。

① 跳线开关插接位置 1-2：单脉冲方式时脉冲上升沿有效。

② 跳线开关插接位置 2-3：单脉冲方式时脉冲下降沿有效。

③ 出厂设置为脉冲上升沿有效。

4. 接线要求

（1）为了防止驱动器受干扰，建议控制信号采用屏蔽电缆线，并且屏蔽层与地线短接，除特殊要求外，控制信号电缆的屏蔽线单端接地：屏蔽线的上位机一端接地，屏蔽线的驱动器一端悬空。同一机器内只允许在同一点接地，如果不是真实接地线，可能干扰严重，此时屏蔽层不接。

（2）脉冲和方向信号线与电机线不允许并排包扎在一起，最好分开至少 10 cm 以上，否则电机噪声容易干扰脉冲方向信号引起电机定位不准，系统不稳定等故障。

（3）如果一个电源供多台驱动器，应在电源处采取并联连接，不允许先到一台再到另一台链状式连接。

（4）严禁带电拔插驱动器强电 P2 端子，带电的电机停止时仍有大电流流过线圈，拔插 P2 端子将导致巨大的瞬间感生电动势烧坏驱动器。

（5）严禁将导线头加锡后接入接线端子，否则可能因接触电阻变大而过热损坏端子。

（6）接线线头不能裸露在端子外，以防意外短路而损坏驱动器。

5. 电流、细分拨码开关设定

3ND583 驱动器采用八位拨码，如图 5 – 15 所示。开关设定细分精度、动态电流和半流/全流。详细描述如下：

1）电流设定

SW1-SW4 四位拨码开关用于设定电机运行时电流。工作（动态）电流设定，用四位拨码开关一共可设定 16 个电流级别，参见表 5 – 10。

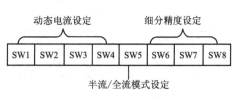

图 5 – 15 电流、细分拨码开关

表 5 – 10 工作（动态）电流设定

输出峰值电流	输出均值电流	SW1	SW2	SW3	SW4
2.1 A	1.5 A	off	off	off	off
2.5 A	1.8 A	on	off	off	off
2.9 A	2.1 A	off	on	off	off
3.2 A	2.3 A	on	on	off	off
3.6 A	2.6 A	off	off	on	off
4.0 A	2.9 A	on	off	on	off
4.5 A	3.2 A	off	on	on	off
4.9 A	3.5 A	on	on	on	off
5.3 A	3.8 A	off	off	off	on
5.7 A	4.1 A	on	off	off	on
6.2 A	4.4 A	off	on	off	on
6.4 A	4.6 A	on	on	off	on
6.9 A	4.9 A	off	off	on	on
7.3 A	5.2 A	on	off	on	on
7.7 A	5.5 A	off	on	on	on
8.3 A	5.9 A	on	on	on	on

静止（静态）电流设定，可用 SW5 拨码开关设定，off 表示静态电流设为动态电流的一半，on 表示静态电流与动态电流相同。如果电机停止时不需要很大的保持力矩，建议把 SW5 设成 off，使得电机和驱动器的发热减少，可靠性提高。脉冲串停止后约 0.4 s 左右电流自动减至一半左右（实际值的 60%），发热量理论上减至 36%。

2）细分设定

细分精度由 SW6～SW8 三位拨码开关设定，参见表 5 –11。

表5-11 细分精度的设定

步/转	SW6	SW7	SW8
200	on	on	on
400	off	on	on
500	on	off	on
1 000	off	off	on
2 000	on	on	off
4 000	off	on	off
5 000	on	off	off
10 000	off	off	off

6. 供电电源选择

电源电压在 DC 20~50 V 之间都可以正常工作, 3ND583 驱动器最好采用非稳压型直流电源供电, 也可以采用变压器降压 + 桥式整流 + 电容滤波, 电容可取 6 800 μF 或 10 000 μF。但注意应使整流后电压纹波峰值不超过 50 V。建议用户使用 24~45 V 直流供电, 避免电网波动超过驱动器电压工作范围。如果使用稳压型开关电源供电, 应注意电源的输出电流范围需设成最大。请注意:

(1) 接线时要注意电源正负极切勿反接;

(2) 最好用非稳压型电源;

(3) 采用非稳压电源时, 电源电流输出能力应大于驱动器设定电流的 60% 即可。

2.4 项目操作内容与步骤

项目任务: 三相六拍步进电机控制

控制要求参见情景导入。

1. 控制程序分析

根据控制要求, 可作出步进电机在启动运行时的程序框图, 如图6-13所示。以工作框图为依据, 结合考虑控制的具体要求, 首先可将梯形图程序分成4个模块进行编程, 即模块1: 步进速度选择; 模块2: 启动, 停止和清零; 模块3: 移位步进控制功能模块; 模块4: A, B, C 三相绕组对象控制。然后再将模块进行连接, 最后经过调试, 完善, 实现控制要求。控制程序流程图见图5-16。

根据控制流程, 采用移位指令进行步进控制。首先指定移位寄存器 MB0, 按照三相六拍的步进顺序, 移位寄存器的初值见表5-12。

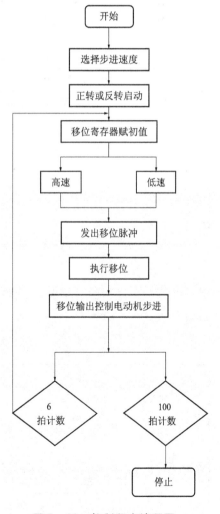

图5-16 控制程序流程图

205

表 5 -12　移位寄存器初值

M0.5	M0.4	M0.3	M0.2	M0.1	M0.0
1	0	0	0	0	0

每右移1位，电机前进一个布局角（一拍），完成六拍后重新赋初值，其中 M0.6 和 M0.7 始终为"0"。据此，可做出移位寄存器输出状态及步进电机正反转绕组的状态真值表，如表 5 -13 所示。从而得出三相绕组的控制逻辑关系式：

正转时：

A 相　Q0.0 = M0.5 + M0.4 + M0.0

B 相　Q0.1 = M0.4 + M0.3 + M0.2

C 相　Q0.2 = M0.2 + M0.1 + M0.0

反转时：

A 相　Q0.0 = M0.5 + M0.4 + M0.0

B 相　Q0.1 = M0.2 + M0.1 + M0.0

C 相　Q0.2 = M0.4 + M0.3 + M0.2

表 5 -13　移位寄存器输出状态及步进电机绕组状态真值表

移位寄存器 MB0						正转			反转		
M0.5	M0.4	M0.3	M0.2	M0.1	M0.0	A	B	C	A	B	C
0	0	0	0	0	0	0	0	0	0	0	0
1	0	0	0	0	0	1	0	0	1	0	0
0	1	0	0	0	0	1	1	0	1	0	1
0	0	1	0	0	0	0	1	0	1	0	1
0	0	0	1	0	0	0	1	1	0	1	1
0	0	0	0	1	0	0	0	1	0	1	0

2. I/O 分配

控制步进电机的五个输入开关及控制 A、B、C 三相绕组工作的输出端在 PLC 中的 I/O 编址如表 5 -14 所示。

表 5 -14　步进电机控制 I/O 端口分配功能表

输入			输出		
PLC 地址 （PLC 端子）	电气符号 （面板端子）	功能说明	PLC 地址 （PLC 端子）	电气符号 （面板端子）	功能说明
I0.0	SB1	电机正转启动按钮	Q0.0	A	控制 A 相绕组
I0.1	SB2	电机反转启动按钮	Q0.1	B	控制 B 相绕组
I0.2	SB3	停止和清零按钮	Q0.2	C	控制 C 相绕组
I0.4	SB4	低速开关（1）			
I0.5	SB5	高速开关（2）			

3. 硬件接线图

PLC 接线图如图 5 - 17 所示。

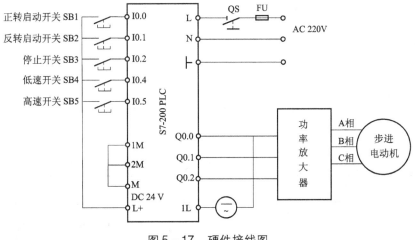

图 5 - 17　硬件接线图

4. 主站程序

根据程序模块及三相绕组的控制逻辑关系，可绘出梯形图控制程序，程序如图 5 - 18 所示。

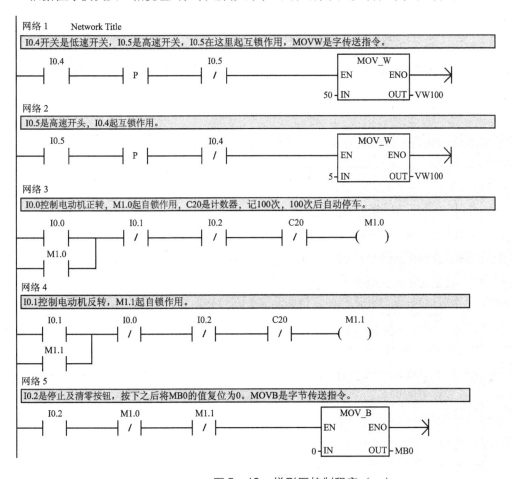

图 5 - 18　梯形图控制程序（一）

网络6

给移位寄存器赋初值，C0作用是计数六次后重新赋初值。

```
   M1.0                                      MOV_B
  ──┤ ├──────────┤ P ├──┐          ┌──────────────────┐
                          │          │EN        ENO│──┤
   M1.1                   │          │                 │
  ──┤ ├──┐               ├──────────┤             │
          │               │  2#100000─┤IN        OUT├─MB0
   C0     │               │          └──────────────────┘
  ──┤ ├──┘               │
```

网络7

停车、清零

```
   I0.2              M3.0
  ──┤ ├──────────────( )
```

网络8

控制通电延时计时器，通电后，T33开始计时，计时结束后T33相关触点闭合或断开。

```
   M1.0      M2.0      C20       I0.2                    T33
  ──┤ ├──┬──┤/├──────┤/├──────┤/├──────┐         ┌──────────────┐
          │                              │         │IN       TON│
   M1.1   │                              └─────────┤             │
  ──┤ ├──┘                              VW100─┤PT    10 ms│
                                                  └──────────────┘
```

网络9

T33计时完毕以后，移位寄存器开始工作，把MB0值向右移1位。

```
   T33                        SHR_B
  ──┤ ├──────────┐    ┌──────────────────┐
                  │    │EN        ENO│──┤
                  └────┤                 │
              MB0─┤IN        OUT├─MB0
                 1─┤N                   │
                       └──────────────────┘
```

网络10

控制M2.0的相关开关的断开与闭合

```
   T33              M2.0
  ──┤ ├──────────────( )
```

网络11

T33计时时间到后，计数器C0计数1次，当计数够6次后C0开关闭合，计数器复位。

```
   T33                     C0
  ──┤ ├──────────┐    ┌──────────┐
                  ├────┤CU    CTU│
   C0            │    │          │
  ──┤ ├──────────┘    │          │
                       ┤R         │
   I0.2                │          │
  ──┤ ├────────────────┘          │
                    6─┤PV         │
                       └──────────┘
```

网络12

T33计时时间到后，计数器C20计数1次，当计数够用100次后C20天关闭合，计数器复位。

```
   T33                     C20
  ──┤ ├──────────┐    ┌──────────┐
                  ├────┤CU    CTU│
   C20           │    │          │
  ──┤ ├──────────┘    │          │
                       ┤R         │
   I0.2                │          │
  ──┤ ├────────────────┘          │
                  100─┤PV         │
                       └──────────┘
```

网络13

Q0.0控制A相，正转或反转时M0.0，M0.4、M0.5其中一个得电则A相得电。

```
   M0.0              Q0.0
  ──┤ ├──┬───────────( )
          │
   M0.4   │
  ──┤ ├──┤
          │
   M0.5   │
  ──┤ ├──┘
```

图5-18　梯形图控制程序（二）

网络 14

Q0.1控制B相，正转时M0.2、M0.3、M0.4其中一个得电则B相得电。反转时M0.0、M0.1、M0.2其中一个得电则B相得电。

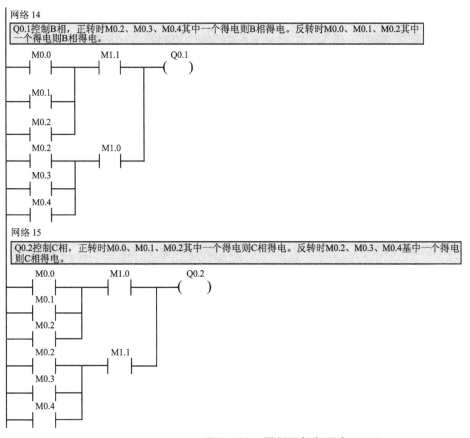

网络 15

Q0.2控制C相，正转时M0.0、M0.1、M0.2其中一个得电则C相得电。反转时M0.2、M0.3、M0.4其中一个得电则C相得电。

图 5 - 18　梯形图控制程序（三）

5. 程序的运行及调试

（1）启动 S7-200 模拟软件，配置 CPU 型号为 221，如图 5 - 19 所示。

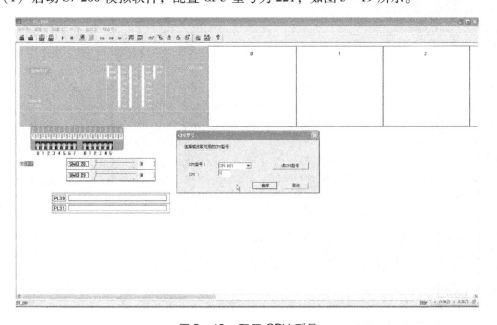

图 5 - 19　配置 CPU 型号

（2）载入程序，启动软件，打开监控，如图 5 - 20 所示。

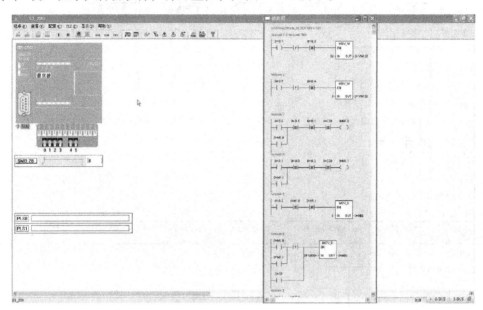

图 5 - 20 载入程序

（3）高速正转运行正常，如图 5 - 21 所示。

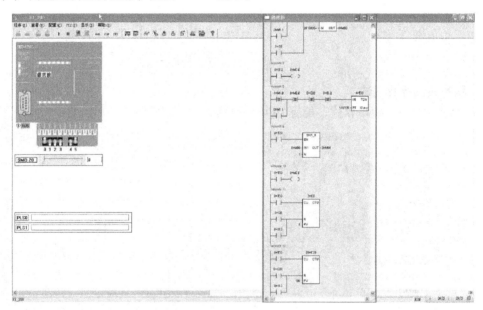

图 5 - 21 高速正转运行

（4）低速正转运行正常，如图 5 - 22 所示。

（5）C20 计数 100 拍后自动停车，如图 5 - 23 所示。

2.5 项目小结

本项目通过三相六拍步进电机控制的程序调试，讲解了三相六拍步进的原理，以及 S7-

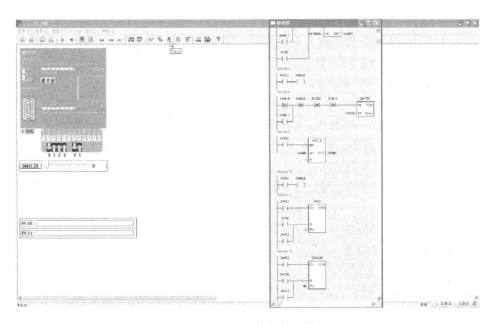

图 5 -22　低速正转运行

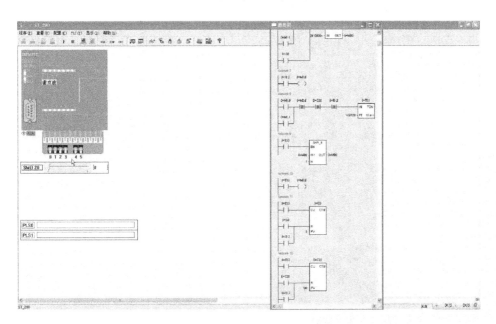

图 5 -23　C20 计数 100 拍后自动停车

200 步进电机驱动器的相关知识。在实际应用时，应注意合理选择定时器的分辨率，能够完成对三相六拍步进电机转向和转速控制。

2.6　思考与练习

填空题

（1）三相三拍步进电机通电相序为：A→＿＿＿＿＿＿＿→＿＿＿＿＿＿＿→A

（2）三相六拍步进电机正转通电顺序为：＿＿＿＿＿＿＿＿；反转通电顺序

为：_____。

（3）对于3ND583型三相步进电机驱动器，ENA＋接＋5 V，ENA－接低电平时，驱动器将切断电机各相的电流使电机处于_____状态，此时步进脉冲不被_____。当不需用此功能时，使能信号端悬空即可。

（4）为了防止驱动器受干扰，建议控制信号采用_____，并且屏蔽层与_____短接，除特殊要求外，控制信号电缆的屏蔽线_____接地。

（5）脉冲和方向信号线与电机线不允许并排包扎在一起，最好分开至少_____以上，否则电机噪声容易干扰_____引起电机定位不准，系统_____等故障。

（6）电机停止时不需要很大的保持力矩，建议把 SW5 设成_____，使得电机和驱动器的发热_____，可靠性提高。

（7）若要求步进驱动器的步/转设定为 4 000，则 SW6 设定为_____、SW7 设定为_____、SW8 设定为_____。

工作任务 6

PLC 与变频器

项目 1 变频器的使用

情境导入

交流电动机变频调速技术是近几年来发展起来的一项新技术。随着电力电子学、微电子学、计算机技术和控制理论的迅速发展，交流传动系统在宽调速、高精度、快速响应和四象限运行等性能方面也达到了与直流调速相媲美的效果。以变频器为核心的变频调速因其优异的调速性能而被认为是最有发展前途的调速方式。目前变频器已迈进了高性能、多功能、小型化和廉价化阶段。

如图 6-1 所示为一双重联锁正反转能耗制动控制线路，线路采用单相半波整流器作为直流电源，所用附加设备少，线路简单，成本低，常用于 10 kW 以下小容量电动机，且制动要求不高的场合，现应用变频器对图 6-1 所示的电气控制线路进行改造。

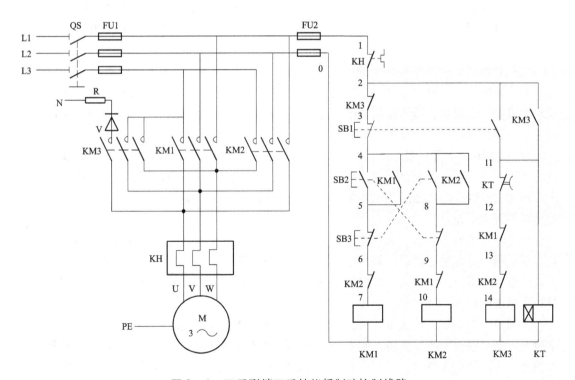

图 6-1 双重联锁正反转能耗制动控制线路

1.1 教学目标

知识目标：

（1）熟练掌握 MICROMASTER420 系列变频器的组成、特点；

（2）掌握 MICROMASTER420 系列变频器的安装、调试及基本操作方法。

能力目标：

（1）能够正确选用变频器，并进行安装接线；

（2）能够正确进行变频器的基本操作；

（3）能够正确应用变频器进行控制线路的改造。

1.2 项目任务

项目任务1： 控制电动机正反转运动控制

项目任务2： 双重联锁正反转能耗制动控制线路的变频器改造

1.3 相关知识点

一、变频器的分类与选择

根据用途，可将变频器分为通用变频器和专用变频器。根据控制功能可将通用变频器分为三种类型：普通功能型 u/f 控制变频器、具有转矩控制功能的高性能型 u/f 控制变频器（也称无跳闸变频器）和矢量控制高性能型变频器。通用变频器的选择包括变频器的型号选择和容量选择两个方面。其总的原则是首先保证可靠地实现工艺要求，再尽可能节省资金。

变频器类型的选择要根据负载的要求进行。对于风机、泵类等平方转矩（$T \propto n^2$），低速下负载转矩较小，通常可选择普通功能型的变频器。对于恒转矩类负载或有较高静态转速要求的机械，采用具有转矩控制功能的高性能变频器则是比较理想的。因为这种变频器低速转矩大，静态机械特性硬度大，不怕负载冲击。日本富士公司的 FRENIC 5000G11/P11、三菱公司的 SAMCO-L 系列属于此类。为了实现大调速比的恒转矩调速，常采用加大变频器容量的办法。对于要求精度高、动态性能好、响应快的生产机械（如造纸机械、轧钢机等），应采用矢量控制高功能型通用变频器。安川公司的 VS-616G5 系列、西门子公司的 6SE7 系列变频器属于此类。

变频器容量的选择是一个重要且复杂的问题，要考虑变频器容量与电动机容量的匹配问题，容量偏小会影响电动机有效力矩的输出，影响系统的正常运行，甚至损坏设备，而容量偏大则电流的谐波分量增大，也增加了设备投资。在满足生产机械要求的前提下，变频器容量越小越经济。

变频器的容量有三种表示方法：额定电流、适配电动机的额定功率、额定视在功率。其中后两项是变频器生产厂家由本国或公司生产的标准电动机给出，都很难确切表达变频器的负载能力。选择变频器时，只有变频器的额定电流是一个反映半导体变频装置负载能力的关键量。负载电流不超过变频器额定电流是选择变频器的基本原则。需要着重指出的是，确定变频器容量前应仔细了解设备的工艺情况及电动机参数，例如潜水电泵、绕线转子电动机额定电流要大于普通鼠笼异步电动机额定电流，冶金工业常用的辊道电动机不仅额定电流大很多，同时它允许短时处于堵转工作状态，且辊道传动大多数是多电动机传动。应保持在无故障状态下负载总电流均不允许超过变频器的额定电流。

那么，如何根据电动机负载电流来选择变频器的容量呢？对于一台变频器只供一台电动机使用（即一拖一）时，在计算出负载电流后，还应考虑三个方面的因素：一是用变频器供电时，电动机电流的脉动相对工频供电时需大些；二是电动机的启动要求，即是由低频、低压启动，还是额定电压、额定频率下直接启动；三是变频器使用说明书中的相关数据是生产厂家用标准电动机测试出来的，因此要注意按常规设计生产的电动机在性能上可能有一定差异，在计算变频器容量时需留适当的余量。在恒定负载连续运行，由低频、低压启动，变频器用来完成变频调速时，要求变频器的额定电流稍大于电动机的额定电流即可，此时变频器容量可按下式计算：

$$I_{CN} \geq 1.1 I_M \tag{6-1}$$

式中：I_{CN}——变频器额定电流；

　　　I_M——电动机额定电流。

额定电压、额定频率直接启动时，对三相电动机而言，由电动机的额定数据可知，启动电流是额定电流的 5~7 倍，因此用下式来计算变频器的额定电流 I_{CN}。

$$I_{CN} \geq I_{Mst}/k_{Fg} \tag{6-2}$$

式中：I_{Mst}——电动机在额定电压、额定频率时的启动电流；

　　　k_{Fg}——变频器的过载倍数。

本项目中采用 1 台变频器控制 1 台电动机，电动机的起停不是很频繁，且电动机采用变频启动，电动机的额定电流为 15 A，可以选用西门子 MM420 三相 380 V、7.5 kW 变频器，其额定输出电流为 18.4 A，大于 1.1 倍电动机的额定电流，满足要求。

西门子公司的 MM4 系列变频器包括 MICROMASTER 420 （简称 MM420）、MI-CROMASTER 430 （简称 MM430）、MICROMASTER 440 （简称 MM440）等，每种系列的变频器又有多种型号可供选择。

二、MM420 变频器结构

MM420 系列变频器内部结构如图 6-2 所示。MM420 由微处理器控制，并采用具有现代先进技术水平的绝缘栅双极型晶体管（IGBT）作为功率输出器件。因此，它们具有很高的运行可靠性和功能的多样性。其脉冲宽度调制的开关频率是可选的，因而降低了电动机运行的噪声。全面而完善的保护功能为变频器和电动机提供了良好的保护。

MM420 具有缺省的出厂设置参数，它是给数量众多的简单的电动机控制系统供电的理想变频驱动装置。由于 MM420 具有全面而完善的控制功能，在设置相关参数以后，它也可用于更高级的电动机控制系统。MM420 既可用于单机驱动系统，也可集成到"自动化系统"中。

其主要特点为：具有 1 个可编程的继电器输出和 1 个可编程模拟量输出（0~20 mA），3 个可编程的带隔离的数字输入，并可切换为 NPN/PNP 接线，1 个模拟输入用于设定值输入或 PI 控制器输入（0~10 V），具有详细的变频器状态信息和全面的信息显示功能。

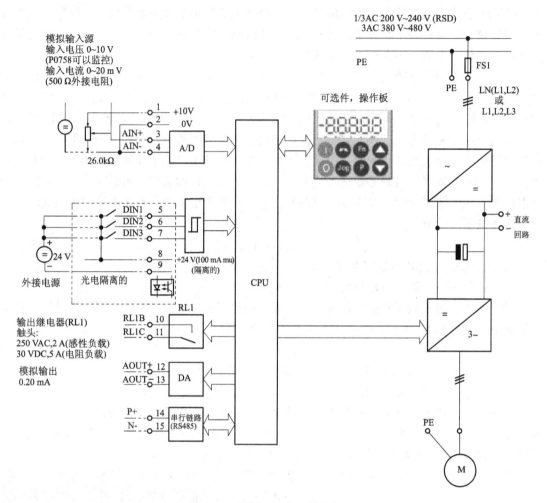

图6－2　MM420内部结构框图

三、MICROMASTER420系列变频器的安装

1. 机械安装

MICROMASTER420系列变频器的安装钻孔图如图6－3所示：

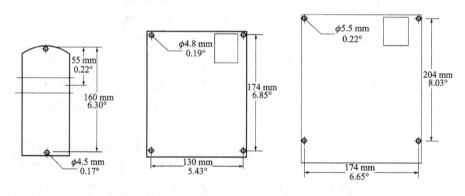

图6－3　MICROMASTER 420的安装钻孔图

MICROMASTER420 系列变频器的外形尺寸和螺丝紧固扭矩见表 6 - 1。

表 6 - 1　MM420 的外形尺寸和螺丝紧固扭矩

外形尺寸类型		外形尺寸		固定方法	螺丝紧固扭矩
A　宽度 ×高度 ×深度	mm	73 × 173 × 149		2 × M4 螺栓 2 × M4 螺母	2.5 Nm 带安装配套垫圈
	lnch	2.87 × 6.81 × 5.87		2 × M4 垫圈 安装在 DIN 轨道上	
B　宽度 ×高度 ×深度	mm	149 × 202 × 172		4 × M4 螺栓 4 × M4 螺母	2.5 Nm 带安装配套垫圈
	lnch	5.87 × 7.95 × 6.77		4 × M4 垫圈	
C　宽度 ×高度 ×深度	mm	185 × 245 × 195		4 × M5 螺栓 4 × M5 螺母	2.5 Nm 带安装配套垫圈
	lnch	7.26 × 9.65 × 7.68		4 × M5 垫圈	

下面以机壳外形尺寸为 A 型为例介绍 DIN 导轨的安装方法，见图 6 - 4。

把变频器安装到 35 mm 的标准导轨上（EN 50022）。

（1）用导轨的上闩销把变频器固定到导轨的安装位置上。

（2）向导轨上按压变频器，直到导轨的下闩销嵌入到位。

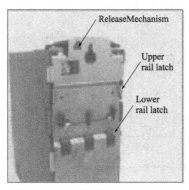

图 6 - 4　DIN 导轨的安装方法

（3）从导轨上拆卸变频器。

① 为了松开变频器的释放机构，将螺丝刀插入释放机构中。

② 向下施加压力，导轨的下闩销就会松开。

③ 将变频器从导轨上取下。

注意：变频器不得卧式安装（水平位置）；变频器可以一个挨一个地并排安装；变频器的顶上和底部都至少要留有 100 mm 的间隙，以保障变频器的冷却空气通道不被堵塞。

2. 电气安装

打开变频器的盖子后，就可以连接电源和电动机的接线端子，如图 6 - 5 所示。电源和电动机的接线必须按照图 6 - 6 所示的方法进行。小功率的为单相电源供电，大功率的为三相电源供电，但所用电机均为三相电机。

图6-5　MICROMASTER 420 变频器的连接端子

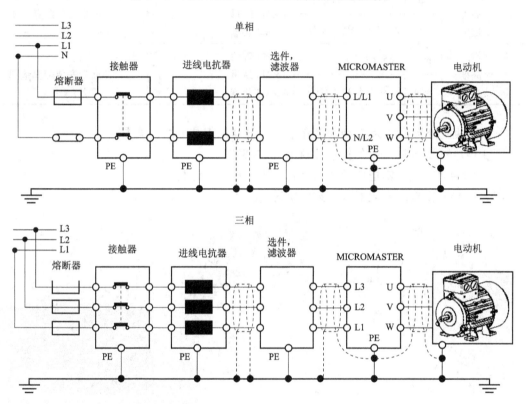

图6-6　MM420 系列变频器与电源和电动机的连接

四、MM420 的参数设置和调试

MM420 变频器在标准供货方式时装有状态显示板（SDP），如图6-7所示。

SDP状态显示面板

BOP基本操作面板

AOP高级操作面板

图6-7　MM420 变频器的操作面板

对于一般应用来说，利用 SDP 和制造厂的缺省设置值，就可以使变频器成功地投入运行。如果工厂的缺省设置值不适合设备情况，可以利用基本操作板（BOP），或高级操作板（AOP）修改参数使之与实际应用匹配。BOP 和 AOP 是作为可选件供货的。用户还可以用 PC IBN 工具"Drive Monitor"或"STARTER"来调整工厂的设置值。相关的软件在随变频器供货的 CD ROM 中可以找到。

1. 电动机频率 50/60 Hz 的设置

设置电机频率的 DIP 开关位于 I/O 板的下面（折下 I/O 板就可以看到）。如图 6-8 所示。

DIP 开关 2：Off 位置用于欧洲地区，缺省值（50Hz，kW等）；On 位置用于北美地区，缺省值（60Hz，hp 等）。

DIP 开关 1：不供用户使用。

图 6-8 MM420 DIP 开关

2. 利用基本操作板（BOP）进行调试

下面以利用基本操作面板（BOP）调试为例进行说明。利用基本操作面板可以更改变频器的各个参数。为了用 BOP 设置参数，首先必须将 SDP 从变频上拆卸下来，然后装上 BOP。BOP 具有五个七段 LCD 数码管，用于显示参数的序号和数值，报警和故障信息，以及该参数的设定值和实际值。BOP 不能存储参数的信息。需要注意的是在缺省设置时，用 BOP 控制电动机的功能是被禁止的。如果要用 BOP 进行控制，参数 P0700 应设置为 1，参数 P1000 也应设置为 1。表 6-2 为利用 BOP 操作时的出厂缺省参数设置值。

表 6-2 用 BOP 操作时的缺省设置值

参数	说明	缺省值，欧洲（或北美）地区
P0100	运行方式，欧洲/北美	50 Hz，kW（60 Hz，hp）
P0307	功率（电动机额定值）	量纲（kW（hp））取决于 P0100 的设定值
P0310	电动机的额定频率	50 Hz（60 Hz）
P0311	电动机的额定转速	1395（1680）rpm
P1082	最大电动机频率	50 Hz（60 Hz）

1）基本操作面板（BOP）上的按钮及功能

表 6-3 介绍了基本操作面板（BOP）上的按钮及功能。

表 6-3 基本操作面板（BOP）上的按钮及功能

显示/按钮	功能	功能说明
r0000	状态显示	LCD 显示变频器当前的设定值
Ⅰ	启动电机	按此键启动变频器。缺省值运行时此键是被封锁的。为了使此键的操作有效，应设定 P0700 = 1
O	停止电机	OFF1：按此键，变频器将按选定的斜坡下降速率减速停车。缺省值运行时此键被封锁；为了允许此键操作，应设定 P0700 = 1。OFF2：按此键两次（或一次，但时间较长）电机将在惯性作用下自由停车此功能总是"使能"的。

显示/按钮	功能	功能说明
（改变电机方向键图标）	改变电机的转动方向	按此键可以改变电机的转动方向。电机的反向用负号（−）表示或用闪烁的小数点表示。缺省值运行时此键是被封锁的，为了使此键的操作有效，应设定 P0700 = 1
（jog键图标）	电机点动	在变频器无输出的情况下按此键，将使电机启动，并按预设定的点动频率运行。释放此键时，变频器停车。如果变频器/电机正在运行，按此键将不起作用
（Fn键图标）	功能选择	浏览辅助信息功能：变频器运行过程中，在显示任何一个参数时按下此键并保持不动2秒钟，将显示以下参数值： （1）直流回路电压（用 d 表示，单位：V） （2）输出电流（A） （3）输出频率（Hz） （4）输出电压（用 o 表示，单位：V） （5）由 P0005 选定的数值（如果 P0005 选择显示上述参数中的任何一个（3，4，或5），这里将不再显示） 连续多次按下此键，将轮流显示以上参数 **跳转功能：**在显示任何一个参数（rXXXX 或 PXXXX）时短时间按下此键，将立即跳转到 r0000，如果需要的话，可以接着修改其他的参数。跳转到 r0000 后，按此键将返回原来的显示点 **退出功能：**在出现故障或报警的情况下，按此键可以将操作板上显示的故障或报警信息复位
（P键图标）	访问参数	按此键即可访问参数
（增加键图标）	增加数值	按此键即可增加面板上显示的参数数值
（减少键图标）	减少数值	按此键即可减少面板上显示的参数数值

2）用基本操作面板（BOP）更改参数

表6 −4 介绍了如何用 BOP 更改参数 P0004 数值的步骤，表6 −5 介绍了如何用 BOP 更改下标参数 P0719 数值的步骤。以此类推，可以用"BOP"更改任何一个参数。

表6 −4　用基本操作面板（BOP）更改参数 P0004（参数过滤功能）数值的步骤

操作步骤	显示的结果
步骤一：按 （P） 访问参数	r0000
步骤二：按 （增加） 直到显示出 P0004	P0004
步骤三：按 （P） 进入参数数值访问级	0
步骤四：按 （增加） 或 （减少） 达到所需要的数值	7
步骤五：按 （P） 确认并存储参数的数值	P0004

表 6-5 用基本操作面板（BOP）更改下标参数 P0719
（选择命令/设定值源）数值的步骤

操作步骤	显示的结果
步骤一：按 (P) 访问参数	r0000
步骤二：按 (▲) 直到显示出 P0719	P0719
步骤三：按 (P) 进入参数数值访问级	in000
步骤四：按 (P) 显示当前的设定值	0
步骤五：按 (▲) 或 (▼) 选择运行所需要的数值	12
步骤六：按 (P) 确认并存储参数的数值	P0719
步骤七：按 (▼) 直到显示出 r0000	r0000
步骤八：按 (P) 返回标准的变频器显示（由用户定义）	

备注：修改参数的数值时，BOP 有时会显示 P---- 表明变频器正忙于处理优先级更高的任务。

为了快速修改参数的数值，可以一个个地单独修改显示出的每个数字。先确信已处于某一参数数值的访问级，然后进行如下操作：

（1）按 (Fn)，最右边的一个数字闪烁。

（2）按 (▲) 或 (▼) 修改这位数字的数值。

（3）再按 (Fn)，相邻的下一位数字闪烁。

（4）执行 2 至 4 步，直到显示出所要求的数值。

（5）按 (P)，退出参数数值的访问级。

3）BOP 的快速调试功能

P0010 的参数过滤功能和 P0003 选择用户访问级别的功能在调试时是十分重要的。由此可以选定一组允许进行快速调试的参数。电机的设定参数和斜坡函数的设定参数都包括在内。在快速调试的各个步骤都完成以后，应选定 P3900，如果它置 1，将执行必要的电动机计算，并使其他所有的参数（P0010 = 1 不包括在内）恢复为缺省设置值。只有在快速调试方式下才进行这一操作。

快速调试的流程图（仅适用于第 1#访问级）如图 6-9 所示。

3. 常规操作

明确了变频器的调试方法后，在进行变频器的常规操作前，需注意以下几点：

（1）由于变频器没有主电源开关，当电源电压接通时，变频器就已带电。在按下运行（RUN）键，或者在数字输入端 5#出现"ON"信号（正向旋转）之前，变频器的输出一直被封锁，处于等待状态。

（2）如果装有 BOP（或 AOP）并且已选定要显示输出频率（P0005 = 21），则在变频器

221

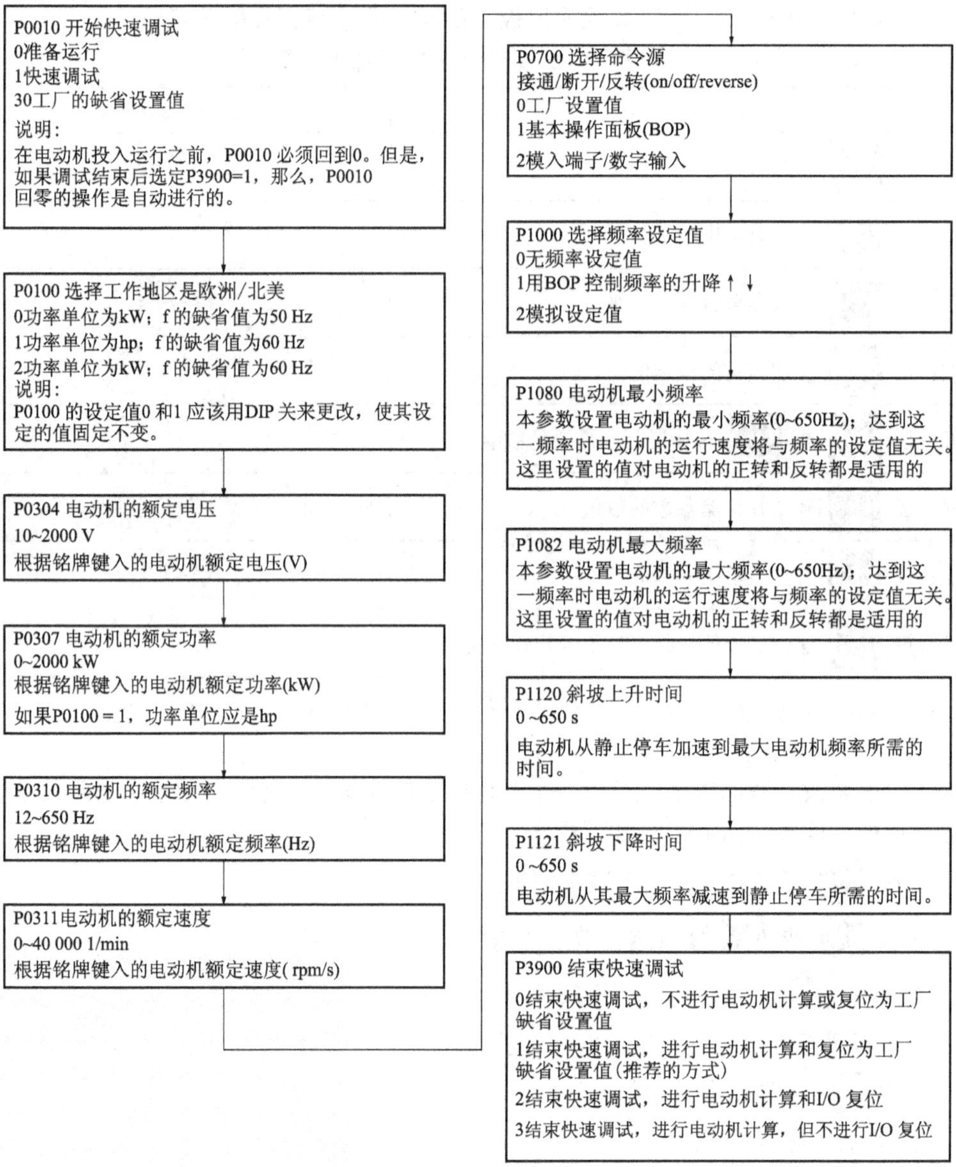

P0010 开始快速调试
0准备运行
1快速调试
30工厂的缺省设置值
说明：
在电动机投入运行之前，P0010 必须回到0。但是，如果调试结束后选定P3900=1，那么，P0010回零的操作是自动进行的。

P0100 选择工作地区是欧洲/北美
0功率单位为kW；f 的缺省值为50 Hz
1功率单位为hp；f 的缺省值为60 Hz
2功率单位为kW；f 的缺省值为60 Hz
说明：
P0100 的设定值0 和1 应该用DIP 关来更改，使其设定的值固定不变。

P0304 电动机的额定电压
10~2000 V
根据铭牌键入的电动机额定电压(V)

P0307 电动机的额定功率
0~2000 kW
根据铭牌键入的电动机额定功率(kW)
如果P0100 = 1，功率单位应是hp

P0310 电动机的额定频率
12~650 Hz
根据铭牌键入的电动机额定频率(Hz)

P0311电动机的额定速度
0~40 000 1/min
根据铭牌键入的电动机额定速度(rpm/s)

P0700 选择命令源
接通/断开/反转(on/off/reverse)
0工厂设置值
1基本操作面板(BOP)
2模入端子/数字输入

P1000 选择频率设定值
0无频率设定值
1用BOP 控制频率的升降↑↓
2模拟设定值

P1080 电动机最小频率
本参数设置电动机的最小频率(0~650Hz)；达到这一频率时电动机的运行速度将与频率的设定值无关，这里设置的值对电动机的正转和反转都是适用的

P1082 电动机最大频率
本参数设置电动机的最大频率(0~650Hz)；达到这一频率时电动机的运行速度将与频率的设定值无关，这里设置的值对电动机的正转和反转都是适用的

P1120 斜坡上升时间
0~650 s
电动机从静止停车加速到最大电动机频率所需的时间。

P1121 斜坡下降时间
0~650 s
电动机从其最大频率减速到静止停车所需的时间。

P3900 结束快速调试
0结束快速调试，不进行电动机计算或复位为工厂缺省设置值
1结束快速调试，进行电动机计算和复位为工厂缺省设置值(推荐的方式)
2结束快速调试，进行电动机计算和I/O 复位
3结束快速调试，进行电动机计算，但不进行I/O 复位

图 6 –9 BOP 快速调试流程图

备注：与电动机有关的参数设置参看电动机铭牌。

减速停车时，相应的设定值大约每一秒钟显示一次。

（3）变频器出厂时已按相同额定功率的西门子四极标准电动机的常规应用对象进行编程。如果用户采用的是其他型号的电动机，就必须进行快速调试。

（4）除非 P0010 =1，否则不能修改电动机参数。

（5）为了使电动机开始运行，必须将 P0010 返回 "0" 值。

4. 使用 BOP 进行基本操作时的 3 个先决条件

（1）P0010 =0 （为了正确地进行运行命令的初始化）。

（2）P0700 =1 （使能 BOP 操作板上的启动/停止按钮）。

（3）P1000 =1 （使能电位器 MOP 的设定值）。

5. 使用 BOP 进行基本操作

满足以上 3 个条件后，可使用 BOP 进行电动机的启动、停止、变频器输出频率的增加或减小、电动机转向改变等基本操作。具体操作方法如下：

（1）按下绿色按钮⏺，启动电动机。

（2）按下"数值增加"按钮⏺，电动机转动，其速度逐渐增加到 50Hz.

（3）当变频器的输出频率达到 50 Hz 时，按下"数值降低"按钮⏺，电动机的速度及其显示值逐渐下降。

（4）用按钮⏺，可以改变电动机的转动方向。

（5）按下红色按钮⏺，电动机停车。

五、MICROMASTER420 变频器的主要参数功能介绍

1. 频率设定值的选择（P1000）

参数 P1000 用于选择频率设定值的信号源，缺省值为 2。

0——无主设定值；

1——BOP 设定值；

2——模拟设定值；

3——固定频率。

2. 命令源的选择（P0700）

参数 P0700 用于选择命令源，缺省值为 2。

0——工厂的缺省设置；

1——BOP（键盘）设置；

2——由端子排输入；

4——通过 BOP 链路的 USS 设置；

5——通过 COM 链路的 USS 设置；

6——通过 COM 链路的通信板（CB）设置。

改变参数 P0700 时，也使所选项目的全部设置复位为缺省值。例如：把它的设定值由 1 改为 2 时，所有的数字输入都将复位为缺省值。

3. 数字输入 1 的功能（P0701）

参数 P0701 用于选择数字输入 1 的功能，缺省值为 1。

0——禁止数字输入；

1——ON/OFF1（接通正转/停车命令 1）；

2——ON reverse/OFF1（接通反转/停车命令 1）；

3——OFF2（停车命令 2，即按惯性自由停车）；

4——OFF3（停车命令 3，即按斜坡函数曲线快速降速停车）；

9——故障确认；

10——正向点动；

11——反向点动；

12——反转；

13——MOP 升速（通过电位器增加频率）；

14——MOP 降速（通过电位器减少频率）；

15——固定频率设定值（直接选择）；

16——固定频率设定值（直接选择 + ON 命令）；

17——固定频率设定值（BCD 码选择 + ON 命令）；

21——机旁/远程控制；

25——直流注入制动；

29——由外部信号触发跳闸；

33——禁止附加频率设定值；

99——使能 BICO 参数化。

4. 数字输入2的功能（P0702）

参数 P0702 用于选择数字输入2的功能，缺省值为12。

0——禁止数字输入；

1——ON/OFF1（接通正转/停车命令1）；

2——ON reverse/OFF1（接通反转/停车命令1）；

3——OFF2（停车命令2，即按惯性自由停车）；

4——OFF3（停车命令3，即按斜坡函数曲线快速降速停车）；

9——故障确认；

10——正向点动；

11——反向点动；

12——反转；

13——MOP 升速（通过电位器增加频率）；

14——MOP 降速（通过电位器减少频率）；

15——固定频率设定值（直接选择）；

16——固定频率设定值（直接选择 + ON 命令）；

17——固定频率设定值（BCD 码选择 + ON 命令）；

21——机旁/远程控制；

25——直流注入制动；

29——由外部信号触发跳闸；

33——禁止附加频率设定值；

99——使能 BICO 参数化。

5. 数字输入3的功能（P0703）

参数 P0703 用于选择数字输入3的功能，缺省值为9。

0——禁止数字输入；

1——ON/OFF1（接通正转/停车命令1）；

2——ON reverse/OFF1（接通反转/停车命令1）；

3——OFF2（停车命令2，即按惯性自由停车）；

4——OFF3（停车命令3，即按斜坡函数曲线快速降速停车）；

9——故障确认；

10——正向点动；

11——反向点动；

12——反转；

13——MOP 升速（通过电位器增加频率）；

14——MOP 降速（通过电位器减少频率）；

15——固定频率设定值（直接选择）；

16——固定频率设定值（直接选择＋ON 命令）；

17——固定频率设定值（BCD 码选择＋ON 命令）；

21——机旁/远程控制；

25——直流注入制动；

29——由外部信号触发跳闸；

33——禁止附加频率设定值；

99——使能 BICO 参数化。

6. 斜坡上升/下降时间（P1120、P1121）

参数 P1120 用于选择斜坡上升时间，缺省值为 10.00。

斜坡上升时间是指斜坡函数曲线不带平滑圆弧时，电动机从静止状态加速到最高频率（P1082）所用的时间。

斜坡下降时间是指斜坡函数曲线不带平滑圆弧时，电动机从最高频率（P1082）减速到静止停车所用的时间所用的时间。

7. 直流制动持续时间（P1233）

直流制动持续时间是指在确定在 OFF1 或 OFF3 命令之后，直流注入制动投入的持续时间。这一参数设置为 1～250 之间的数值时，在变频器接收到 OFF1 或 OFF3 命令后，变频器在设置的时间（单位为秒）内向电动机注入直流制动电流。

8. 直流制动电流（P1232）

直流制动电流是指确定直流制动电流的大小，以电动机额定电流（P0305）的［%］值表示。

9. 变频器的控制方式（P1300）

控制电动机的速度和变频器的输出电压之间的相对关系。可能的设定值：

0——线性特性的 u/f 控制，可用于可变转矩和恒定转矩的负载，例如：带式运输机和正排量泵类；

1——带磁通电流控制（FCC）的 u/f 控制，可用于提高电动机的效率和改善其动态响应特性；

2——带抛物线特性（平方特性）的 u/f 控制，可用于可变转矩负载，例如：风机和水泵；

3——特性曲线可编程的 u/f 控制。

1.4　项目操作内容与步骤

项目任务 1：控制电动机正反转运动控制

1. 控制要求

（1）正确设置变频器输出的额定频率、额定电压、额定电流、额定功率、额定转速。

（2）通过外部端子控制电动机启动/停止、正转/反转，打开"K1"、"K3"电动机正转，打开"K2"电动机反转，关闭"K2"电动机正转；在正转/反转的同时，关闭"K3"，电动机停止。

（3）运用操作面板改变电动机启动的点动运行频率和加减速时间。

2. 变频器外部接线图

按照变频器外部接线图如图6-10所示，完成变频器的接线，认真检查，确保无误。

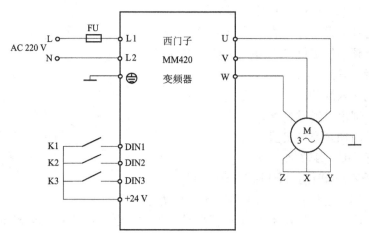

图6-10 变频器外部接线图

3. 设置变频器参数

打开电源开关，按照表6-6正确设置变频器参数。

表6-6 参数功能表

序号	变频器参数	出厂值	设定值	功能说明
1	PO 304	230	380	电动机的额定电压（380 V）
2	PO 305	3.25	0.35	电动机的额定电流（0.35 A）
3	PO 307	0.75	0.06	电动机的额定功率（60 W）
4	PO 310	50.00	50.00	电动机的额定频率（50 Hz）
5	PO 311	0	1 430	电动机的额定转速（1 430 r/min）
6	PO 700	2	2	选择命令源（由端子排输入）
7	P1 000	2	1	用操作面板（BOP）控制频率的升降
8	P1 080	0	0	电动机的最小频率（0 Hz）
9	P1 082	50	50.00	电动机的最大频率（50 Hz）
10	P1 120	10	10	斜坡上升时间（10 s）
11	P1 121	10	10	斜坡下降时间（10 s）
12	PO 701	1	1	ON/OFF（接通正转/停车命令1）
13	PO 702	12	12	反转
14	PO 703	9	4	OFF3（停车命令3）按斜坡函数曲线快速降速停车

注：（1）设置参数前先将变频器参数复位为工厂的缺省设定值。

（2）设定 P0003 = 2 允许访问扩展参数。

（3）设定电动机参数时先设定 P0010 = 1（快速调试），电动机参数设置完成设定 P0010 = 0（准备）。

4. 运行调试

（1）打开开关"K1"、"K3"，观察并记录电动机的运转情况。

（2）按下操作面板按钮"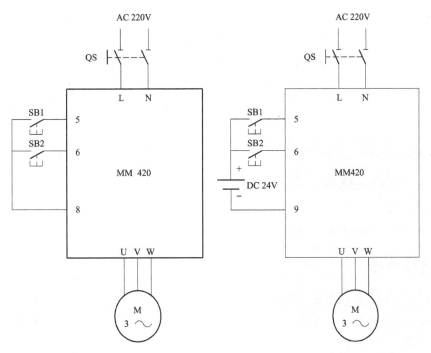"，增加变频器输出频率。

（3）打开开关"K1"、"K2"、"K3"，观察并记录电动机的运转情况。

（4）关闭开关"K3"，观察并记录电动机的运转情况。

（5）改变 P1120、P1121 的值，重复 4、5、6、7，观察电动机运转状态有什么变化。

项目任务2：双重联锁正反转能耗制动控制线路的变频器改造

双重联锁正反转能耗制动控制线路的变频器改造的控制要求参见情景导入。

1. 控制要求分析

分析如图 6-1 所示控制线路的原理可知，SB2、SB3 既作为正、反向连续运转的启动按钮，也是电动机运行过程中正、反向的切换按钮。SB1 为能耗制动停止按钮。这些控制信号应作为变频器的外控信号输入量，再根据控制线路的原理将相关变频器参数合理设置，就可以实现电动机的启动、正反向切换、直流注入制动（即能耗制动）等控制要求。

2. 变频器硬件接线图

绘制变频器硬件接线图（如图 6-11 所示），以保证硬件接线操作正确。

a）无源变频器接线图　　　　　　b）有源变频器接线图

图 6-11　变频器接线图

3. 设置变频器参数

由于变频器的参数通常具有记忆功能，当控制要求改变时，通常在设置参数之前都应对变频器进行恢复出厂设置的操作，这样所有参数都复位为出厂缺省值，方法是将 P0010 设定为 30，P0970 设定为 1，需要注意的是，完成复位过程大约需要 10 s。

根据控制要求及I/O分配，各参数设置的数值及步骤如表6-7所示。

表6-7　变频器参数设定及步骤

参数代码	设定数值	功　　　能	备注
P0003	3	将用户访问级提高到扩展级，以便访问到相关参数	
P0010	0	变频器运行前此参数必须为0	缺省值
P1000	1	将频率设定值的选择设为BOP设定	
P0700	2	选择命令信号源由端子排输入	缺省值
P0701	1	设定数字输入端1的功能为接通正转/停车命令	缺省值
P0702	12	设定数字输入端2的功能为反转	缺省值
P1040	50	设定输出频率	
P1120	10	斜坡上升时间	缺省值
P1300	0	变频器的控制方式	缺省值
P1233	5	确定停止命令后，直流注入制动的持续时间	
P1234	100	确定直流制动电流的大小	缺省值

4. 运行调试

（1）当SB1闭合时，观察并记录电动机的运转情况。

（2）当SB2闭合时，观察并记录电动机的运转情况。

（3）当SB1断开，则电动机停车，制动方式为能耗制动。观察电动机的制动过程：电动机快速停止，BOP面板上出现DC字样，过10秒钟后，制动结束，变频器停止。

（4）改变P1233、P1234的值，重复4、6，观察电动机制动过程有什么变化。

如需改变当前频率，也可以在不停车的状态下完成，方法是首先按 🔘 键，显示 $r0000$ ，按 🄿 键，再按 🔼 / 🔽 键，调至所需频率大小即可。

5. 评分标准

本项任务的评分标准见附录表1所示。

1.5　项目小结

本项目通过双重联锁正反转能耗制动控制线路的变频器改造，讲解了变频器的特点、选用方法和变频器参数的设置方法。在设置参数时，首先应恢复出厂设置，然后利用快速调试进行参数设置。

1.6　思考与练习

1. 填空题

（1）根据用途，可将变频器分为＿＿＿＿＿＿＿＿和＿＿＿＿＿＿＿＿。

（2）根据控制功能可将通用变频器分为三种类型：＿＿＿＿＿＿＿＿型u/f控制变频器、具有转矩控制功能的高性能型u/f控制变频器和＿＿＿＿＿＿＿＿＿＿型变频器。

（3）对于低速下_____较小，通常可选择普通功能型的变频器。对于恒转矩类负载，采用具有_____功能的高性能变频器。对于要求精度高、动态性能好、响应快的生产机械，应采用_____型通用变频器。

（4）变频器的容量有三种表示方法：_____，适配电动机的额定功率，_____。

（5）由低频、低压启动时，变频器额定电流不小于_____倍的电动机额定电流。

（6）额定电压、额定频率直接启动时，变频器的额定电流不小于电动机在额定电压、额定频率时的_____与变频器的_____之比。

2. 简答题

（1）简述安装变频器时的注意事项。

（2）简述使用 BOP 进行电动机的启动、停止、变频器输出频率的增加或减小、电动机转向改变的操作方法。

项目 2　四层电梯控制

情境导入

如图 6 - 12 所示为四层电梯模拟实训装置。

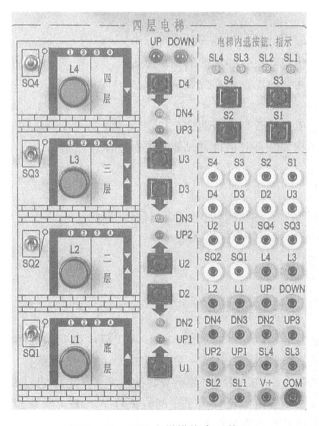

图 6 - 12　四层电梯模拟实训装置

其控制要求如下：

（1）当轿厢停于1层、2层或者3层时，按SB4按钮，轿厢上升至SQ4后停止。

（2）当轿厢停于4层或3层，或者2层时，按SB1按钮，轿厢下降至SQ1后停止。

（3）当轿厢停于1层，按SB2按钮，则轿厢上升至SQ2后停止；若按SB3按钮，则轿厢上升至SQ3后停止。

（4）当轿厢停于4层，按SB3按钮，则轿厢下降至SQ3后停止；若按SB2按钮，则轿厢下降至SQ2后停止。

（5）当轿厢停于1层，而SB2，SB3，SB4均按下时，轿厢上升至SQ2析停4 s后继续上升至SQ3，在SQ3暂停4 s后，继续上升至SQ4停止。

（6）当轿厢停于4层，而SQ1，SQ2，SQ3均按下时，轿厢下降至SQ3暂停4 s后继续下降至SQ2，在SQ2暂停4 s后，继续下降至SQ1停止。

（7）若轿厢在楼层间运行时间超过12 s，则电梯停止运行。

（8）轿厢在上升（或下降）途中，任何反方向下降（或上升）的按钮呼叫电梯均无效。楼层显示灯亮表征有该楼层信号请求，灯灭表征该楼层请求信号消除。其中"△"亮表示电梯上升；"▽"亮表示电梯下降。

（9）变频器控制异步电动机拖动系统。

2.1　教学目标

知识目标

（1）掌握信号控制变频器工作端子的情况；

（2）掌握交流异步电动机变频调速的基本原理；

（3）掌握电梯的运行原则及基本控制原理。

能力目标

（1）进一步培养电路检查与检修能力；

（2）掌握电梯结构，能够对电梯常见故障进行维修。

2.2　项目任务

项目任务1：基于PLC、变频器的电动机正反转控制

项目任务2：四层电梯变频器控制系统

2.3　相关知识点

一、变频器的基本原理

变频器是利用电力半导体器件的通断作用，将工频电源变换为另一频率的电能控制装置。目前使用较多的变频器主要采用交—直—交方式（VVVF变频），先把工频交流电源通过整流器转换成直流电源，然后再把直流电源转换成频率、电压均可控制的交流电源以供给电动机。变频器的电路一般由整流环节、中间直流环节、逆变环节和控制环节4个部分组成。整流部分为三相桥式不可控整流器，逆变部分为IGBT三相桥式逆变器，且输出为PWM波形，中间直流环节为滤波、直流储能和缓冲无功功率。

从理论上可知电动机的转速 n 与供电频率 f 有以下关系：

$$n = \frac{2 \times 60f}{p}(1-s) \quad (p——电动机极数，s——转差率) \tag{6-3}$$

由上式可知，转速 n 与频率 f 成正比，如果不改变电动机的级数，只要改变频率 f 即可改变电动机的转速，当频率 f 在 0～50 Hz 的范围内变化时，电动机转速调节范围非常宽。变频器就是通过改变电动机电源频率实现速度调节的，是一种理想的高效率、高性能的调速手段。

变频器在工频以下和工频以上工作时的情况：

1. 变频器小于 50 Hz

通常的电动机是按 50 Hz 电压设计制造的，其额定转矩也是在这个电压范围内给出的。变频器小于 50 Hz 时，磁通为常数，转矩和电流成正比，这也就是为什么通常用变频器的过流能力来描述其过载（转矩）能力，并成为恒转矩调速。因此在额定频率之下的调速称为恒转矩调速。

2. 变频器 50 Hz 以上

变频器 50 Hz 以上时，变频器输出频率大于 50 Hz 频率时，电动机产生的转矩要以和频率成反比的线性关系下降。当电动机以大于 50 Hz 频率速度运行时，电动机负载的大小必须要给予考虑，以防止电动机输出转矩的不足。例如，电动机在 100 Hz 时产生的转矩大约要降低到 50 Hz 时产生转矩的 1/2。因此在额定频率之上的调速称为恒功率调速。

下面用公式来定性的分析一下频率在 50 Hz 时的情况。众所周知，对一个特定的电动机来说，其额定电压和额定电流是不变的。如变频器和电动机额定值都是：15 kW/380 V/30 A，电动机可以工作在 50 Hz 以上。

当电动机频率在 50 Hz 状态下工作时，变频器的输出电压为 380 V，电流为 30 A。这时如果增大输出频率到 60 Hz，变频器的最大输出电压电流还只能为 380 V/30 A。很显然输出功率不变。所以我们称之为恒功率调速。

这时的转矩情况怎样呢？由于功率是角速度与转矩的乘积。因为功率不变，角速度增加了，所以转矩会相应减小。我们还可以再换一个角度来看：从电动机的定子电压

$$U = E + I \times R \quad (I——电流，R——电子电阻，E——感应电势) \tag{6-4}$$

可以看出，U、I 不变时，E 也不变。而

$$E = k \times f \times X \quad (k——常数，f——频率，X——磁通) \tag{6-5}$$

所以当 f 由 50→60 Hz 时，X 会相应减小。对于电动机来说，

$$T = K \times I \times X \quad (K——常数，I——电流，X——磁通) \tag{6-6}$$

因此转矩 T 会跟着磁通 X 减小而减小。

结论：当变频器输出频率从 50 Hz 以上增加时，电动机的输出转矩会减小。

二、电梯的工作原理

常见的曳引式电梯采用曳引轮作为驱动部件。曳引轮一端连接轿厢，另一端连接对重装置。轿厢和对重装置的重力使曳引钢丝绳压紧在曳引轮的绳槽内并产生摩擦力。曳引电动机通过减速器（蜗杆和蜗轮）将动力传递给曳引轮，曳引轮驱动钢丝绳，使轿厢和对重装置做相对运动，即轿厢上升，对重装置下降，轿厢下降，对重装置上升。于是，轿厢就在井道中沿导轨上下往复运行。曳引式电梯工作原理图如图 6-13 所示。

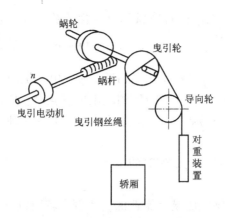

图6-13　曳引式电梯工作原理

2.4　项目操作内容与步骤

项目任务1：基于PLC、变频器的电动机正反转控制

1. 控制要求

（1）按下正转按钮SB1，电动机正向启动运行。

（2）按下反转按钮SB2，电动机反向启动运行。

（3）按下停止按钮SB3，电动机停止转动。

（4）电动机转向可以直接切换，不必经过按下停止按钮过程。

（5）变频器受PLC控制，电动机由变频器拖动。

2. 控制要求分析

利用PLC控制变频器，实质上就是将PLC的输出组合逻辑看作是变频器的外部输入信号。利用不同的输出组合逻辑控制变频器工作的过程。

3. I/O分配

根据控制要求，基于PLC、变频器的电动机正反转I/O分配如表6-8所示。

表6-8　基于PLC、变频器的电动机正反转I/O端口分配功能表

输入			输出		
PLC地址 （PLC端子）	电气符号 （面板端子）	功能说明	PLC地址 （PLC端子）	电气符号 （面板端子）	功能说明
I0.0	SB1	正转按钮	Q0.0	DIN1	变频器启动信号
I0.1	SB2	反转按钮	Q0.1	DIN2	变频器反转信号
I0.2	SB3	停止按钮			

4. 硬件接线图

按照图6-14所示，完成系统的接线，认真检查，确保无误。

5. 设计PLC程序

根据控制要求，设计程序如图6-15所示。

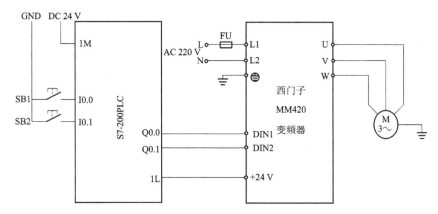

图6-14 PLC硬件接线图

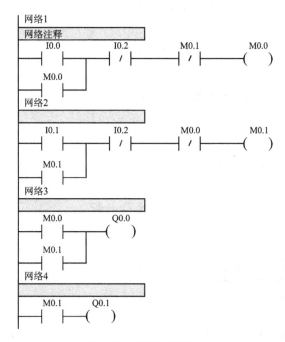

图6-15 PLC控制程序

6. 设置变频器参数

变频器参数如表6-9所示。

表6-9 变频器参数

序号	变频器参数	出厂值	设定值	功能说明
1	P0304	230	380	电动机的额定电压（380 V）
2	P0305	3.25	0.35	电动机的额定电流（0.35 A）
3	P0307	0.75	0.06	电动机的额定功率（60 W）
4	P0310	50.00	50.00	电动机的额定频率（50 Hz）
5	P0311	0	1430	电动机的额定转速（1 430 r/min）
6	P0700	2	2	选择命令源（由端子排输入）
7	P1000	2	1	用操作面板（BOP）控制频率的升降
8	P1080	0	0	电动机的最小频率（0 Hz）

续表

序号	变频器参数	出厂值	设定值	功能说明
9	P1082	50	50.00	电动机的最大频率（50 Hz）
10	P1120	10	10	斜坡上升时间（10 s）
11	P1121	10	10	斜坡下降时间（10 s）
12	P0701	1	1	ON/OFF（接通正转/停车命令1）
13	P0702	12	12	反转
14	P0703	9	4	OFF3（停车命令3）按斜坡函数曲线快速降速停车

7. 运行调试

（1）按下正转按钮 SB1，观察并记录电动机的运转情况。

（2）按下反转按钮 SB2，观察并记录电动机的运转情况。

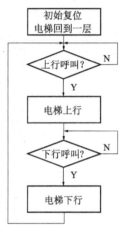

图6-16 四层电梯的变频器控制的程序流程图

项目任务4：四层电梯的变频器控制

四层电梯的变频器控制的控制要求参见情景导入。

1. 控制要求分析

系统的程序流程图如图6-16所示。

2. I/O点分配

根据控制要求，四层电梯的变频器控制 I/O 分配如表6-10所示。

表6-10 四层电梯的变频器控制 I/O 端口分配功能表

输入			输出		
PLC 地址 （PLC 端子）	电气符号 （面板端子）	功能说明	PLC 地址 （PLC 端子）	电气符号 （面板端子）	功能说明
I0.0	SB1	4 楼呼梯	Q0.0	DIN5	电动机正转
I0.1	SB2	3 楼呼梯	Q0.1	DIN6	电动机反转
I0.2	SB3	2 楼呼梯	Q0.2	HL1	1 层指示灯
I0.3	SB4	1 楼呼梯	Q0.3	HL2	2 层指示灯
I0.4	SQ1	4 楼平层信号	Q0.4	HL3	3 层指示灯
I0.5	SQ2	3 楼平层信号	Q0.5	HL4	4 层指示灯
I0.6	SQ3	2 楼平层信号			
I0.7	SQ4	1 楼平层信号			

3. 绘制变频器硬件接线图

绘制变频器硬件接线图，如图6-17所示，并按图接线。

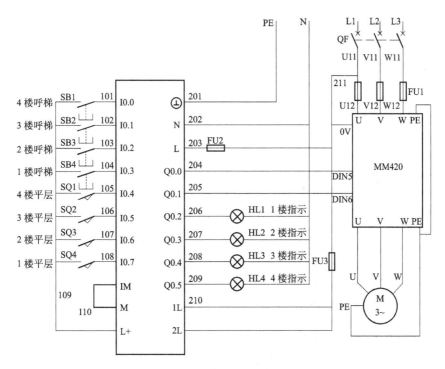

图 6-17 PLC 硬件接线图

4. 设计程序

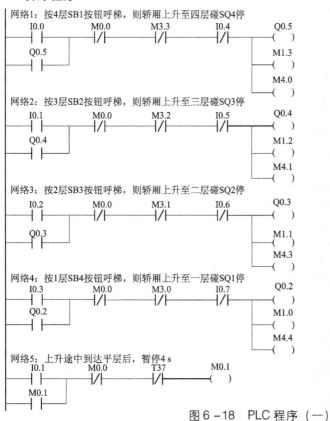

图 6-18 PLC 程序（一）

网络6

```
M0.1    I0.5    M0.0    T37    M0.2
─┤├──────┤├─────┤/├─────┤/├─────( )
M0.2                                    ┌──── T37 ────┐
─┤├─                              ──────┤IN      TON │
                                    40 ─┤PT   100 ms │
                                        └────────────┘
```

网络7：下降途中到达平层后，暂停4 s

```
I0.2    M0.0    T38    M0.3
─┤├─────┤/├─────┤/├─────( )
M0.3
─┤/├─
```

网络8

```
M0.3    I0.6    M0.0    T38    M0.4
─┤├──────┤├─────┤/├─────┤/├─────( )
M0.4                                    ┌──── T38 ────┐
─┤├─                              ──────┤IN      TON │
                                    40 ─┤PT   100 ms │
                                        └────────────┘
```

网络9：满足要求电梯上行，且运行时间超过12s，电梯停止运行

```
Q0.4    I0.7    I0.6    Q0.0    T39    Q0.1
─┤├─────┤/├─────┤/├─────┤/├─────┤/├─────( )
Q0.3    M0.2    I0.7
─┤├─────┤/├─────┤├─
Q0.2    M0.2    M0.4
─┤├─────┤/├─────┤├─
```

网络10：满足要求电梯下行，且运行时间超过12 s，电梯停止运行

```
Q0.3    I0.4    I0.5    Q0.1    T39    Q0.0
─┤├─────┤/├─────┤/├─────┤/├─────┤/├─────( )
Q0.4    M0.4    I0.4
─┤/├────┤/├─────┤├─
Q0.5    M0.2    M0.4
─┤├─────┤/├─────┤├─
```

网络11

```
I0.4    I0.5    I0.6    M0.0
─┤├─────┤├─────┤├─────( )
I0.7
─┤├─
```

网络12：下行过程中，当前层小于呼梯层的呼梯信号优先，且反向呼梯无效

```
Q0.0    ┌─────┐  M2.0
─┤├──────┤>B  ├──( S )
         │ 1  │    1
         └─────┘
         ┌─────┐  I0.6                M2.1
         │>B  ├──┬──┤├──────────────( S )
         │ 2  │  │                    1
         └─────┘  │  I0.5    Q0.5
                  └──┤├──────┤├─
         ┌─────┐  M2.2
         │>B  ├──( S )
         │ 4  │    1
         └─────┘
```

网络13：上行过程中，当前层大于呼梯层的呼梯信号优先，且反向呼梯无效

```
Q0.1    ┌─────┐  M2.3
─┤├──────┤>B  ├──( S )
         │ 1  │    1
         └─────┘
         ┌─────┐  I0.5                M2.4
         │>B  ├──┬──┤├──────────────( S )
         │ 2  │  │                    1
         └─────┘  │  I0.6    Q0.2
                  └──┤├──────┤├─
         ┌─────┐  M2.5
         │>B  ├──( S )
         │ 4  │    1
         └─────┘
```

图6-18 PLC程序（二）

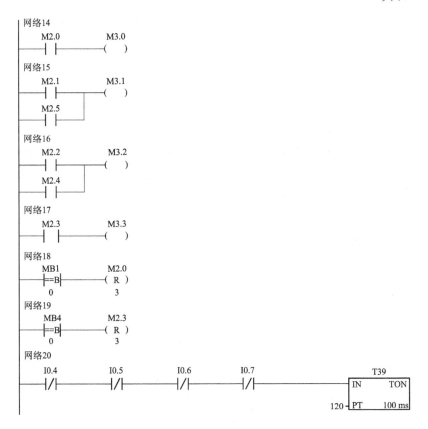

图 6-18 PLC 程序（三）

5. 通电试车

经自检、教师检查确认电路正常无安全隐患后，在教师的监护下通电试车。

（1）调整 PLC 为 RUN 工作状态进行操作。

（2）观察系统的运行情况并进行梯形图监控，做好记录。

（3）如出现故障，应立即切断电源、分析原因。检查电路或梯形图后重新调试，直至达到项目控制的要求。

6. 评分标准

本项任务的评分标准见附录表 1 所示。

2.5 项目小结

本项目通过双重联锁正反转控制线路的变频器改造及四层电梯的控制系统设计，讲解了变频器的特点、选用方法和变频器参数的设置方法。在设置参数时，首先应恢复出厂设置，然后利用快速调试进行设置参数。

2.6 思考与练习

1. 填空题：

（1）变频器是利用_____的通断作用，将工频电源变换为_____的电能控制装置。

（2）变频器的电路一般由整流环节、＿＿＿＿＿＿＿＿＿、逆变环节和＿＿＿＿＿＿＿＿＿4 个部分组成。

（3）变频器的输出频率小于＿＿＿＿＿＿＿＿＿时，由于 IR 很小，所以当＿＿＿＿＿＿＿＿＿不变时，磁通为常数，转矩和电流成正比，属于＿＿＿＿＿＿＿＿＿调速。

（4）变频器输出频率大于 50 Hz 频率时，电机产生的转矩要以和＿＿＿＿＿＿＿＿＿成反比的线性关系下降。当电机以大于 50 Hz 频率速度运行时，＿＿＿＿＿＿＿＿＿的大小必须要给予考虑，以防止电机＿＿＿＿＿＿＿＿＿的不足。因此在额定频率之上的调速称为＿＿＿＿＿＿＿＿＿调速。

2. 设计基于 PLC 控制的多段速变频器控制系统。系统的工艺流程图如图 6 - 19 所示。要求原位启动，并且单周期工作。启动按钮为 I0.0。

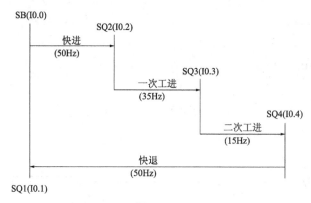

图 6 - 19

工作任务 7

PLC 与触摸屏

项目 1   触摸屏的使用

情境导入

工业触摸屏，是通过触摸式工业显示器把人和机器连为一体的、人机互动的智能化人机界面。它是替代传统控制按钮和指示灯的智能化操作显示终端，它可以用来设置参数，显示数据，监控设备状态，以曲线/动画等形式描绘自动化控制过程等。触摸屏作为一种特殊的外设，有着良好的抗干扰特性与应用稳定性，扩展性强，可以满足复杂的工艺控制过程，甚至可以直接通过网络系统和 PLC 通信，大大方便了控制数据的处理与传输，减少了维护量，是目前最简单、方便、自然的一种人机交互方式，在工业控制乃至日常生活的不同应用环境下都有着广阔的应用前景。

如图 7 – 1 所示为四路抢答器触摸屏控制示意图。

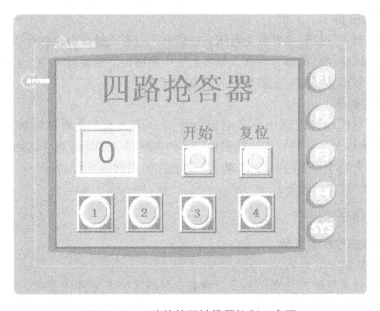

图 7 – 1   四路抢答器触摸屏控制示意图

1.1   教学目标

知识目标

（1）熟练掌握 DOP-A 5.7 寸彩色触摸屏组态软件 Screen Editor 的基本操作方法；

（2）掌握人机界面的制作方法。

能力目标

（1）正确选用触摸屏，并进行安装接线；

（2）正确进行触摸屏软件的基本操作；

（3）正确应用触摸屏组态软件 Screen Editor 进行四路抢答器人机界面的制作。

1.2　项目任务

项目任务：四路抢答器触摸屏控制

1.3　相关知识点

一、触摸屏的原理、分类以及选择

1. 触摸屏的基本原理

用手指或其他物体触摸安装在显示器前端的触摸屏时，所触摸的位置（以坐标形式）由触摸屏控制器检测，并通过接口（如 RS-232 串行口）送到 CPU，从而确定输入的信息。触摸屏系统一般包括触摸屏控制器（卡）和触摸检测装置两个部分。其中，触摸屏控制器（卡）的主要作用是从触摸点检测装置上接收触摸信息，并将它转换成触点坐标，再送给 CPU，它同时能接收 CPU 发来的命令并加以执行；触摸检测装置一般安装在显示器的前端，主要作用是检测用户的触摸位置，并传送给触摸屏控制卡。

2. 触摸屏的分类

根据工作原理，触摸屏主要分为电阻式触摸屏、电容式触摸屏、红外线触摸屏、表面声波触摸屏、近场成像触摸屏等。目前，市场上生产和销售工业触摸屏的厂家很多，种类和型号繁多，大部分触摸屏都能与主要型号的 PLC 连接应用。

3. 触摸屏的选择

本项目中，触摸屏可以选用台达电通公司的 DOP-A 5.7 寸彩色触摸屏，其分辨率为 320*256，256 色。其主要特点为支持多种厂牌的控制器、支持任意字体的画面编辑器、便利的运算与通信宏指令、使用 USB 快速上下载程序、便利的配方功能、可同时支持两台或三台不同的 PLC、打印功能等。

二、触摸屏的使用

1. 触摸屏组态软件的安装

1）硬件需求

现今的个人计算机硬件及操作系统都能满足触摸屏组态软件的要求，安装 Screen editor 编辑软件的基本硬件需求如下：

（1）个人电脑主机：建议使用 CPU 为 80486 或更高级机种。

（2）内存：建议使用 16Mega 以上 RAM 扩充内存。

（3）硬盘：硬盘必须有 10Mega 以上的空间。

（4）显示器：一般 VGA 或 SVGA 显示卡。Windows 色彩显示请设 256 色。

（5）鼠标：使用 Windows 兼容鼠标。

（6）打印机：使用 Windows 兼容打印机。

2）软件安装

安装 Screen editor 编辑软件的过程如下：

（1）安装 Screen editor 前，启动电脑进入中文 Win98/NT/XP/2000 操作系统。

（2）在 Windows 窗口下，在开始栏中选执行功能项就可执行安装 SETUP 程序，如图7-2 所示。

（3）点击"确定"后，系统自动开始安装，首先在屏幕中间会显示讯息点击"Next"后，确认 Screen editor 系统将安装的磁盘驱动器及目录名称，如图7-3 所示。

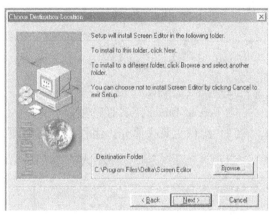

图7-2 在 Windows 画面下执行 setup 程序

图7-3 Screen editor 系统安装的磁盘驱动器及目录名称

（4）点击"Next"按钮后，确认选择所要安装的语言，如图7-4 所示。

（5）点击"Next"按钮后，Screen editor 将自行安装完成，如图7-5 与图7-6 所示。

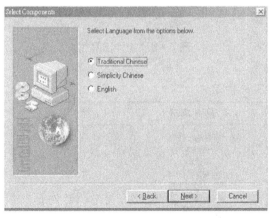

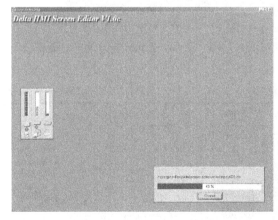

图7-4 安装语言画面

图7-5 Screen editor 安装画面

（6）安装完成后选择重新开机或是稍后开机，系统建议重新开机，如图7-7 所示。

3）DOP 新画面的建立

（1）从桌面上双击 Screen Editor 快捷图标，按"文件"→"新建"，Screen Editor 应用程序会弹出如图7-8 所示的对话框，通过此对话框可以设置画面名称等信息，同时选择触摸屏型号及要连接的 PLC 型号。

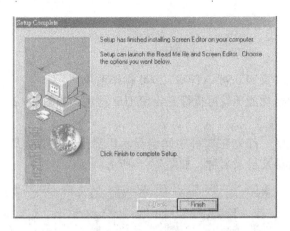

图7-6　Screen editor 安装完成画面

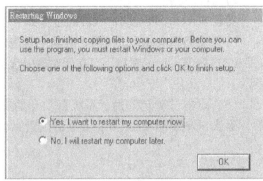

图7-7　结束安装画面

（2）按下"确定"按钮，直接执行下一步，Screen Editor 会建立一新编辑画面。

4）Screen Editor 工具栏选项简介

（1）组件工具栏简介。组件工具栏如图7-9所示，组件工具栏简介见表7-1。

图7-8　Screen Editor 新建项目对话框

图7-9　组件工具栏

表7-1　组件工具栏简介

图形	名称	展开项目	
	按钮	设On 设Off 保持型 交替型 复状态 设值 设常数值 加值 减值 换画面 回前页	系统时间日期 设置密码表 密码输入 调整对比亮度 设为最低权限 系统目录 输出报表 撷取画面 移除USB 汇入/汇出配方 触碰校正
	仪表	仪表(1) 仪表(2) 仪表(3)	

图形	名称	展开项目
	长条图	■ 一般型 ■ 偏差型
	管状图	◻ 管状图(1) ◻ 管状图(2) ◆ 管状图(3) ◆ 管状图(4) ◻ 管状图(5) — 管状图(6) ◻ 管状图(7)
	扇形图	● 扇形图(1) ● 扇形图(2) ● 扇形图(3) ● 扇形图(4)
	指示灯	● 状态指示灯 ● 数值范围指示灯 ● 简易指示灯
	图形显示	◻ 状态图显示 ◻ 动画 ◻ 动态线条 ◻ 动态矩形 ◻ 动态椭圆形 ◻ 即时图显示
	数据显示	◻ 数值显示 ◻ 文数值显示 ◻ 日期显示 ◻ 时间显示 ◻ 星期显示 ◻ 一般型信息显示 ◻ 走马灯信息显示
	输入	◻ 数值输入 ◻ 文数字输入 ◻ BarCode输入
	报警显示	◻ 历史报警表 ◻ 当前报警表 ◻ 报警频次表 ◻ 报警信息走马灯
	曲线图	◻ 一般曲线图 ◻ X-Y曲线图

续表

图形	名称	展开项目
	采样功能	⊡ 历史趋势图 ⊞ 历史数值数据表 ⊞ 历史信息表
	绘图	＼ 线 ▦ 矩形 ○ 圆 ◺ 多边形 ⌒ 弧 Ａ 静态文字 ▯ 刻度 ⊡ 表格
	键盘	▦ 键盘(1) ▦ 键盘(2) ▦ 键盘(3)

（2）规划工具栏简介。如图7-10所示，规划工具栏的简介如下。

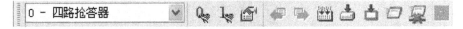

图7-10　上层规划工具栏

目前状态文字：显示目前编辑组件状态的文字。

监视状态0/OFF：切换并监视状态0/OFF。

监视状态1/ON：切换并监视状态1/ON。

监视所有组件读写地址：监视所有组件读写地址。

上一个窗口：选择上一个窗口。

下一个窗口：选择下一个窗口。

编译：编译所编辑的组件与画面。

下载画面资料与配方：下载画面资料与配方。

下载画面资料：下载画面资料。

在线仿真：在PC端测试组件编辑后的文件，必须连接PLC。

离线模拟：在PC端测试组件编辑后的文件，不必连接PLC。

5）组件的使用

在新建组件时，可以在画面编辑区右击或点选组件工具栏，将会产生如图7-11所示的选项，用户可以使用鼠标选择不同的组件种类，进入组件种类，选择所需要的组件就可以开始编辑了或使用鼠标按住左键拖曳出组件范围即能建立一新组件。

（1）按钮组件（见表7-2）：

图7-11　组件的使用的选项界面

表7-2　按钮组件功能表

按钮类别	宏	读	写	功　能
设 ON	ON	√	√	将所设定的 Bit 地址永远被保持在 ON 的状态,无论手放开或再按仍为 ON。如果有编写 ON 宏,便会一并执行
设 OFF	OFF	√	√	将所设定的 Bit 地址永远被保持在 OFF_ 的状态,无论手放开或再按仍为 OFF。如果有编写 OFF 宏,便会一并执行
保持型	ON OFF	√	√	将所设定的 Bit 地址设为 ON,手放开则变为 OFF。如果有编写 ON 或是 OFF 宏,便会一并执行
交替型	ON OFF	√	√	按一次此按钮会将所设定的 Bit 地址设为 ON,并执行 ON 宏。此时手若放开仍会保持在 ON 的状态;再按一次才会被设为 OFF,同时执行 OFF 宏,手放开仍会保持在 OFF 的状态
复状态	×	√	√	可自行设定 1~256 个状态,也可以设定其顺序是往前还是往后。往后:状态1变成状态2;往前:状态2变成状态1
设值	×	×	√	点取该按钮后,人机会将系统内建的输入键盘显示于屏幕上,输入数值且按下 ENTER 后,人机会将数值送到设定的地址
设常数值	×	×	√	点此按钮,人机会将指定的数值,写入所设定的地址
加值	×	√	√	点此按钮,人机先将所设定的地址里的值取出后。加上所设定的常数值,存回所设定的地址
减值	×	√	√	点此按钮,人机先将所设定的地址里的值取出后,减去所设定的常数值,存回所设定的地址
换画面	×	×	×	按一次该按钮,切换到所指定的画面
回前页	×	×	×	回到前一个主画面。例如画面有三页,编号分别1、2、3。当用户依序由第一页换画面到第二页,再换画面到第三页。此时触碰第三页面"回前页"的按钮,人机便回到第二页。而相同的情形,触碰第二页面"回前页"的按钮,人机回到第三页面

续表

按钮类别	宏	读	写	功　　能
上一页	×	×	×	回上一个主画面。例如画面有十页，且在每一个页面都有此"上一页"按钮组件，如果现在我们所在位置从第十页开始，按按钮"上一页"，人机就会回到第九页面；在第九页面按按钮"上一页"，人机就会回到到第八页面，以此类推

对于设 ON 型、设 OFF 型、交替型和保持型按钮，在触摸屏上触碰按钮时，触摸屏会对按钮组件所设定的 Bit 地址送出信号给控制器相对应接点 ON 或 OFF。选择联机中内部存储器或已联机的存储器地址，将内容写入或读取指定存储器地址，请参照图 7 – 12。联机种类基本上会有一个 Basc Port 以及 Internal Memory，若有新增多组联机，下拉式组合方块就会多加入新增的联机名称。在选择联机与组件种类并输入正确的地址后，按下确认按钮，对应的数值数据会被记录在所选择的组件上。

图 7 – 12　输入对话框

（2）仪表组件。仪表组件选项属性说明如下。主要用来设定仪表的最大、最小值，高低限的值和颜色，指针颜色以及刻度颜色跟数目等等。是用来显示特定地址的计量大小是否超出上限还是低于下限。并且用不同颜色来区分，以利于使用者分辨。

① 仪表组件型式如图 7 – 13 所示。

② 读取存储器地址：选择联机中内部存储器或已联机的存储器地址，从指定的存储器地址读取数据。

③ 文字/文字大小和字型/文字颜色：使用者可依 Windows 所提供之文字大小、字型与颜色功能，设定该组件文字显示形态。

④ 外框颜色：设定仪表组件边框颜色。

⑤ 组件背景颜色：设定仪表背景颜色。

⑥ 设定值：设定值对话框如图 7 – 14 所示。在按下确定按钮后程序会参照用户选择的数值单位、数值格式、整数字数与小数字数作数值范围的检查。

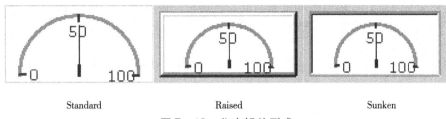

图 7 - 13 仪表组件型式

数值单位：提供 Word/Double Word；

数值格式：提供以下的数值格式可供选择：BCD/Signed BCD/Signed Decimal/Unsigned Decimal；

输入最小值/输入最大值：显示区间用的最小值与最大值。

用户可以决定是否要显示目标值，设定目标值及其颜色后仪表会从中心点的位置拉出一条目标线指到用户设定的目标值上，如图 7 - 15 所示。（这里目标值设为 50。目标值颜色为蓝色）。

目标值和高低限值为变量　当设定目标值与高低限值为变量时，低限值地址为读取存储器地址 +1；高限值地址为读取存储器地址 +2；目标值地址为读取存储器地址 +3。

图 7 -14　仪表设定值对话框

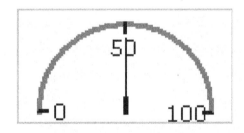

图 7 -15　目标值设定

整数位数、小数位数　决定输入的整数字数与小数字数各有几位。这里的小数字数并不是真的小数值，只是显示样式。

⑦ 低限区颜色、高限区颜色　在设定值属性里有勾选启动范围，输入值才会显示。

⑧ 指针颜色　设定仪表指针颜色。

⑨ 刻度颜色　设定仪表刻度颜色。

⑩ 刻度区间数目　设定刻度区间数目，利用点选上下的按钮来增加或减少刻度区间数目，范围从 1 ~ 10 个区间。

（3）管状图。管状选项属性说明如下。

① 管状图 a/管状图 b：人机界面读取控制器对应寄存器的数值，将数值转换为容器的水位容量，显示于人机的管状图 a/管状图 b 组件上。

读取存储器地址：可选择内部存储器或控制器寄存器地址。

文字/文字大小、字体/文字颜色：使用者可依 Windows 所提供的文字大小、字体与颜色功能，设定该元件文字显示型态。

水位颜色、筒内颜色：设定管状图 a/管状 b 组件水位颜色与容器筒内来填满水时的颜色。

组件形式：如图 7-16 所示。

设定值：与"图 7-14 仪表设定值对话框"相同。

输入最小值、输入最大值：容器内能存放水位的最小单位与最大单位。

目标值设定：用户可以决定是否要显示目标值。

目标值和高限值为变量：当设定目标值与高低限值为变量时，低限值地址为读取存储器地址 +1；高限值地址为读取存储器地址 +2；目标值地址为读取存储器地址 +3。

Standard   Rotation 180

图 7-16 管状图 a/管状图 b 组件型式

低限区颜色、高限区颜色：在设定值属性里有勾选启动范围输入值才会显示。

② 管状图 c、d、e：连接水管用组件，分别如图 7-17、图 7-18、图 7-19 所示。在这三种管状图中都有设定口径大小，可选择的口径大小为 1~5，口径 1 代表水管的宽度至少 13 个 pixels，口径 2 代表水管的宽度 26 个 pixels，其他以此类推。

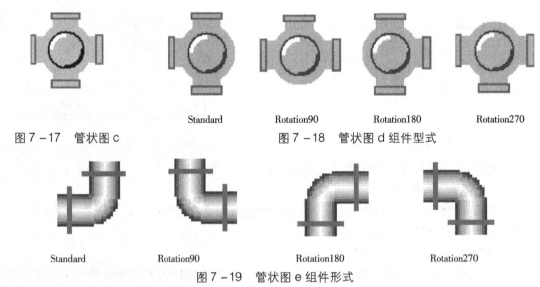

图 7-17 管状图 c   Standard   Rotation90   Rotation180   Rotation270

图 7-18 管状图 d 组件型式

Standard   Rotation90   Rotation180   Rotation270

图 7-19 管状图 e 组件形式

③ 管状图 f/管状图 g：水平与垂直水管可显示水流动向，如图 7-20 所示。

读取存储器地址：可选择内部存储器或控制器寄存器地址（参阅一般按钮说明）。此组件可选择是否要输入读取存储器位置。如果有设定读取位置，则水管组件就会有水流流动的效果。例如：内部存储器 \$0。当 \$0 = 1 时，配合流动光标颜色设定，此时管状图组件的水流方向是由右至左；当 \$0 = 2 时，管状图组件的水流方向是由左至右；当 \$0 = 1 或 2 以外的数字时，则管状图不呈现任何水流状态。同样地，

图7-20 水流动向显示图

若选管状图组件7，例如：内部存储器 \$1，当 \$1 = 1 时，水流方向是由下至上；当 \$1 = 2 时，水流方向是由上至下．当 \$1 = 1 或 2 以外的数字时，则管状图不呈现任何水流状态。

流动光标颜色：如果有设定读取位置，则水管组件就会有水流流动的效果。用户可以设定此流动光标的颜色。

管口口径：设定口径大小，与管状图 c、d、e 一致。

（4）指示灯。指示灯选项属性说明如下。

① 状态指示灯：用于指示某一个地址的状态，不管是 Bit、LSB 或是 Word，都会提醒使用者状态的改变。如果此地址是一个很重要的指标或是代表很重要的信息及警示，则利用立即改变显示状态的方式或是由不同状态文字的设定，来告诉使用者状态的变化，甚至随着不同状态的改变，让使用者知道更多的信息，使得使用者能在第一时间内完成相对应状态的处理。

读取存储器地址：可选择内部存储器或控制器寄存器地址（参阅一般按钮说明）。当用户所设定的读取存储器地址为控制器的接点时（ON 或 OFF），状态指示灯会依照用户所规划的状态作变化。例如值为 1 时显示 "Start"，值为 0 时显示 "Stop"，用户也可以为状态指示灯的每一个状态加入图形显示效果。

文字/文字大小、字体/文字颜色：参阅一般按钮说明。

是否闪烁：以闪烁的显示方式提醒使用者。

图形库名称、图形名称、组件前景颜色、组件型式、图形背景是否透明和指定图形透明色；参阅一般按钮说明。

数值单位 Bit，状态指示灯组件可以有 2 个状态；Word，状态指示灯组件可以有 256 个状态；LSB，状态指示灯组件可以有 16 个状态。

数值格式：状态指示灯提供 BCD、Signed Decimal、Unsigned Decimal、Hex 等四种数值格式来显示读取到的存储器内容。

新增删除状态数：设定状态指示灯的状态总数。如果数值单位为 Word，则可以设定 1～256 个状态，LSB 就可以设定 16 个状态，Bit 只能设定 2 个状态。

② 数值范围指示灯：用于指示某一个地址的状态。人机界面读取对应的寄存器的数值，以此数值对应此组件与所设定的范围值，最后将对应的状态显示于屏幕上。

读取存储器地址：可选择内部存储器或控制器寄存器地址。用户也可以为指示灯的每一个状态加入图形的显示效果。

文字/文字大小、字体/文字颜色：参阅一般按钮说明。

是否闪烁：以闪烁的显示方式提醒使用者。

图形库名称、图形名称、组件前景颜色、组件型式、图形背景是否透明和指定图形透明色：参阅一般按钮说明。

新增删除状态数：设定数值范围指示灯的状态总数。最多可设定 256 个状态。

设定值：设定对话框如图 7-21 所示。说明如下。

数值单位：提供 Word/Double Word。

图 7-21　数值范围指示灯设定对话框

数值格式：提供以下的数值格式可供选择：BCD/Signed BCD/Signed Decimal/Unsigned Decimal。

范围：常量，以建立后的预设的 5 个 State 来设定范围值。n 个 State 会有 $n-1$ 个范围值可以输入。将状态 0、1、2、3、4 的组件前景颜色分别设为红、绿、蓝、黄、紫。当读取的存储器地址数值为大于等于 100 时，数值范围指示灯会呈现红色。当读取的存储器地址数值为大于等于 50 时，数值范围指示灯会呈现绿色，其他以此类推。变量：当范围被设定为变量时，数值范围指示灯组件会以读取存储器的地址后 $n-1$ 个地址当作范围下限值，其中 n 为数值范围指示灯的状态总数。例如：若读取存储器地址为 $0，组件的状态总数为 5，范围 0 的下限值即为 $1，范围 1 的下限值即为 $2，其他以此类推。

③ 简易指示灯：提供基本的两个状态（ON/OFF），给使用者方便做底图的 XOR 颜色交错变化。

读取存储器地址：可选择内部存储器或控制器寄存器地址。

文字/文字大小、字体/文字颜色：参阅一般按钮说明。

XOR 颜色：指定与底图 XOR 的颜色。

（5）数据显示。数据显示组件功能如下。

① 数值显示：显示特定地址的值。

② 文字数值显示：显示特定地址的文字数值。

③ 日期显示：显示人机的日期。

④ 时间显示：显示人机的时间。

⑤ 星期显示：显示人机的星期。

⑥ 一般型信息显示：根据状态显示信息。

⑦ 走马灯信息显示：根据状态以走马灯的方式显示信息。

（6）图形显示。图形显示组件功能如下。

① 状态图显示：控制多个状态图形显示在人机屏幕的固定位置，并可控制它的状态从而显示不同的图形文件。

② 动画：切换多个状态图形以达到动画效果，并可控制其在 X 或 Y 方向任意移动。

③ 动态线条：控制绘制的线条于 X 或 Y 的方向任意移动且能延展其大小。

④ 动态矩形：控制绘制的矩形于 X 或 Y 的方向任意移动且能延展其大小。

⑤ 动态椭圆形：控制绘制的椭圆形于 X 或 Y 的方向任意移动且能延展其大小。

（7）输入。输入组件可设定写入与读取的存储器地址，可供使用者显示与输入数值，读取的地址与写入的地址既可以相同，也可以不同。输入功能如下。

① 数值输入：输入并显示指定地址的值。

② 文字数值输入：输入并显示指定地址的文字数值。

（8）曲线图。曲线圈组件功能如下。

① 一股曲线图：将所设定读取地址的数值变化，以曲线的形式表示出来，此曲线图可

显示 Y 轴的变化。

② X—Y 曲线图：将所设定读取地址的数值变化，以曲线的形式表示出来，此曲线图可同时显示 X 轴以及 Y 轴的变化。

（9）警报显示和绘图组件。请读者自行参考《DOP 系列人机界面使用手册》，在此不再介绍。

6）PC 与 DOP 触摸屏的连接

（1）串口通言。台达 DOP 触摸屏与计算机可根据一定的连线方式自己动手做通信电缆，如图 7 - 22 所示，一端连接触摸屏的 COM1，另一端连接计算机的 RS232 串口。

图 7 - 22　PC TO DOP 的 RS232 电缆

（2）USB 通信电缆。一端连接触摸屏的 USB，另一端连接计算机的 USB 口，如图 7 - 23 所示。

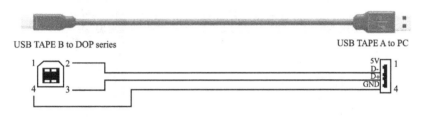

图 7 - 23　PC TO DOP 的 USB 电缆

7）PLC 与触摸屏的连接

不同型号的 PLC 和不同厂家的触摸屏连接时通信电缆是不同的，请参考所选用的触摸屏手册，制作匹配的连接电缆。下面给出了西门子 S7—200 PLC 与台达 DOP 触摸屏的电缆制作方法。

（1）RS232/PPI Multi—Master Cable，连接 DOP 与 PPI Cable，如图 7 - 24 所示。

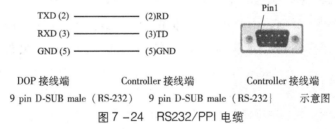

图 7 - 24　RS232/PPI 电缆

（2）RS—485 PLC Program Port（RS—485）。如图 7 - 25 所示，直接从台达触摸屏的 COM2 口与 PLC（RS485）连接时使用此方法。

8）S7—200 PLC 与台达触摸屏通信的设置

通讯速率：9600，8，EVEN，1；

控制器站号：2；

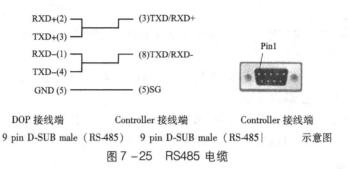

图 7-25 RS485 电缆

控制区/状态区：VW0/VW10。

9）人机系统画面操作说明

按触摸屏上的 SYS 按键 3 s，即会进入人机系统画面，如图 7-26 所示。在系统画面中可以针对触摸屏的一些系统参数作设定，内容如下。

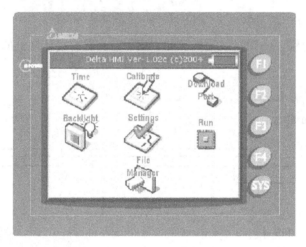

图 7-26 触摸屏开机系统画面

时间设定：可设定修改人机界面实时时钟时间。

触控板校正：当发现触板位置与实际动作位置不同时，可通过此功能调整，进入校正画面后会依序在画面左上、右下、中央出现三个准星。轮流触碰准星中心点，即可完成校正。

COM Port 上下载：台达人机界面除了可使用 USB 上下载画面数据外，也提供了使用 COM Port 上下载的功能。在 Screen Editor 中，可由设定模块参数选项中选择要使用 USB 或是画面资料。设定参数对话框如图 7-27 所示。点选该按钮后，会出现 COM Port 选单，可选择要使用哪个 COM Port 接收画面数据，选择好之后，便会询问是否要使用 Bypass 模式，选择 No，便会开始等待计算机传送画面数据。此时按"下载"键，便可开始下载画面数据。

画面参数调整：可在此选项中调整画面的对比度、亮度、刷新频率等显示参数。

系统参数设定：可在此设定系统参数以及通讯参数。

（1）Buzzer ON/OFF 蜂鸣器开关：设定蜂鸣器是否动作。

（2）Screen SaverTime（Min）屏幕保护程序时间：设定触摸屏等待多久，进入屏幕保护状态，单位为分钟。

（3）Boot Delay Times（Sec）开机延迟时间：设定上电后，人机延迟几秒后才启动人机程序，单位为秒。

（4）Default Language（ID）预设语言 ID：当使用多国语言界面时，可以设定开机时预设语言。

（5）Print Interface 打印机界面：可设定要使用 USB 或是 Parallel Port 连接打印机。

（6）通信参数：可以设定各个通信 COM Port 的各项参数。

执行人机界面程序：按下 RUN 按钮后开始执行人机界面程序。

图 7 –27　模块参数设定对话框

1.4　项目操作内容与步骤

项目任务：四路抢答器触摸屏控制

四路抢答器触摸屏控制的控制要求参见情景导入。

1. 控制要求

（1）系统初始上电后，主控人员在触摸屏上点击"开始"按键后，允许各队人员开始抢答，即各队抢答按键有效；

（2）抢答过程中，1～4 队中的任何一队抢先按下各自的抢答按键（S1、S2、S3、S4）后，触摸屏中该队指示灯点亮，并显示当前的队号，并且其他队的人员继续抢答无效；

（3）主控人员对抢答状态确认后，点击"复位"按键，系统又继续允许各队人员开始抢答；直至又有一队抢先按下各自的抢答按键。

2. 触摸屏的组态

1）建立新文件

打开 Screen Editor，新建名为"四路抢答器"的专案，画面名称设为"Screen_1"，人机界面种类设为"DOP-A57CSTD 256 Colors"，Base Port 控制器设为西门子的"S7-200"，如图 7 –28 所示。上述设置完成后，单击"确定"，则编辑区域显示的是系统的控制画面，如

图7-29所示。

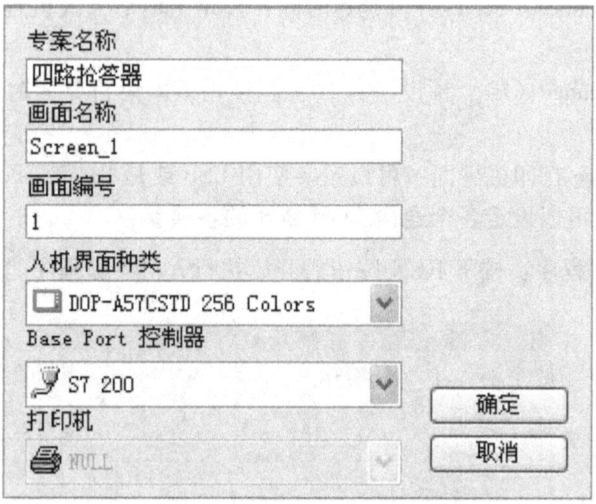

专案名称

四路抢答器

画面名称

Screen_1

画面编号

1

人机界面种类

DOP-A57CSTD 256 Colors

Base Port 控制器

S7 200

打印机

NULL

确定

取消

图7-28　新建四路抢答器专案

图7-29　系统的控制画面

2）设置背景

在 Property 对话框中，选择画面背景颜色为 RGB(0，119，0)，如图7-30所示。

3）键入静态文字

单击"绘图"按钮，选中"静态文字"。在画面编辑区单击，出现一个文本框，调整其大小。单击选中文本框，在属性对话框中设置文字：四路抢答器；文字大小：40；字体：宋体；透明色：Yes。如图7-31所示。同理，键入"开始"与"复位"。

4）制作数字显示器

单击"数据显示"按钮，选中"数值显示"。在画面编辑区单击，出现一个数值显示元件，调整其大小。单击选中数值显示元件，在属性对话框中设置读取存储器地址→QW1；文字大小→28；外框颜色→黄色；元件背景颜色→浅蓝色；元件造型→Sunken。如图7-32所示，单击设置值，在设定对话框中，设置数值单位→Word；整数位数→1，如图7-33所示。

图7-30 设置画面背景颜色

图7-31 静态文字属性设置

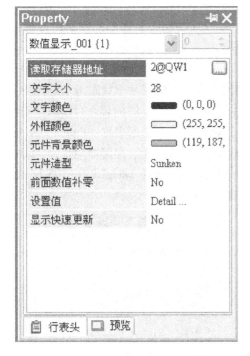

图7-32 数值显示属性设置

图7-33 数值显示设置值的设定

5）制作"开始"与"复位"按钮

（1）"开始"按钮 单击"按钮"，选中"保持型"。在画面编辑区单击，出现一个按钮元件，调整其大小。单击选中按钮元件，在属性对话框中设置按钮=0时的属性：写入存储器地址：I0.0；图形库名称：＄3DFineLampNState. pib；图形名称：LampNState_ 05. bmp；元件造型：Standard，如图7-34所示。设置按钮=1时的属性：写入存储器地址：I0.0；图形库名称：＄3DFineLampNState. pib；图形名称：LampNState_ 06. bmp；元件造型：Standard，如图7-35所示。

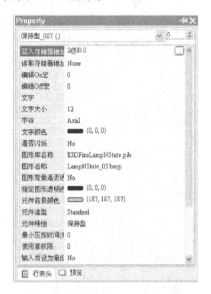

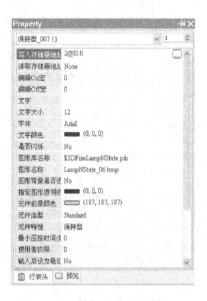

图7-34　按钮不动作时属性设置　　　　　　　图7-35　按钮动作时属性设置

（2）"复位"按钮：同理制作"复位"按钮。"复位"按钮未动作与动作时的图形名称分别为LampNState_ 07. bmp与LampNState_ 08. bmp。

6）制作输出指示灯

单击"指示灯"，选中"状态指示灯"。在画面编辑区单击，出现一个状态指示灯元件，调整其大小。单击选中状态指示灯元件，在属性对话框中设置指示灯=0时的属性：读取存储器地址：Q0.0；文字：1；文字大小：16；图形库名称：$3DButton. pib；图形名称：Button_ 11. bmp；元件造型：Standard，如图7-36所示。设置指示灯=1时的属性：读取存储器地址：Q0.0；文字：1；文字大小：16；图形库名称：$3DLamp2State. pib；图形名称：Lamp2State_ 05. bmp；元件造型：Standard，如图7-37所示。用同样的方法制作状态指示灯2、3、4。

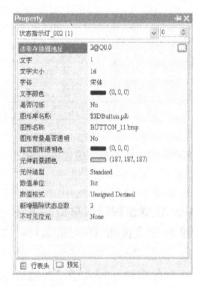

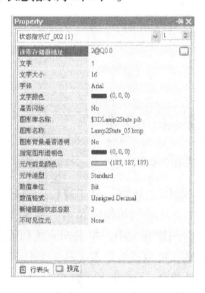

图7-36　状态指示灯1不动作时属性设置　　　　图7-37　状态指示灯1动作时属性设置

组态完成后的控制显示画面如图 7 –38 所示。至此触摸屏的组态完成。组态完成后，触摸屏与 PLC 的内部地址对应如表 7 –3 所示。

表 7 –3　触摸屏与 PLC 的内部地址对应表

触摸屏元件	PLC 内部地址	功　　能
数值显示	QW1	显示当前抢答器
状态指示灯 1	Q0.0	显示抢答器 1 的状态
状态指示灯 2	Q0.1	显示抢答器 2 的状态
状态指示灯 3	Q0.2	显示抢答器 3 的状态
状态指示灯 4	Q0.3	显示抢答器 4 的状态
开始控制按钮，设 On 型	I0.0	开始抢答控制
复位控制按钮，设 On 型	I0.1	复位控制

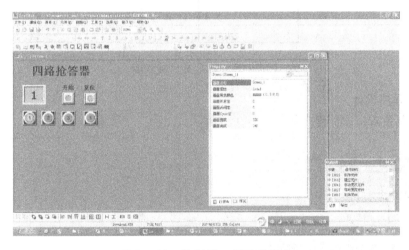

图 7 –38　控制显示画面的组态

根据前文中所讲方法将触摸屏和组态计算机连接起来并将组态画面数据下载到触摸屏中。

3. I/O 端口分配功能表

根据控制要求，列出 I/O 端口分配功能表，如表 7 –4 所示。

表 7 –4　I/O 端口分配功能表

序号	PLC 地址（PLC 端子）	电气符号（面板端子）	功能说明
输入	I0.2	S1	1 队抢答
	I0.3	S2	2 队抢答
	I0.4	S3	3 队抢答
	I0.5	S4	4 队抢答

4. 控制接线图

根据任务分析，按照图7-39所示进行PLC硬件接线。

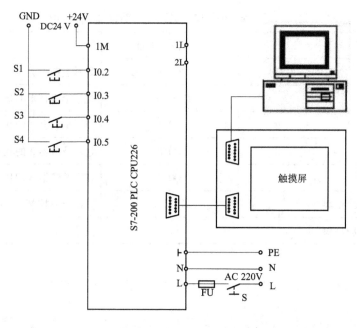

图7-39 PLC硬件接线图

5. PLC程序设计

根据控制要求，设计程序如图7-40所示。

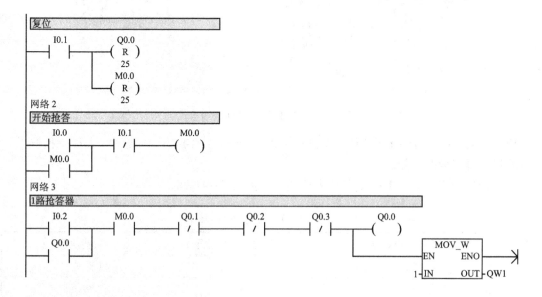

图7-40 PLC控制程序（一）

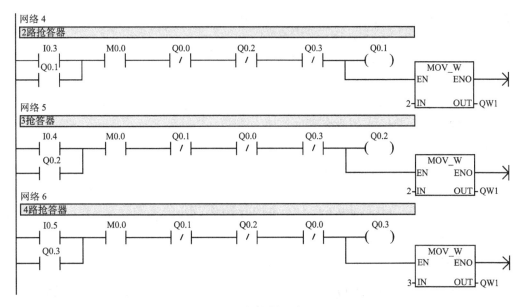

图 7 - 40 PLC 控制程序（二）

6. 运行调试

（1）连接好 PLC 输入/输出接线，启动 STEP7Micro/WIN32 编程软件。

（2）打开符号表编辑器，根据表 3 - 1 要求，将相应的符号与地址分别录入符号表的符号栏和地址栏。例如，符号栏写"启动"，相应的地址栏则写"I0.0"。

（3）打开梯形图编辑器，录入程序并下载到 PLC 中，使 PLC 进入运行状态。

（4）使 PLC 进入梯形图监控状态。

① 不做任何操作，观察 I0.0、Q0.0 ~ Q0.7 的状态；

② 分别点动"开始"开关，允许 1 ~ 4 队抢答。分别点动 S1 ~ S4 按钮，模拟四个队进行抢答，观察并记录系统响应情况。

③ 尝试编译新的控制程序，实现不同于示例程序的控制效果。

④ 操作过程中同时观察输入/输出状态指示灯的亮灭情况。

1.5 项目小结

本项目通过四路抢答器触摸屏控制，讲解了触摸屏的特点、选用方法和人机界面的制作方法。需要注意的是：在制作人机界面时，应分别对元件动作和不动作的情况分别设置，合理地选择元件图形，以便制作出优良的触摸屏控制程序。

1.6 思考与练习

1. 填空题

（1）工业触摸屏，是通过触摸式_____把人和机器连为一体的、人机互动的智能化_____。

（2）工业触摸屏可以用来设置参数，显示_____，监控_____，以曲线/动画等形式描绘自动化_____等。

（3）根据工作原理，触摸屏主要分为_____触摸屏、_____触摸屏、红外线触摸屏、表面声波触摸屏、近场成像触摸屏等。

（4）设 ON 型按钮，是将所设定的 Bit 地址永远被保持在_____的状态，无论手放开或再按仍为_____。

（5）保持型按钮，是将所设定的_____设为 ON，手放开则变为_____。

（6）状态指示灯：用于指示某一个_____的状态，不管是 Bit、LSB 或是 Word，都会提醒使用者_____的改变。

2. 简答题

简述触摸屏控制器（卡）的主要作用。

项目2　自动售货机

 情境导入

在现代社会中，自动售货机以其方便快捷的自助式服务，矗立在各个街头。如图 7-41 所示为自动售货机触摸屏控制示意图。

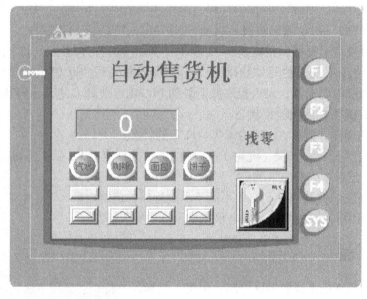

图 7-41　自动售货机触摸屏画面

自动售货机触摸屏控制的具体要求如下：

（1）投币：系统可识别 1 元、5 元、10 元的纸币和 1 元的硬币。

（2）购物：自动售货机可以提供汽水（1 元）、咖啡（3 元）、面包（2 元）和饼干（4 元）四种商品。若投币的总金额大于某一种商品时，则该种商品的指示灯点亮。此时，按下相应商品的按钮，提供相应商品，同时出货指示灯以 1 秒钟的周期闪烁 10 秒后，停止。系统重新计算剩余金额。

（3）数值显示：显示自动售货机内剩余金额。

（4）找零：按下找零按钮，系统进行找零服务（退 1 元硬币）。在找零过程中，找零指示灯以 1 秒钟的周期闪烁。

（5）缺货：系统对每种商品的数量默认为 20 个。如果某种商品售完，则该商品的指示灯不再点亮，进行重新补货（按下复位按钮）后，方可正常使用。

2.1　教学目标

知识目标

（1）进一步熟悉 DOP－A 5.7 寸彩色触摸屏组态软件 Screen Editor 的基本操作方法；

（2）进一步熟悉人机界面的制作方法。

能力目标

（1）正确选用触摸屏，并进行安装接线；

（2）正确进行触摸屏软件的基本操作；

（3）正确应用触摸屏组态软件 Screen Editor 进行自动售货机人机界面的制作。

2.2　项目任务

项目任务： 自动售货机触摸屏控制

2.3　相关知识点

一、警报显示

警报显示图形及其功能如表 7－5 所示。

表 7－5　警报显示图形及功能

警报显示	图形	功能
历史警报表		人机会依照警报区指定的 PLC 缓存器的相对 Bit 资料，转换为对应的接点警报消息正文显示在人机屏幕上，并且依序逐笔记录成为警报历史表
当前警报表		人机只显示目前警报设定之 PLC 的 Bit 资料 = ON/OFF 的接点警报消息正文在人机屏幕上
警报频次表		人机将统计并显示整体警报监视的各点警报发生的累计次数在人机屏幕上

在操作警报显示元件的设置，必须先指定其信号相对应之 PLC 读取警报设定，才能联机应用。警报设定中的警报区地址是指警报取样监视 PLC 资料位置，警报总数和记录最多笔数大小须先定义。

1. 历史警报表

人机会依照指定时间自动读取指定之 PLC 缓存器的相对 Bit 资料，转换为对应的接点警报消息正文显示在人机屏幕上，并且依序逐笔记录成为警报历史表，如图 7－42 所示。

2. 当前警报表

人机只显示目前警报设定之 PLC 的 Bit 资料 = ON/OFF 的接点警报消息正文在人机屏幕上，如图 7－43 所示。

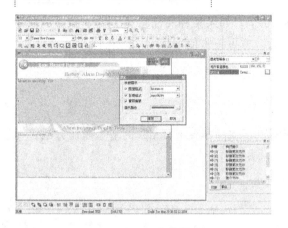

图7-42　历史警报表　　　　　　　　　图7-43　当前警报表

3. 警报频次表

人机将统计并显示整体警报监视的各点警报发生的累计次数在人机屏幕上，如图7-44所示。

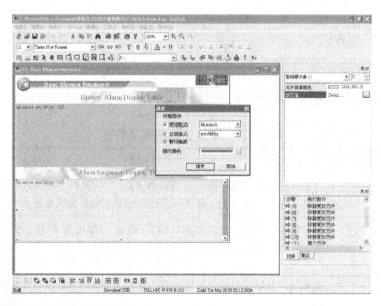

图7-44　警报频次表

二、绘图

有些图形是元件库所没有提供的，因此为了方便创造所需要的图形，提供了以下可供组合配置的基本图形，如图7-45所示。

1. 线

按住鼠标的左键的同时便决定了第一个点，移动鼠标，当鼠标左键放开时就决定了第二个点，如此凭着这两个点一条直线便形成了。而当你点选此直线时，会出现一个矩形的范围，这是为了方便使用者去移动图形，并且借着调整此矩形的范围来再一次修正线条，线条的宽度跟颜色可以自行更改，如图7-46、图7-47和图7-48所示。而直线以外的地方则以透明图处理。

262

图 7 -45　绘图选项

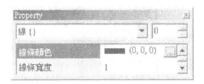

图 7 -46　线的属性

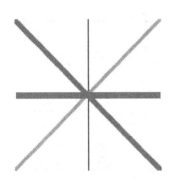

图 7 -47　线条的方向

图 7 -48　线条宽度由 1 到 8

2. 矩形

按住鼠标的左键然后拖曳出一个范围，一个矩形就形成了。然后再从图形库中加载图形，并且决定矩形外框的线条宽度以及前景的颜色，如此一张矩形图便形成了，矩形属性如图 7 -49 所示。因此如果只是单纯地想把特定的图形放入，并没有想要其他的功能，可以选择此元件。若要绘制圆角矩形则设定圆角半径大于 0 即可。

3. 圆

改变指定范围的大小来决定矩形的长跟宽，如果是长与宽相等，那么图形就会变成一个圆形。如果是不相等，则会变成一个椭圆形，其椭圆形的长轴为矩形较长边的一半，短轴为矩形较短边的一半，图形的颜色可以改变，如

图 7 -49　矩形属性

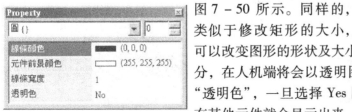

图 7 -50　圆的属性

图 7 - 50 所示。同样的，类似于修改矩形的大小，可以改变图形的形状及大小，而图形以外矩形以内的其他部分，在人机端将会以透明图处理。而属性中有一项属性是"透明色"，一旦选择 Yes 图形将只会剩下外框，如果底层有其他元件就会显示出来，如图 7 -51、图 7 -52、图 7 -53 和图 7 -54 所示。

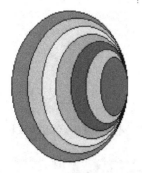

图7-51 椭圆不透明

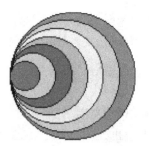

图7-52 圆不透明

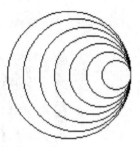

图7-53 圆透明

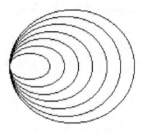

图7-54 椭圆透明

4. 多边形

利用每一次按点鼠标左键的方式，来决定多边形的每一个点。当所有的点都设好之后，按鼠标右键，便能自动组成一个多边形，而且此图形可让使用者决定颜色。同样的，修改整个矩形的大小，可以改变多边形的形状及大小，而图形以外矩形以内的其他部分，在人机端将会以透明图处理，如图7-55所示。而属性中有一项属性是"透明色"，一旦选择Yes图形将只会剩下外框，如果底层有其他元件就会显示出来，如图7-56、图7-57、图7-58、图7-59、图7-60和图7-61所示。

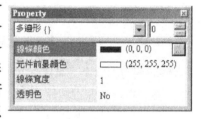

图7-55 多边形属性表

图7-56

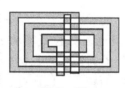

图7-57

图7-58

图7-59

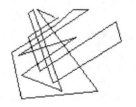

图7-60 多边形透明

5. 弧

　　当选择扇形之后，第一步先按住鼠标左键，而此时按住鼠标左键的地方为第一点；第二步放开鼠标左键，当放开鼠标左键时的位置便决定了第二点。此两点将决定扇形圆弧的方向及整个扇形的大小，如果属性表里面透明色的选项为 Yes，那么图形为弧形；反之如果是 No，图形就是扇形，如图 7−61 所示。同样的，修改矩形的大小，可以改变扇形的形状及圆弧的大小，而图形以外矩形以内的其他部分，在人机端将会以透明图处理，如图 7−62、图 7−63 所示。

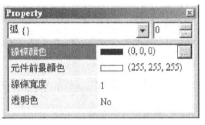

图 7−61　弧属性

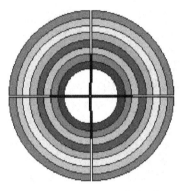

图 7−62　不透明为扇型

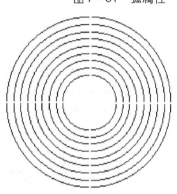

图 7−63　透明为弧

6. 静态文字

　　在画面上规划出一个矩形，可以在里面输入所需要的文字，而元件前景颜色的设定，会使得整个矩形变成所设定的颜色（透明色要设 No），如图 7−64 所示。

7. 刻度

　　可以利用元件型式的选项，来改变刻度的方向或是属性主次刻度数目，来改变主次刻度的数目，并利用颜色的改变来创造独特的刻度。而显示标记可以选择要不要显主刻度所代表的数值大小，数值的最大最小值是从设定值里面设定的，如图 7−65、图 7−66 所示。

图 7−64　静态文字属性

图 7−65　刻度属性表

8. 表格

　　可以利用元件型式的选项来改变表格格子数的大小、外观，格子的颜色也可以更改。如果搭配其他元件使用，那么每个元件将会整齐的呈现在使用者面前，如图 7−67 所示。

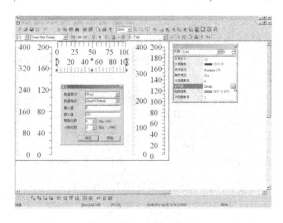

图 7 –66　刻度范例

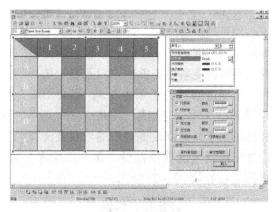

图 7 –67　表格范例

（1）列表头：设定第一列（列表头）的颜色，并决定是否使用。

（2）行表头：设定第一行（行表头）的颜色，并决定是否使用。

（3）列交织：设定列交织的颜色，并决定是否使用。

（4）行交织：设定行交织的颜色，并决定是否使用。

（5）列表头交织：设定列交织的颜色，由列表头开始，并决定是否使用。

（6）行表头交织：设定行交织的颜色，由行表头开始，并决定是否使用。

（7）等列高间距：每列的间距相等。

（8）等行高间距：每行的间距相等。

2.4　项目操作内容与步骤

项目任务： 自动售货机触摸屏控制

自动售货机触摸屏控制的控制要求参见情景导入。

1. 控制要求分析

（1）计币系统：当有顾客购买饮料并投币时，投币传感器记忆投币的个数且传送到检测系统（即电子天平）和计币系统。当电子天平测量的重量少于误差值时，允许计币系统进行叠加钱币，叠加的钱币数值存放在变量存储器 VW1 中。如果不正确时，认为是假币，则退出投币，等待新顾客。

（2）钱币比较系统：投币完成后，系统会把 VW0 内钱币数值和可以购买商品的价格数值进行比较。若投币的总金额大于某一种商品时，则该种商品的指示灯点亮。此时可以选择该商品、再投币或选择退币。例如：当投入的钱币大于 1 元时，汽水选择指示灯长亮。当投入的钱币大于 3 元时，汽水、面包和咖啡的指示灯同时长亮，此时可以选择商品类型或选择退币。

（3）商品选择系统：钱币比较系统满足商品选择条件后，商品指示灯常亮。当按下某种商品的选择按钮，相应的商品出货指示灯为闪烁（周期为 1 s）。当商品供应 10 s 后，商品出货指示灯的闪烁停止。

（4）商品供应系统：当按下商品选择按钮时，相应商品的电动机启动，带动传动机构，进行供货。在商品输出的同时，减去相应的购买钱币数。当商品输出达到 10 s 时，电动机工作停止。

（5）找零系统：当顾客购完商品后，剩余钱币需要按下找零按钮。系统将根据数据存储器 VW1 内的剩余金额（1 元需要退回的数量）进行找零。在选择找零的同时，启动找零电动机和找零传感器。当找零传感器记录的退币个数等于数据存储器退回的数量时，找零电动机停止运转。

2. 触摸屏的组态

（1）人机界面的制作：利用 Screen Editor 软件完成对人机界面的制作，各部分名称如图 7－68 所示。当检视状态为 0 时，人机界面如图 7－69 所示。当检视状态为 1 时，人机界面图 7－70 所示。

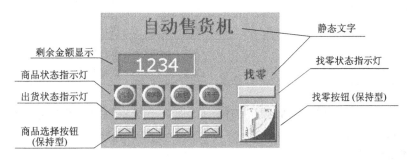

图 7－68　自动售货机人机界面的组成

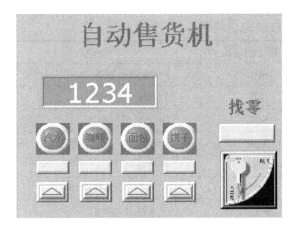

图 7－69　检视状态为 0 时的人机界面

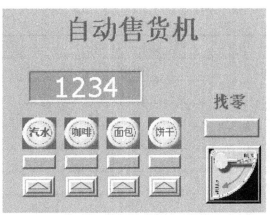

图 7－70　检视状态为 1 时的人机界面

（2）元件读写地址：组态完成后，触摸屏与 PLC 的内部地址对应如表 7－6 所示。

表 7－6　触摸屏与 PLC 的内部地址对应表

触摸屏元件	PLC 内部地址	功　　能
数值显示	VW1	显示剩余金额
汽水出货状态指示灯 1	Q0.0	显示汽水的出货状态
咖啡出货状态指示灯 2	Q0.1	显示咖啡的出货状态
面包出货状态指示灯 3	Q0.2	显示面包的出货状态
饼干出货状态指示灯 4	Q0.3	显示饼干的出货状态

触摸屏元件	PLC 内部地址	功　　能
找零状态指示灯 9	Q0.4	显示找零的状态
汽水状态指示灯 5	Q1.0	显示汽水的购买状态
咖啡状态指示灯 6	Q1.1	显示咖啡的购买状态
面包状态指示灯 7	Q1.2	显示面包的购买状态
饼干状态指示灯 8	Q1.3	显示饼干的购买状态
汽水选择按钮，设保持型	I0.0	选择购买汽水
咖啡选择按钮，设保持型	I0.1	选择购买咖啡
面包选择按钮，设保持型	I0.2	选择购买面包
饼干选择按钮，设保持型	I0.3	选择购买饼干
找零按钮，设保持型	I0.5	选择找零

（3）下载组态画面：根据"触摸屏的使用"所讲方法将触摸屏和组态计算机连接起来并将组态画面数据下载到触摸屏中。

3. I/O 端口分配功能表

根据控制要求，列出 I/O 端口分配功能表，如表 7 - 7 所示。

表 7 - 7　I/O 端口分配功能表

序号	PLC 地址（PLC 端子）	电气符号（面板端子）	功能说明
输入	I1.0	SQ1	1 元纸币传感器
	I1.1	SQ2	5 元纸币传感器
	I1.2	SQ3	10 元纸币传感器
	I1.3	SQ4	1 元硬币投币传感器
	I1.4	SB	复位按钮
	I1.5	SQ5	1 元硬币找零传感器
输出	Q1.4	KA1	汽水控制电动机
	Q1.5	KA2	咖啡控制电动机
	Q1.6	KA3	面包控制电动机
	Q1.7	KA4	饼干控制电动机
	Q0.5	KA5	找零控制电动机

4. 控制接线图

根据任务分析，按照图 7 - 71 所示进行硬件接线。

5. PLC 程序设计

根据控制要求，设计程序如图 7 - 72 所示。

6. 运行调试

（1）连接好 PLC 输入/输出接线，启动 STEP 7 - Micro/WIN32 编程软件。

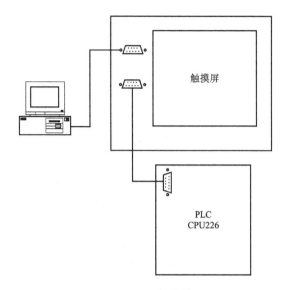

图 7 -71　硬件接线图

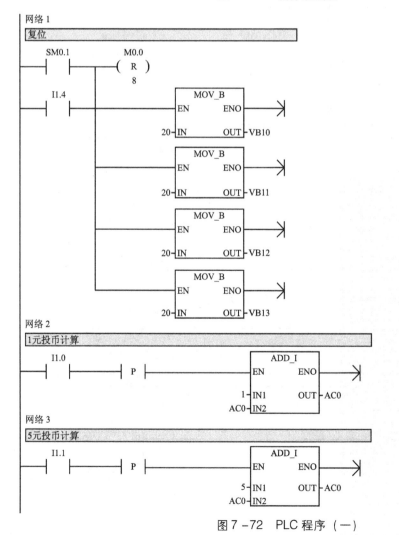

图 7 -72　PLC 程序（一）

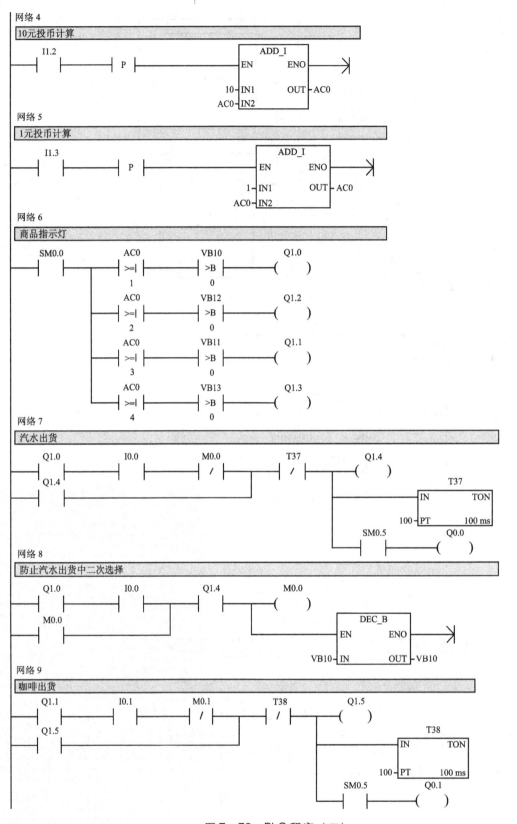

图 7 -72 PLC 程序（二）

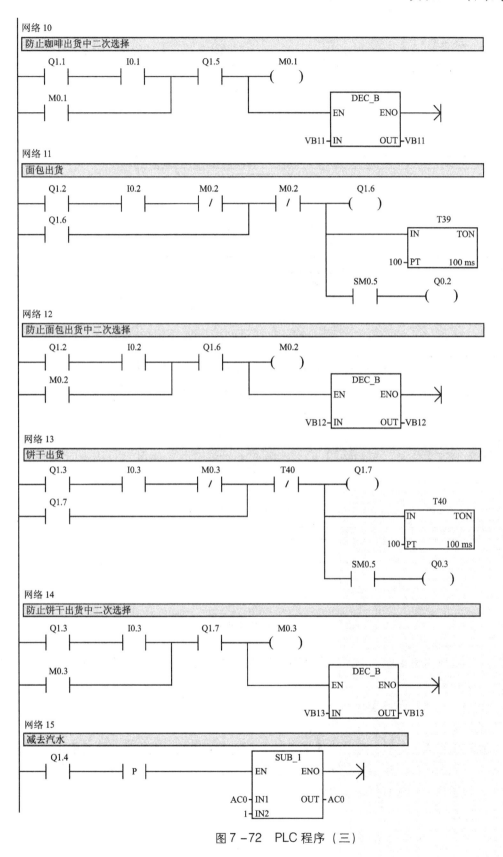

图7-72 PLC程序（三）

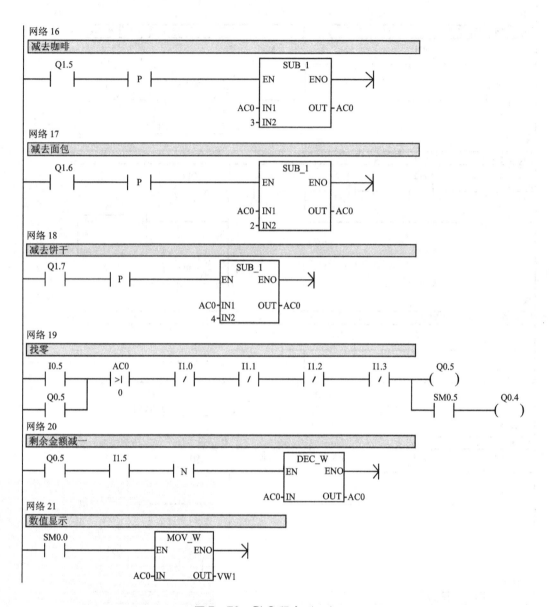

图7-72　PLC程序（四）

（2）打开梯形图编辑器，录入程序并下载到PLC中，使PLC进入运行状态。

（3）启动触摸屏。

（4）使PLC进入梯形图监控状态。

① 不做任何操作，观察输入、输出的状态。

② 分别模拟投入1元、5元、10元纸币和1元硬币的情况，观察并记录系统响应情况。

③ 选择不同的商品，观察并记录系统的状态。

④ 按下找零按钮，观察并记录系统的状态。

7. 评分标准

本项任务的评分标准见附录表1所示。

2.5　项目小结

本项目通过自动售货机触摸屏控制，进一步讲解了触摸屏中人机界面的制作方法，并且巩固了数据运算指令的应用。需要注意使用触摸屏控制 PLC 时，应注意解决触摸屏与 PLC 的通信问题。

2.6　思考与练习

制作十字路口交通灯触摸屏控制监控系统。监控界面如图 7 - 73 所示。

控制要求如下：

一条公路与人行横道之间的信号灯顺序控制，没有人横穿公路时，公路绿灯与人行横道红灯始终都是亮的，当有人需要横穿公路时按路边设有的按钮（两侧均设）SB1 或 SB2，15 s 后公路绿灯灭黄灯亮再过 10 s 黄灯灭红灯亮，然后过 5 s 人行横道红灯灭、绿灯亮，绿灯亮 10 s 后又闪烁 4 s。5 s 后红灯又亮了，再过 5 s，公路红灯灭、绿灯亮，在这个过程中按路边的按钮是不起作用的，只有当整个过程结束后也就是公路绿灯与人行横道红灯同时亮时再按按钮才起作用。

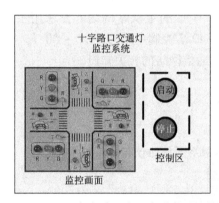

图 7 -73　十字路口交通灯监控界面

工作任务 8 ...

PPI 网络的组建

项目 1　S7-200 串行通信网络

 情境导入

近年来，计算机控制已被迅速地推广和普及，很多企业已经在大量地使用各式各样的可编程设备。将这些设备连在一个网络中，相互之间进行数据通信，实现分散控制和集中管理，是计算机控制系统发展的大趋势，因此有必要了解有关工厂自动化通信网络和 PLC 的通信方面的知识。

例如：有两台 S7-200 PLC 组成的主从站网络。要求用主站的 I0.0～I0.7 控制从站的 Q0.0～Q0.7，用从站的 I0.0～I0.7 控制主站的 Q0.0～Q0.7。

这里便需要用到 PPI 串行通信网络的相关知识。

1.1　教学目标

知识目标

（1）掌握 S7-200 PLC 的网络通信协议与通信所需设备；

（2）掌握通信指令的应用。

能力目标

能够实现多台 PLC 之间的网络通信。

1.2　项目任务

项目任务 1：使用 NETR/NETW 指令编写两台 S7-200 PLC 的网络通信

项目任务 2：使用 NETR/NETW 向导编写两台 S7-200 PLC 的网络通信

1.3　相关知识点

一、计算机通信概述

1. 并行通信与串行通信

并行数据通信是以字节或字为单位的数据传输方式，除了 8 根或 16 根数据线、一根公共线外，还需要通信双方联络用的控制线。并行通信的传输速度快，但是传输线的根数多，成本高，一般用于近距离的数据传输，例如打印机与计算机之间的数据传输。

串行数据通信是以二进制的位为单位的数据传输方式，每次只传送一位，除了公共线外，在一个数据传输方向上只需要一根数据线，这根数据线既作为数据线又作为通信联络控制线，数据信号和联络信号在这根线上按位进行传送。串行通信需要的信号线少，最少只需要两根线，适用于距离较远的场合。

2. 异步通信与同步通信

在串行通信中，由于连续传送大量的信息，会因积累误差造成错位，使接收方收到错误的信息。为了解决这一问题，需要使发送过程和接收过程同步。按同步方式的不同，可以将串行通信分为异步通信和同步通信。

异步通信的信息格式：发送的字符有一个起始位、7~8 个数据位、一个奇偶校验位、一个或两个停止位组成。在通信开始之前，通信的双方需要对采用的信息格式和数据的传输速率作相同的约定。将接收方检测到停止位和起始位之间的下降沿作为接受的起始点，在每一位的中点接受接收信息。

同步通信以字节为单位，每次传送 1~2 个同步字符、若干个数据字节和校验字符。同步字符起联络作用，用它来通知接受方开始接收数据。在同步通信中，发送方和接收方要保持完全的同步，即发送方和接收方应使用同一个时钟脉冲。

3. 单工与双工通信方式

单工通信方式，即只能沿单一方向发送或接收数据。

全双工通信方式，即分别使用两根或两组不同的数据线，通信的双方都能在同一时刻接收和发送信息。

半双工通信方式，即使用同一组线（如双绞线）接收和发送数据，通信的某一方在同一时刻只能发送数据或接收数据。

二、S7-200 的通信

PLC 的通信包括 PLC 之间、PLC 与上位计算机之间以及 PLC 与其他智能设备之间的通信。PLC 与计算机可以直接或通过通信处理单元、通信转换器相连构成网络，以实现信息的交换。

1. S7-200PLC 的网络通信协议

在进行网络通信时，通信双方必须遵守约定的规程，这些为交换信息而建立的规程称为通信协议。

S7-200 系列的 PLC 主要用于现场控制，在主站和从站之间的通信可以采用 3 个标准化协议和 1 个自由口协议。

（1）PPI（Point to Point Interface），即点对点接口协议。

（2）MPI（Multi Point Interface），即多点接口协议。

（3）PROFIBUS 协议，用于分布式 I/O 设备的高速通信。

（4）户定义的协议，即自由口协议。

其中的 PPI 是 SIEMENS 公司专为 S7-200 系列 PLC 开发的通信协议，是主从协议，利用 PC/PPI 电缆，将 S7-200 系列 PLC 与装有 STEP 7 – Micro/WIN 编程软件的计算机连接起来，组成 PC/PPI（单主站）的主/从网络连接。下面重点介绍一下 PPI。

网络中的 S7-200 PLC CPU 均为从站，其他 CPU、编程器或人机界面 HMI（如 TD200 文本显示器）为主站。

如果在用户程序中指定某个 S7-200PLC CPU 为 PPI 主站模式，则在 RUN 工作方式下，可以作为主站，它可以用相关的通信指令读、写其他 PLC 中的数据；与此同时，它还可以作为从站响应来自于其他主站的通信请求。

对于任何一个从站，PPI 不限制与其通信的主站数量，但是在网络中最多只能有 32 个主站。

2. 通信设备

（1）通信端口：S7-200 系列 PLC 中的 CPU226 型机有 2 个 RS—485 端口，外形为 9 针 D 型。分别定义为端口 0 和端口 1，作为 CPU 的通信端口，通过专用电缆可与计算机或其他智能设备及 PLC 进行数据交换。

（2）网络连接器：网络连接器用于将多个设备连接到网络中。一种是连接器的两端只是个封闭的 D 型插头，可用来两台设备间的一对一通信；另一种是在连接器两端的插头上还设有敞开的插孔，可用来连接第三者，实现多设备通信。

（3）PC/PPI 电缆：用此电缆连接 PLC 主机与计算机及其他通信设备，PLC 主机侧是 RS-485 接口，计算机侧是 RS-232 接口。当数据从 RS-232 传送到 RS-485 时，PC/PPI 电缆是发送模式，反之是接收模式。

三、通信指令

1. PPI 主站模式设定

在 S7-200PLC 的特殊继电器 SM 中，SMB30（SMB130）是用于设定通信端口 0（通信端口 1）的通信方式。由 SMB30（SMB130）的低 2 位决定通信端口 0（通信端口 1）的通信协议。只要将 SMB30（SMB130）的低 2 位设置为 2#10，就允许该 PLC 主机为 PPI 主站模式，可以执行网络读/写指令。

2. PPI 主站模式的通信指令

S7-200PLC CPU 提供网络读/写指令，用于 S7-200PLC CPU 之间的联网通信。网络读/写指令只能由在网络中充当主站的 CPU 执行，或者说只给主站编写读/写指令即可与其他从站通信了；从站 CPU 不必做通信编程，只需准备通信数据，让主站读/写（取送）有效即可。

在 S7-200PLC 的 PPI 主站模式下，网络通信指令有两条 NETR 和 NETW。

1）网络读指令 NETR（Net Read）

如图 8-1 所示，网络读/写指令通过指定的通信口（主站上 0 口或 1 口）从其他 CPU 中指定地址的数据区读取最多 16 字节的信息，存入本 CPU 中指定地址的数据区。

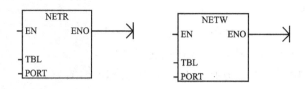

图 8-1　NETR 指令与 NETW 指令的梯形图符号

在梯形图中，网络读指令以功能框形式编程，指令的名称为 NETR。当允许输入 EN 有效时，初始化通信操作，通过指定的端口 PORT，从远程设备接收数据，将数据表 TBL 所指定的远程设备区域中的数据读到本 CPU 中。TBL 和 PORT 均为字节型，PORT 为常数。

PORT 处的常数只能是 0 或 1，如是 0，就要将 SMB30 的低 2 位设置为 2#10；如是 1，就要将 SMB130 的低 2 位设置为 2#10，这里要与通信端口的设置保持一致。

TBL 处的字节是数据表的起始字节，可以由用户自己设定，但起始字节定好后，后面的字节就要接连使用，形成列表，每个字节都有自己的任务，如表 8 – 1 所示。NETW 指令最多可以从远程设备上接收 16B 的信息。

表 8 – 1　数据表（TBL）格式

字节偏移地址	字节名称	描述
0	状态字节	反映网络通信指令的执行状态及错误码
1	远程设备地址	被访问的 PLC 从站地址
2	远程设备的数据指针	被访问数据的间接指针
3		指针可以指向 I、L、M 和 V 数据区
4		
5		
6	数据长度	远程设备被访问的数据长度
7	数据字节 0	执行 NETR 指令后，存放从远程设备接收的数据
8	数据字节 1	执行 NETW 指令前，存放要向远程设备发送的数据
⋮	⋮	
22	数据字节 15	

在语句表中，NETR 指令的格式为：NETRTBL，PORT。

2）网络写指令 NETW（Net write）

如图 8 – 2 所示，网络写指令通过指定的通信口（主站上 0 口或 1 口），把本 CPU 中指定地址的数据区内容写到其他 CPU 中指定地址的数据区内，最多可以写 16B 的信息。

在梯形图中，网络写指令以功能框形式编程，指令的名称为 NETW。当允许输入 EN 有效时，初始化通信操作，通过指定的端口 PORT，将数据表 TBL 所指定的本 CPU 区域中的数据发送到远程设备中。TBL 和 PORT 均为字节型，PORT 为常数。数据表 TBL 如表 8 – 1 所示。

NETW 指令最多可以从远程设备上接收 16B 的信息。

在语句表中，NETW 指令的格式为：NETWTBL，PORT。

在一个应用程序中，使用 NETR 和 NETW 指令的数量不受限制，但是不能同时激活 8 条以上的网络读/写指令（如同时激活 6 条 NETR 和 3 条 NETW 指令）。

数据表 TBL 共有 23 个字节，表头（第一个字节）是状态字节，它反映网络通信指令的执行状态及错误码，各个位的意义如下：

MSB							LBS
D	A	E	0	E1	E2	E3	E4

D 位：操作完成位（0：未完成，1：已经完成）。

A 位：操作排队有效位（0：无效，1：有效）。

E 位：错误标志位（0：无错误，1：有错误）。

E1E2E3E4 为错误编码。如果执行指令后，E 位为 1，则由 E1E2E3E4 反应一个错误码，编码及说明如表 8 - 2 所示。

表 8 - 2　错误编码表

E1E2E3E4	错误码	说　　明
0000	0	无错误
0001	1	时间溢出错误：远程设备不响应
0010	2	接收错误：响应中存在校验、帧或校验和错误
0011	3	离线错误：相同的站地址或无效的硬件引发冲突
0100	4	队列溢出错误：同时激活 8 个以上的网络通信指令
0101	5	违反通信协议：没有在 SMB30 中设置允许 PPI 协议而是用网络指令
0110	6	非法参数：NETR 或 NETW 中包含有非法或无效的值
0111	7	没有资源：远程设备忙，如正在上载或下载程序
1000	8	第 7 层错误：违反应用协议
1001	9	信息错误：错误信息的数据地址或不正确的数据长度

SMB30 和 SMB130 是通信端口控制寄存器，SMB30 控制自由端口 0 的通信方式，SMB130 控制自由端口 1 的通信方式，其含义如表 8 - 3 所示。

当第 1、0 位 = 10（PPI 主站）时，PLC 将成为网络的一个主站，可以执行 NETR 和 NETW 指令。在 PPI 模式下忽略 2 ~ 7 位。

表 8 - 3　自由口模式控制字节各位含义

MSB7		自由口模式控制字节					LSB0
7	6	5	4	3	2	1	0
检验选择		每个字符的数据位	自由口波特率/（kbit/S）			协议选择	
00 = 不检验 01 = 偶检验 10 = 不检验 11 = 奇检验		0 = 8 位/字符 L = 7 位/字符	000 = 38.4 001 = 19.2 010 = 9.6 011 = 4.8 100 = 2.4 101 = 1.2 110 = 115.2 111 = 57.6			00 = PPI/从站模式 01 = 自由 VI 协议 10 = PPI/主站模式 11 = 保留	

四、程序举例

1. 梯形图程序

梯形图程序如图 8 - 2 所示。

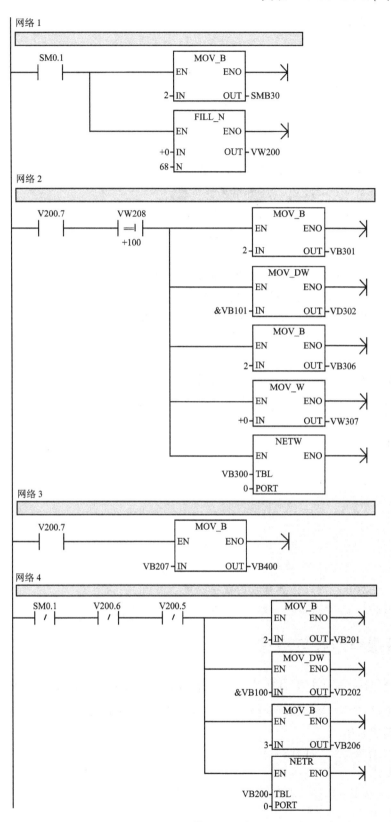

图 8-2 梯形图程序

2. 语句表程序及注释

Network 1

LD SM0.1 //首次扫描时

MOVB 2，SMB30 //启用 PPI 主模式

FILL +0，VW200，68 //并清除所有的接收和传输缓冲区

Network 2

LD V200.7 //当"NETR 完成"位被设置

AW = VW208，+100 //且 100 种情况被组装

MOVB 2，VB301 //载入情况分组#1 的站址

MOVD &VB101，VD302 //将指针载入远程站中的数据

MOVB 2，VB306 //载入需要传输的数据长度

MOVW +0，VW307 //载入需要传输的数据

NETW VB300，0 //复原由情况分组#1 组装的情况数目

Network 3

LD V200.7 //当"NETR 完成"位被设置

MOVB VB207，VB400 //保存来自情况分组#1 的控制数据

Network 4

LDN SM0.1 //如果不是首次扫描

AN V200.6 //并没有错误

AN V200.5

MOVB 2，VB201 //载入情况分组#1 的站址

MOVD &VB100 VD202 //将指针载入远程站中的数据

MOVB 3，VB206 //载入将要接收的数据长度

NETR VB200 0 //读取情况分组#1 中的控制和状态数据

1.4　项目操作内容与步骤

项目任务 1：使用 NETR/NETW 指令编写两台 S7-200 PLC 的网络通信

使用 NETR/NETW 指令编写两台 S7-200 PLC 的网络通信的控制要求参见情景导入。

1. 控制要求分析

控制要求动作顺序，如图 8 - 3 所示。

2. 主站程序

主站程序及注释如图 8 - 4 所示。

3. 从站程序

从站程序及注释如图 8 - 5 所示。

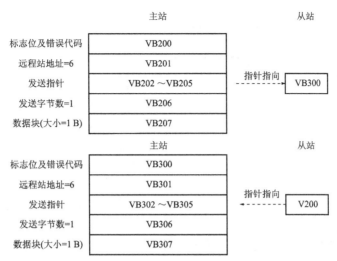

图8-3　程序示意图

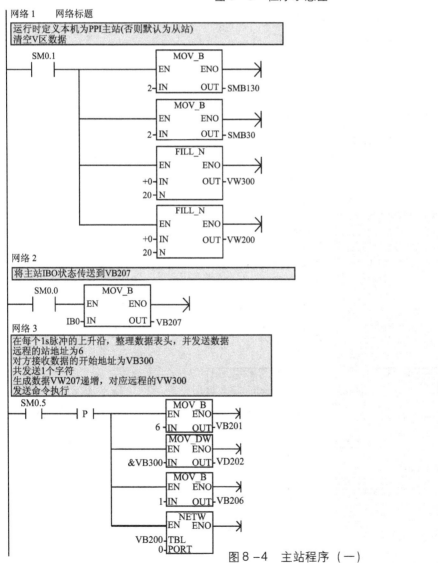

图8-4　主站程序（一）

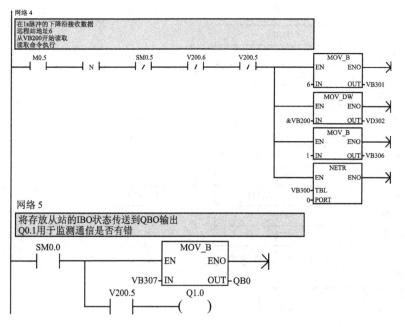

图8-4 主站程序（二）

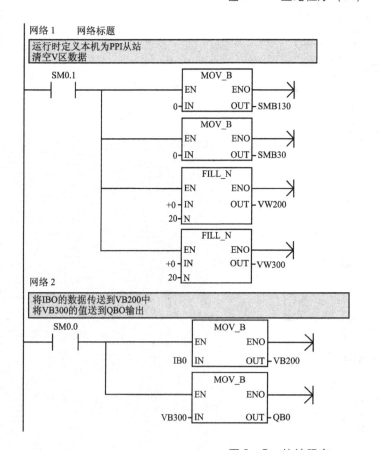

图8-5 从站程序

4. 调试

（1）随机闭合主站输入信号，观察并记录从站的输出情况。

（2）随机闭合从站输入信号，观察并记录主站的输出情况。

5. 评分标准

本项任务的评分标准见附录表1所示。

项目任务2：利用编程向导编写两台 S7-200 PLC 的网络通信

1. 控制要求

利用编程向导编写两台 S7-200 PLC 的网络通信，控制要求参见情景导入。

2. 操作步骤

（1）启动 STEP7Micro/WIN 软件，在指令树中，单击"向导"选中"NETR/NETW"，打开 NETR/NETW 指令向导，如图 8－6 所示，选择配置 2 项网络读/写操作。

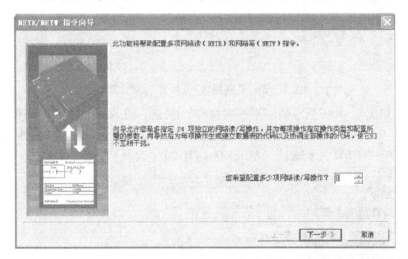

图 8－6　NETR/NETW 指令向导 1

（2）单击如图 8－6 中所示的"下一步"按钮，选择 PLC 通信端口 0，子程序名称默认为"NET_ EXE"，如图 8－7 所示。

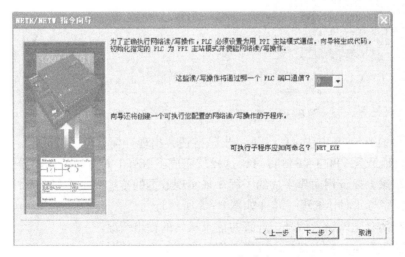

图 8－7　NETR/NETW 指令向导 2

（3）单击如图8-7中所示的"下一步"按钮，弹出"网络读/写操作"对话框，如图8-8所示，为了与前面非向导编程统一，第一项操作设为 NETR 网络读操作；读取字节数为1B；远程站地址为6；数据传输为 VB307～VB307（本地）"VB200～VB200（远程）"。

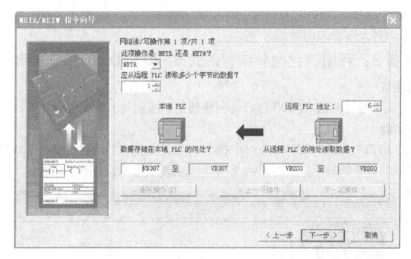

图8-8　"网络读/写操作"对话框

（4）单击如图8-8中所示的"下一项操作"按钮，进入第二项"网络读/写操作"对话框，如图8-9所示，设为 NETW 网络写操作；写入字节数为1B；远程站地址为6；数据传输为"VB207～VB207（本地）"、"VB300～VB300（远程）"。

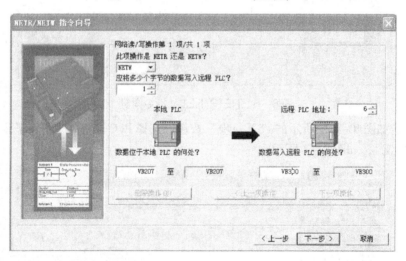

图8-9　第二项"网络读/写操作"对话框

（5）单击如图8-9中所示的"下一步"按钮，出现分配存储区对话框，如图8-10所示，采用建议地址为 VB0～VB18 即可，这样就完成了 NETR/NETW 指令向导的组态。

（6）接下来，要调用向导生成的子程序来实现数据的传输，主站程序及注释如图8-11所示。从站程序与非向导编程一样（如图8-5所示）。

（7）随机闭合主站输入信号，观察并记录从站的输出情况。

（8）随机闭合从站输入信号，观察并记录主站的输出情况。

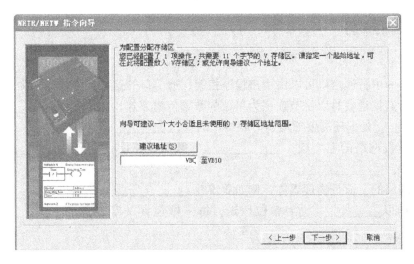

图 8 - 10　分配存储区对话框

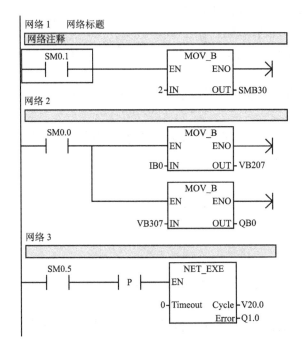

图 8 - 11　主站主程序

3. 评分标准

本项任务的评分标准见附录表 1 所示。

1.5　项目小结

本项目通过两台 S7-200 PLC 的网络通信,讲解了 S7-200 PLC 的网络通信协议与通信所需设备,以及 S7-200 PLC 通信指令的应用。在实际应用时,为了提高准确性和快速性,可以较广泛的使用"网络读/写操作"向导来完成程序的设计。

1.6　思考与练习

1. 填空

（1）PLC 的串行通信口可以由用户程序控制、通信口的这种操作模式称为_____。

（2）并行数据通信是以字节或字为单位的数据传输方式，除了 8 根 16 根_____，一根_____处，还需要通信双方联络用的_____。

（3）计算机网络的七个层：_____、数据链路层，_____、传输层、会话层、表示层、_____。

（4）物理层的下面是物理媒体，例如双绞线_____。

（5）数据以_____为单位传送，每一帧包含一定数量的_____和必要的_____。

2. 判断

（1）计算机和 PLC 都有通用的串行通信接口，工业控制中一般使用串行通信。（　　）

（2）同步字符起联络作用，用它来通知接收方开始接收数据。（　　）

（3）单工通信方式只能沿单一方向发送或接收数据。（　　）

（4）国际标准化组织 ISO 提出了开放系统互连模型 OSI，作为通信网络国际边准化的参考模型，它详细描述了软件功能的 9 个层次。（　　）

（5）现场最线控制系统 DCS 的控制站功能分散给现场控制设备，进靠现场最线设备不就可以实现自动控制的基本功能。（　　）

（6）PLC 的通信包括 PLC 之间、PLC 与上位计算机之间以及 PLC 与其他智能设备之间的通信。（　　）

项目2　多工位系统的控制

 情境导入

有一台生产线由上料机构、机械手和传送机构组成。其中上料机构、搬运机构与传送机构分别由 3 台 S7-200 PLC 进行控制，并且与计算机通过 RS-485 通信接口和网络连接器组成一个使用 PPI 的单主站通信网络。上料机构为主站，机械手与传送机构作为从站。控制要求如下：

（1）上料机构：工件安放在方形井式工件架中，当接收到启动信号及方形井式工件架上的传感器检测到工件时，顶料气缸动作，顶住第二层的工件后，叉形下料气缸缩回，第一层工件落入上料台中，叉形下料气缸伸出，顶料气缸缩回，叉形下料气缸托住工件。

（2）搬运机构：将上料台中的工件搬运到传送带上。

（3）传送机构：将传送带上的工件传送到加工站。完成一个工作循环。

2.1　教学目标

知识目标：

（1）掌握 S7-200 PLC 的网络构建；

（2）进一步掌握通信指令的应用。

能力目标：

能够实现多台 PLC 之间的网络通信。

2.2 项目任务

项目任务：多工位系统的控制

2.3 相关知识点

一、PPI 网络的硬件接口与网络配置

1. 多主站 PPI（点对点接口）电缆

多主站 PPI 电缆用于计算机与 S7-200 之间的通信。S7-200 的通信接口为 RS-485，计算机可以使用 RS-232C 或 USB 通信接口，因此有 RS-232/PPI 和 USB/PPI 两种电缆。

2. PPI 多主站电缆上的 DIP 开关的设置

PPI 多主站电缆护套上有 8 个 DIP 开关，通信的波特率用 DIP 开关的 1～3 位设置。第 4 位和第 8 位未用，第 5 位位 1 和 0 分别选择 PPI 和 PPI/自由端口模式，第 6 位位 1 和 0 分别选择远程模式和本地模式。第 7 位为 1 和 0 分别对应与调制解调器的 10 位模式和 11 位模式。

如果用 PPI 电缆将 S7-200 直接连接到计算机，DIP 开关的第 5 位为 0，第 6 位为 0，第 7 位为 0。

如果 S7-200 连接到调制解调器，DIP 开关的第 5 位为 0，第 6 位为 1，根据调制解调器每个字符是 10 位还是 11 位来设置第 7 位开关。

二、在编程软件中设置通信参数

在 STEP7 – Micro/WIN 中，执行菜单命令"查看"，选择"组件"，设置 PG/PC 接口。或双击指令树的"通信"文件夹中的"设置 PG/PC 接口"图标，进入"设置 PG/PC 接口"对话框。在"通信"对话框中双击 PG/PC 接口 PC/PPI 电缆的图标，或者点击"设置 PG/PC 接口"按钮，也可以进入设置 PG/PC 接口对话框。

1. 选择通信硬件

打开"设置 PG/PC 接口"对话框后，如图 8 – 12 所示，在已使用的接口参数分配列表框中，选择通信接口协议，如果使用 PPI 多主站电缆，应选择"PC/PPI cable（PPI）"，在"应用程序访问点"列表框中，将出现"Micro/WIN—PC/PPI cable"。

2. 设置 PC/PPI 电缆的 PPI 参数

如果使用 PC/PPI 电缆，在设置 PG/PC 接口对话框中单击"Properties"按钮，将会出现"Properties-PC/PPI Cable（PPI）"对话框，如图 8 – 13 所示。

按照下列步骤设置 PPI 参数：

（1）在 PPI 选项卡的"站参数"区的"地址"框中设置站地址。运行 STEP7-Micro/WIN 的计算机的默认

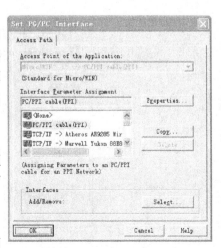

图 8 – 12 设置 PC/PPI 接口对话框

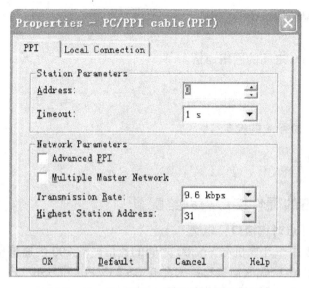

图 8 –13 PC/PPI 电缆的 PPI 参数设置

站地址为0，网络中第一台 PLC 的默认站地址为2，网络中不同的站不能使用同一个站地址。

（2）在"超时"列表框中设置与通信设备建立联系的最长时间，默认值为1s。

（3）如果希望 STEP7-Micro/WIN 加入多站网络，应选中"多主站网络"复选框。

（4）选中网络中通信的传输波特率。

（5）根据网络中的设备数选择最高站地址。

（6）单击"本地连接"选项卡，选择连接 PC/PPI 电缆的计算机 RS-232C 通信口（COM 口）或 USB 口，以及是否使用调制解调器。

（7）设置完后点击"确定"按钮。

3. 设置 S7-200 的波特率和站地址

在"设置 PG/PC 接口"对话框中设置的是计算机的通信接口的参数。此外还应为 S7-200 设置波特率和站地址，双击指令树中"系统块"文件夹下面的"通信接口"图标，将打开设置 S7-200 的通信参数的选项卡，如图 8 – 14 所示。设置好参数后把系统块下载到 S7-200 中才会起作用。

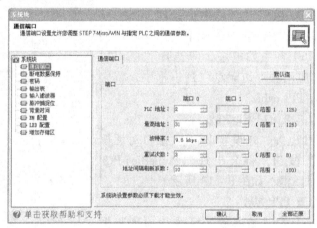

图 8 –14 系统块中的通信端口设置对话框

三、网络连接器

西门子的网络连接器用于把多个设备连接到网络中。两种连接器都有两组螺钉端子，可以连接网络的输入/输出。一种连接器仅提供连接到 CPU 的接口，而另一中连接器增加了一个编程器接口，如图 8 - 15 所示。

两种网络连接器还有网络偏置和终端偏置的选择开关，在 OFF 位置时未接终端电阻。接在网络终端的连接器上的开关应放在 ON 位置。

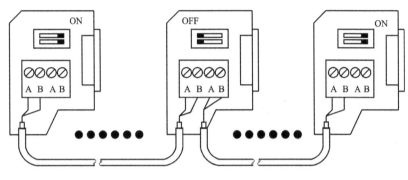

图 8 - 15　网络连接器

2.4　项目操作内容与步骤

项目任务：多工位系统的控制

1. 控制要求

参考情景导入，三台 PLC 网络控制系统示意图，如图 8 - 16 所示。

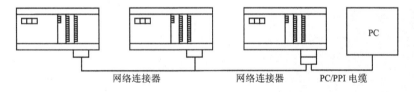

图 8 - 16　三台 PLC 网络控制系统示意图

2. 控制要求分析

1）工作过程

当接收到启动信号后，上料机构在位移寄存器的控制下顺序动作。当上料机构的下料气缸托住工件后（下料气缸传感器动作），停止 MB0 的位移位，并将 MB0 的状态通过 NETW 指令写入机械手的写缓冲器 VB110；这时机械手通过位移位寄存器指令顺序动作。通过 NETR 指令把机械手的状态读进机械手的读缓冲器 VB100 中，然后又通过 NETW 指令将 VB100 数据表的内容写入传送机构的写缓冲器 VB130 中，当机械手回到初始位置后，传送机构顺序动作。通过 NETR 指令将传送机构的状态读入传送机构的读缓冲器 VB120 中，当传送到位后，即 V120.7 得电，则重新启动上料机构并顺序动作。

2）上料机构

上料机构如图 8 - 17 所示。

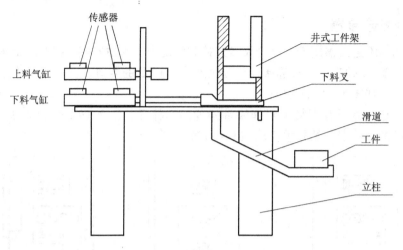

图8-17　上料机构示意图

上料机构流程图，如图8-18所示。

3）搬运机构

搬运机构如图8-19所示。

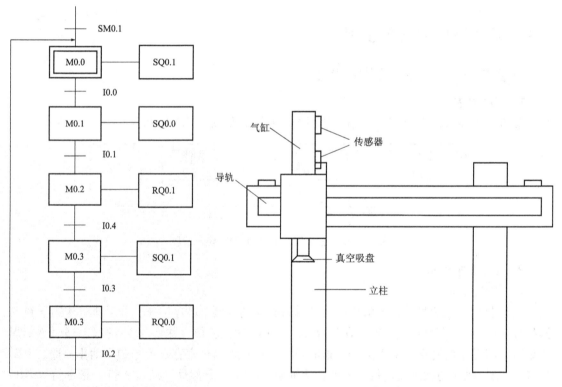

图8-18　上料机构流程图　　　　　图8-19　搬运机构示意图

动作顺序：当下料气缸复位后，延时2秒，搬运装置动作在导轨上水平移动；气缸动作，到位后，真空吸盘动作，产生吸力吸住工件；气缸复位，搬运装置带动工件在导轨上水平移动；到位后，气缸动作，下放到位后，吸盘复位，气缸复位。

4) 传送机构

动作顺序为正转 10 s，反转 8 s，正转 15 s。

5) 上料机构网络通信数据表

根据控制要求，建立上料机构网络通信数据表，如表 8-4 所示。

表 8-4 上料机构网络通信数据表

	字节意义	状态字节	远程站地址	远程站数据区指针	被写的数据长度	数据字节
与机械手通信	NETR 缓冲区	VB100	VB101	VD102	VB106	VB107
	NETW 缓冲区	VB110	VB111	VD112	VB116	VB117
与传送机构通信	NETR 缓冲区	VB120	VB121	VD122	VB126	VB127
	NETW 缓冲区	VB130	VB131	VD132	VB136	VB137

3. I/O 分配表

I/O 分配如图 8-20 所示

符号	地址
启动	I0.0
顶料伸出到位	I0.1
顶料缩回到位	I0.2
落料伸出到位	I0.3
落料缩回到位	I0.4
顶料电磁阀	Q0.0
落料电磁阀	Q0.1

a)

符号	地址
下限	I0.0
上限	I0.1
右限	I0.2
左限	I0.3
下降	Q0.0
上升	Q0.1
右行	Q0.2
左行	Q0.3
吸气	Q0.4

b)

符号	地址
正转	Q0.0
反转	Q0.1

c)

图 8-20 I/O 分配

a) 上料站 I/O 分配表；b) 搬运机构 I/O 分配表；c) 传送机构 I/O 分配表

4. 主站程序

（1）上料机构的通信设置及存储器初始化程序，如图 8-21 所示。

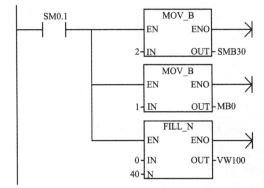

图 8-21 上料机构的通信设置及存储器初始化程序

（2）对搬运机构的读/写操作主程序，如图8－22所示。

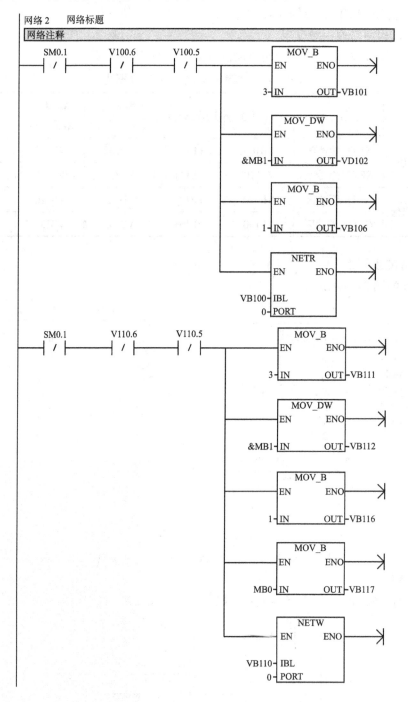

图8－22　对搬运机构的读/写操作主程序

（3）对传送机构的读/写操作主程序，如图8－23所示。

（4）上料机构控制程序，如图8－24所示。

（5）搬运机构的控制程序，如图8－25所示。

（6）传送机构的控制程序，如图8－26所示。

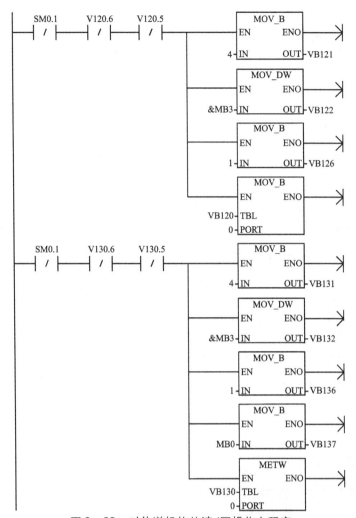

图8-23 对传送机构的读/写操作主程序

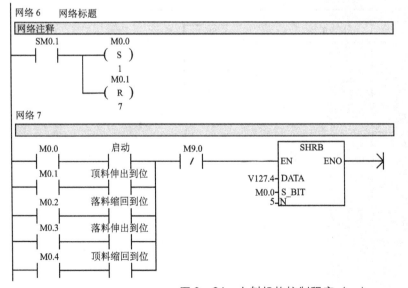

图8-24 上料机构控制程序（一）

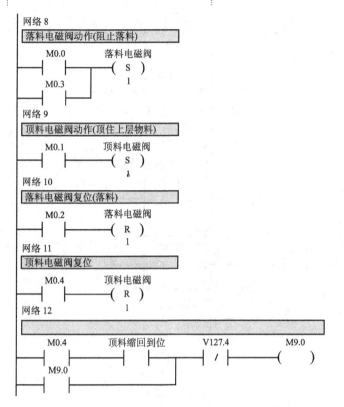

图8-24　上料机构控制程序（二）

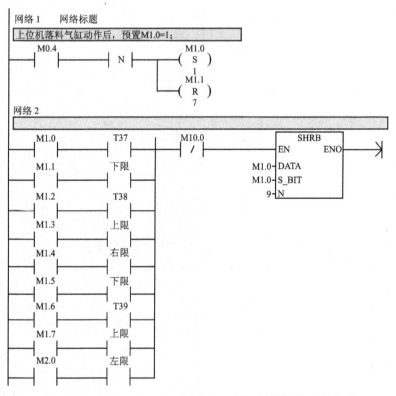

图8-25　搬运机构的控制程序（一）

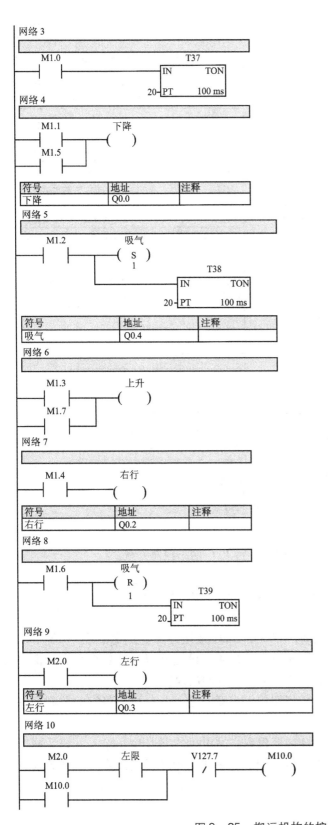

图 8-25　搬运机构的控制程序（二）

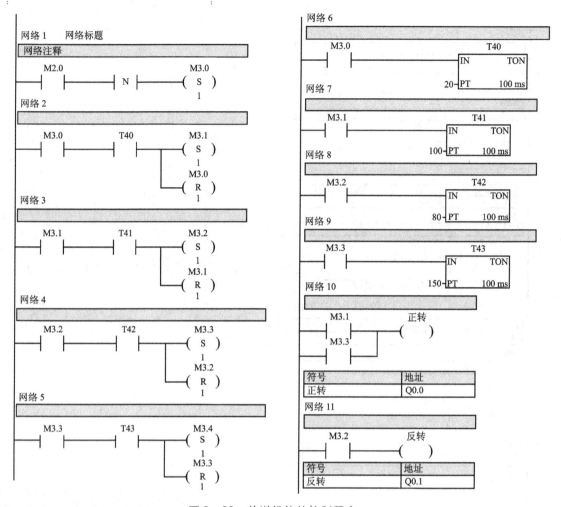

图 8 -26　传送机构的控制程序

5. 安装配线

首先按照图 8 - 16 和 I/O 表进行接线，构成 3 台 PLC 网络控制系统。

6. 运行调试

（1）通过 STEP7 Micro/WN32 编程软件在"系统块"中分别将甲乙丙 3 台 PLC 的站地址，设为 2、3 和 4，并下载到相应的 PLC 中。

（2）采用网络连接器及 PC/PPI 电缆，将 3 台 PLC 连接起来。接电后在 STEP7 Micro/WIN32 编程软件的浏览条中点击"通信"图标，打开通信设置界面，双击"通信"窗口右侧的"双击以刷新"图标，编程软件将会显示 3 台 PLC 的站地址。

（3）点击某一个 PLC 图标，编程软件将和该 PLC 建立连接，就可以将它的控制程序进行下载、上传和监视等通信操作。

（4）输入、编译主站的通信程序，将它下载到主站甲机的 PLC 中，输入、编译两个从站的控制程序，分别将它下载到两个从站 PLC 中。然后将 3 台 PLC 的工作方式开关设置于 RUN 位置，即可观察通信效果。

7. 评分标准

本项目任务的评分标准见附录表 1 所示。

2.5　项目小结

本项目通过三台 S7-200 PLC 的网络通信，讲解了 S7-200 PLC 的网络通信协议与通信所需设备，以及 S7-200 PLC 通信指令的应用。在实际应用时，为了提高准确性和快速性，可以较广泛的使用"网络读/写操作"向导来完成程序的设计。

2.6　思考与练习

1. 填空题

（1）网络层的主要功能是报文包的分段、＿＿＿＿＿＿的处理和＿＿＿＿＿＿的选择。

（2）PLC 的通信包括 PLC 之间，＿＿＿＿＿之间以及 PLC 与其他智能设备之间的＿＿＿＿。

（3）西门子提供以太网通信模块或＿＿＿＿＿＿。

（4）作为发送 E-mail 的 SMTP 客户机，除了文本信息以外，还可以传送＿＿＿＿＿的变量，最多可以组态＿＿＿＿＿ E-mail。

（5）网络设备通过连接来实现通信，连接是＿＿＿＿＿与从站之间的＿＿＿＿＿链接。

2. 判断题

（1）网络中主站向网络中的从站发出请求，从站只能对主站发出的请求作出响应，自己也能发出请求。（　　）

（2）单主站与一个或多哥从站相连，STE 7-Micro/WIN 每次和一个 S7-200CPU 通信，但是它可以分时访问网络中所有的 CPU。（　　）

（3）在多主网络，多台 S7-200CPU 之间可以用网络读写指令相互读写数据。（　　）

（4）各个站的内部应使用同一个参考电位，然后将各个站的参考点用导线连在一起，在多点接地。（　　）

（5）利用中继器可以延长网络距离，增加接入网络设备，并且提供了一个隔离相同网络段的方法。（　　）

（6）网络设备通过连接来实现通信，连接不是主站与从站之间的单独链接。（　　）

（7）自由端口模式为计算机或其他有串行通信接口的设备与 S7-200CPU 之间的通信提供了一种廉价和灵活的方法。（　　）

3. 选择题

（1）S7-200 的网络通信协议支持一个网络中的（　　）个地址。

A. 0　　　　　　　　B. 120　　　　　　　　C. 127

（2）报文的起始字符只要（　　）位。

A. 1　　　　　　　　B. 6　　　　　　　　C. 8

（3）以（　　）作为接受报文的开始。

A. 起始字符　　　B. 起始字节　　　　　C. 起始字

（4）报文中的数据位被视为一个连续的（　　）进制数。

A. 十六　　　　　B. 八　　　　　　　C. 二

（5）（　　）是返回的参数字

A. Param　　　　　B. Vaue　　　　　　C. dive

（6）"发送方式"分为（　　）发送手工定时发送。

A. 间隔　　　　　B. 单次　　　　　　C. 双次

附录：

表1 技能训练评分

序号	主要内容	考核要求	评分标准	配分	扣分	得分
1	电路设计	根据给定的控制要求，列出 PLC 控制 I/O 接口元件地址分配表，设计梯形图及 PLC 控制 I/O 接线图，根据梯形图列出指令表	(1) 输入输出地址遗漏或搞错，每处扣 1 分 (2) 梯形图表达不正确或画法不规范，每处扣 2 分 (3) 接线图表达不正确或画法不规范，每处扣 2 分 (4) 指令有错，每条扣 2 分	20		
2	安装与接线	按 PLC 控制 I/O 接线图在模拟配线板正确安装，接线要正确、紧固、美观	(1) 接线不紧固、不美观，每根扣 2 分 (2) 接点松动、遗漏，每处扣 0.5 分 (3) 损伤导线绝缘或线芯，每根扣 0.5 分 (4) 不按 PLC 控制 I/O 接线图接线，每处扣 2 分	20		
3	程序输入及调试	熟练操作计算机键盘，能正确地将所编写的程序输入 PLC；按照被控制设备的动作要求进行模拟调试，达到设计要求	(1) 不会熟练操作计算机键盘输入指令，扣 2 分 (2) 不会用删除、插入、修改等指令，每项扣 2 分 (3) 1 次试车不成功扣 8 分，2 次试车不成功扣 15 分，3 次试车不成功扣 30 分	45		
4	安全与文明生产	遵守国家相关专业安全文明生产规程	违反安全文明生产规程，扣 5～15 分	15		
合计						